高等职业教育"十三五"精品规划教材

计算机网络技术基础项目式教程

主　编　柳　青　曾德生

副主编　骆金维　杨其钦

中国水利水电出版社
www.waterpub.com.cn

内 容 提 要

本书以计算机网络体系结构与协议为基础，紧密结合当前网络技术的发展，系统地介绍了计算机网络的基本概念、数据通信基础知识、计算机网络体系结构、局域网组网技术、互联网络的配置和管理、Internet 接入技术、小型无线局域网组建、广域网技术、Internet 网络服务的构建等内容。

本书可作为高职高专院校计算机及相关专业"计算机网络技术基础"课程的教材，也可以作为计算机网络技术的培训教材。

本书提供免费的电子教案，读者可以从中国水利水电出版社网站以及万水书苑下载，网址为：http://www.waterpub.com.cn 或 http://www.wsbookshow.com。

图书在版编目（CIP）数据

计算机网络技术基础项目式教程 / 柳青，曾德生主编. -- 北京：中国水利水电出版社，2020.2（2021.6 重印）
高等职业教育"十三五"精品规划教材
ISBN 978-7-5170-8400-6

Ⅰ. ①计… Ⅱ. ①柳… ②曾… Ⅲ. ①计算机网络一高等职业教育－教材 Ⅳ. ①TP393

中国版本图书馆CIP数据核字(2020)第027407号

策划编辑：杨庆川　　责任编辑：张玉玲　　加工编辑：王玉梅　　封面设计：李　佳

书　　名	高等职业教育"十三五"精品规划教材 计算机网络技术基础项目式教程 JISUANJI WANGLUO JISHU JICHU XIANGMUSHI JIAOCHENG	
作　　者	主　编　柳　青　曾德生 副主编　骆金维　杨其钦	
出版发行	中国水利水电出版社 （北京市海淀区玉渊潭南路 1 号 D 座　100038） 网址：www.waterpub.com.cn E-mail：mchannel@263.net（万水） 　　　　sales@waterpub.com.cn 电话：（010）68367658（营销中心）、82562819（万水）	
经　　售	全国各地新华书店和相关出版物销售网点	
排　　版	北京万水电子信息有限公司	
印　　刷	三河市铭浩彩色印装有限公司	
规　　格	184mm×260mm　　16 开本　　15 印张　　370 千字	
版　　次	2020 年 2 月第 1 版　　2021 年 6 月第 2 次印刷	
印　　数	3001—6000 册	
定　　价	39.80 元	

凡购买我社图书，如有缺页、倒页、脱页的，本社营销中心负责调换
版权所有·侵权必究

前　言

"计算机网络技术基础"是计算机相关专业的必修课程，也是一门理论与实践紧密结合的课程。随着我国各行各业信息化进程的加快，计算机网络技术已成为计算机专业人才必备的能力要素。通过本课程的学习，学生将掌握计算机网络技术的基本原理知识和操作技能，具备网络系统建设、管理和维护等方面的能力，成为各企事业单位中的信息化建设人才。

本书是广东创新科技职业学院教学改革研究与实践的成果。《计算机网络技术基础》、《计算机网络技术基础实训》和《计算机网络技术基础任务式教程》的出版，对"计算机网络技术基础"课程的教学改革起到了积极的推动作用，并得到读者的一致好评。编者在总结以上3本教材使用情况的基础上，根据职业岗位的工作性质和人才需求，结合自身的教学实践和工程实践，在课程内容的选择和优化方面进行了深入的研究与实践，编写了此书。

本书将教学内容按照职业活动和工程项目实施的要求进行了整合，教学内容的组织与编排既符合知识的逻辑顺序，又着眼于学生的思维发展规律，并符合网络技术应用的基本规律。书中适量介绍理论知识，对学习难点进行分散处理；注重理论与实践相结合，突出培养实践能力；坚持教学过程与工程项目实践相结合，以及教学内容与职业认证考试相结合。

本书以计算机网络体系结构与协议为基础，以华为信息和网络技术为典型案例，基于网络项目实施学习局域网组网技术、互联网络的配置和管理、小型无线局域网组建、广域网技术、Internet 网络服务的构建等的知识和技能。通过学习，读者将掌握计算机网络技术的基础知识和计算机网络建设的基本方法，具备网络系统软硬件的安装、配置、管理、维护等基本技能，提高对网络技术的实际应用能力以及自主学习和创新的能力。

本书由柳青、曾德生任主编，骆金维、杨其钦任副主编。全书分为两篇，其中，第一篇的前导知识 1、前导知识 2、前导知识 3 由柳青编写；第二篇的项目 1、项目 2、项目 3、项目 4 由杨其钦编写，项目 5 由骆金维编写，项目 6 由曾德生编写；全书由柳青修改和统稿。广东创新科技职业学院信息工程学院、广州腾科网络技术有限公司对本书的编写给予了大力的支持和帮助，在此表示衷心感谢。

限于编者水平，书中难免有错误和不妥之处，望广大读者批评指正。

编　者
2020 年 1 月

目　录

第二篇　网络项目实施

第一篇
前导知识

前导知识 1 初识计算机网络

🔍 学习目标

1. 掌握计算机网络的定义。
2. 了解计算机网络的形成与发展。
3. 掌握计算机网络的组成与结构。
4. 理解计算机网络是如何工作的。

现代社会中，计算机网络已经融入了人们的日常生活中，包括家庭、学校、工作单位等。人们通过网络进行商务交易、信息检索、信息交互与通信，不需要关心网络的运作细节，也无须担心网络是否能随时正常地工作，就好比打开水龙头时，无须担心水是否会流出来一样；也好比打开电灯开关时，无须担心电灯是否会亮起来一样。今天，计算机网络已经变得与电话网、无线移动电话网、电网、供水网等传统的"网络"同等重要。计算机网络无处不在，为人们的工作、生活既带来了便利，也提高了效率。

前导知识 1.1 了解计算机网络

1.1.1 计算机网络的定义

计算机网络技术是随着现代通信技术和计算机技术的高速发展、密切结合而产生和发展起来的。把几台计算机连接在一起，就可以建立起一个简单的计算机网络，如图 1-1-1 所示。其中，服务器是一种高性能的计算机，集线器是一种网络互连设备。在这个非常简单的办公网络中，可以把需要共享的文件存放在服务器或任意一台计算机上，连接在网络中的任意一台计算机都可以访问这些文件，还可以使用共享的网络打印机。网络上的各台计算机之间、计算机和服务器之间、计算机和网络打印机之间，可以相互交换信息，进行数据通信。

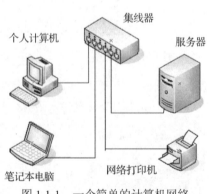

图 1-1-1 一个简单的计算机网络

那么如何定义计算机网络呢？一个比较通用的定义为，利用通信线路将地理上分散的、具有独立功能的计算机系统和通信设备按不同的形式连接起来、以功能完善的网络软件及协议实现资源共享和信息传递的系统。资源共享是指计算机网络系统中的计算机用户可以利用网络内其他计算机系统中的全部或部分资源。

此外，从不同的角度对计算机网络还可以有不同的定义方法。例如，从应用或功能的角度看，可定义计算机网络为：把多个具有独立功能的单机系统，以资源（硬件、软件和数据）共享的形式连接起来形成的多机系统，或把分散的计算机、终端、外围设备和通信设备用通信线路连接起来，形成能够实现资源共享和信息传递的综合系统。

上述计算机网络的定义包含了以下3个要点。

（1）计算机网络是一个多机系统，系统中包含多台具有自主功能的计算机。"自主"是指这些计算机在脱离计算机网络后，也能独立地工作和运行。通常将网络中的这些计算机称为主机（host），其可以向用户提供服务和可共享的资源。

（2）计算机网络是一个互连系统，通信设备和通信线路把众多的计算机有机地连接起来。"有机地连接"是指连接时必须遵循规定的约定和规则，这些约定和规则就是通信协议。这些通信协议有些是国际组织颁布的国际标准，有些是网络设备和软件厂商开发的。

（3）计算机网络是一个资源共享系统。建立计算机网络的主要目的是实现数据通信、信息资源交流、计算机数据资源共享，或计算机之间协同工作。在计算机网络中，由各种通信设备和通信线路组成通信子网；由网络软件为用户共享网络资源和信息传递提供管理和服务。

计算机网络中，提供信息和服务能力的计算机是网络的资源，索取信息和请求服务的计算机是网络用户。由于网络资源与网络用户之间的连接方式、服务类型和连接范围的不同，形成了不同的网络结构及网络系统。

1.1.2 计算机网络的功能

计算机网络的功能可归纳为以下5点。

1. 资源共享

资源共享是计算机网络的基本功能之一。计算机网络的基本资源包括硬件资源、软件资源和数据资源。共享资源即共享网络中的硬件、软件和数据资源。计算机网络技术可以使大量分散的数据被迅速集中、分析和处理，同时为充分利用这些数据资源提供方便。分散在不同地点的网络用户可以共享网络中的大型数据库。

2. 信息传递

信息传递也是计算机网络的基本功能之一。在网络中，通过通信线路，主机与主机、主机与终端之间可实现数据和程序的快速传输。

3. 实时地集中处理

在计算机网络中，服务器可以把已存在的许多联机系统有机地连接起来，进行实时集中管理，使各部件协同工作、并行处理，提高系统的处理能力。

4. 均衡负荷和分布式处理

计算机网络中包括很多子处理系统。当某个子处理系统的负荷过重时，新的作业可通过网络内的节点和线路分送给较空闲的子系统进行处理。进行这种分布式处理时，必要的处理程序和数据也必须同时送到空闲子系统。此外，在幅员辽阔的国家中，可以利用地理上的时差，均衡系统日夜负荷不均衡的现象，以充分发挥网内各处理系统的负载能力。

5. 开辟综合服务项目

通过计算机网络，云平台可为用户提供更全面的服务项目，如图像、声音、动画等信息的处理和传输。这是单个计算机系统难以实现的。

1.1.3　计算机网络的分类

由于计算机网络得到了广泛使用，世界上已出现了多种形式的计算机网络，对网络的分类方法也很多。从不同角度观察、划分网络，有利于全面了解网络系统的各种特性。

1. 按照网络的覆盖范围分类

根据计算机网络覆盖的地理范围、信息的传递速率及其应用目的，计算机网络可分为广域网、城域网和局域网。

（1）广域网（Wide Area Network，WAN）：又称远程网。广域网指实现计算机远距离连接的计算机网络，可以把众多的城域网、局域网连接起来。广域网的覆盖范围较大，一般从几千米到几万千米，用于通信的传输装置和介质一般由电信部门提供。广域网的规模大，能实现较大范围内的资源共享和信息传递。

（2）局域网（Local Area Network，LAN）：又称局部网。局域网是在一个有限的地理范围（十几千米以内）将计算机、外部设备和网络互连设备连接在一起的网络系统，常用于一座大楼、一个学校、一个企业内，属于一个部门或单位组建的小范围网络。局域网专为短距离通信而设计，可以在短距离内使互连的多台计算机之间进行通信，组网方便，使用灵活，一般具有较高的传输速率，是目前计算机网络发展中最活跃的分支。

（3）城域网（Metropolitan Area Network，MAN）：又称城市网、区域网、都市网。城域网一般指建立在大城市、大都市区域的计算机网络，覆盖城市的大部分或全部地域，距离通常在几十千米内。城域网通常采用光纤或无线网络把各个局域网连接起来。

随着高速上网需求的日益增加，接入网技术得到了发展。接入网是局域网和城域网之间的桥接区，提供多种高速接入技术，使用户接入 Internet 的瓶颈得到某种程度上的解决。广域网、局域网、城域网与接入网的关系如图 1-1-2 所示。

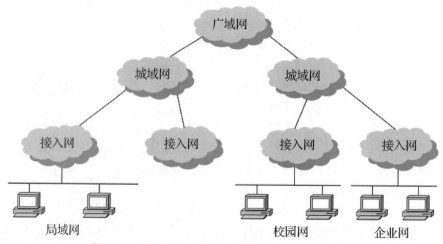

图 1-1-2　广域网、局域网、城域网与接入网的关系

2．根据数据传输方式分类

根据数据传输方式的不同，计算机网络可以分为广播网络和点对点网络两大类。

（1）广播网络（broadcasting network）：计算机或设备使用一条共享的通信介质进行数据传播，网络中的所有节点都能收到任何节点发出的数据信息。

广播网络的传输方式有以下 3 种。

- 单播（unicast）：发送的信息中包含明确的目的地址，所有节点都检查该地址，如果与自己的地址相同，则处理该信息；如果不同，则忽略。
- 组播（multicast）：将信息传送给网络中部分节点。
- 广播（broadcast）：在发送的信息中使用一个指定的代码标识目的地址，将信息发送给所有的目标节点。当使用这个指定代码传输信息时，所有节点都接收并处理该信息。

（2）点对点网络（point to point network）：计算机或设备以点对点的方式进行数据传输，两个节点间可能有多条单独的链路。

例如，以太网和令牌网属于广播网。

除了按以上方法分类外，还可以按网络的拓扑结构分为总线网、环形网、星形网、树形网、微波网和卫星网等；按网络采用的传输媒体分为双绞线网、同轴电缆网、光纤网、无线网等；按网络的应用范围和管理性质分为公用网和专用网等；按网络的交换方式分为电路交换网、报文交换网、分组交换网、帧中继交换网、ATM 交换网和混合交换网等；根据网络中的各组件的关系分为对等网络和客户机/服务器网络等。

1.1.4　应用实践

1．参观

参观学校网络中心和网络实验室，了解校园网的总体布局，观察网络中心机房的主要设备；了解校园网的主要功能、可以提供的服务、各种网络设备的用途及网络连接方式，整体认识计算机网络的功能，增强对网络的感性认识。

2．发送电子邮件

随着计算机网络技术的飞速发展，电子邮箱已逐渐取代了普通的信箱，承担起信息交流的重任。读者可以按以下步骤应用电子邮箱发送普通电子邮件。

（1）登录"126 网易免费邮"网站，申请免费邮箱账号。

（2）登录www.126.com网站，打开自己的邮箱。

（3）给自己写一封信，单击"发送"按钮，发送邮件，如果邮件发送成功，显示"邮件发送成功"界面。

（4）等待片刻，观察收件箱中是否有新邮件，打开并阅读收到的邮件。

3．使用即时通信软件

即时通信软件是一个终端服务，允许两人或多人使用网络即时传递文字信息、档案、语音与进行视频交流；是一个终端连接到一个即时通信网络的服务，交谈是即时的。近年来，许多即时通信服务开始提供视频会议的功能，网络电话（Voice over Internet Protocol，VoIP）与网络会议服务开始兼有影像会议与即时信息的功能，使得这些媒体之间的区分变得越来越模糊。

在网际网络上受欢迎的即时通信服务包括网易云信、子弹短信、米聊、QQ 和微信等。尤其是 QQ 和微信，得到了广泛的应用。

　　练习 1：建立自己的 QQ 账户，使用 QQ 发送附件，并总结操作步骤。

　　思考：QQ 使用了计算机网络中的哪些功能？

　　练习 2：建立自己的微信账户，使用微信发布朋友圈。

　　4. 使用搜索引擎搜索信息

　　上网登录搜索引擎网站www.baidu.com，输入"计算机网络技术"，搜索与计算机网络技术相关的事件。

　　思考：搜索引擎使用了计算机网络中的哪些功能？搜索引擎对人们的学习、工作有什么帮助？

前导知识 1.2　了解计算机网络的形成与发展

1.2.1　计算机网络的形成

　　1946 年第一台电子计算机 ENIAC 诞生后，随着半导体技术、磁记录技术的发展和计算机软件的开发，计算机技术的发展异常迅速。20 世纪 70 年代微型计算机（微机）的出现和发展，使计算机在各个领域得到广泛的普及和应用，极大地加快了信息技术革命进程，使人类进入了信息时代。计算机在应用的过程中，需要对大量复杂的信息进行收集、交换、加工、处理和传输，从而引入了通信技术，以便通过通信线路为计算机或终端设备提供收集、交换和传输信息的手段。

　　计算机网络的研究基本上是从 20 世纪 60 年代开始的。计算机技术与通信技术的结合，使计算机的应用范围得到了极大的拓展。随着计算机应用渗透到社会的各个领域，计算机网络已成为人们打破时间和空间限制的便捷工具。此外，计算机网络技术对其他技术的发展也具有强大的支撑作用。

1.2.2　计算机网络的发展

　　与任何其他事物的发展过程一样，计算机网络的发展经历了从简单到复杂、从单机到多机、从终端与计算机之间的通信到计算机与计算机之间直接通信的演变过程。其发展大致经历了 4 个阶段：面向终端的计算机网络、多机系统互连的计算机网络、开放式标准化网络体系的计算机网络、Internet 的应用与高速网络技术的发展。

　　1. 面向终端的计算机网络

　　从 20 世纪 50 年代中期至 60 年代末期，计算机技术与通信技术初步结合，形成了计算机网络的雏形——面向终端的计算机网络。这种早期计算机网络的主要形式实际上是以单个计算机为中心的联机系统。为了提高计算机的工作效率和系统资源的利用率，将多个终端通过通信设备和通信线路连接到计算机上，在通信软件的控制下，各个终端用户分时轮流使用计算机系统的资源。系统中除一台中心计算机外，其余的终端都不具备自主处理功能，系统中主要是终端和计算机间的通信。这种单计算机联机网络涉及多种通信技术、多种数据传输设备和数据交换设备等。从计算机技术上来看，属于分时多用户系统，即多个终端用户分时占用主机上的资源，主机既承担通信工作，又承担数据处理工作，主机的负荷较重，且效率低。此外，每一个分散的终端都要单独占用一条通信线路，线路利用率低；随着终端用户的增多，系统的费用也增加。为了提高通信线路的利用率，减轻主机的负担，采用了多点通信线路、通信控制处理机以及集中器等技术。

（1）多点通信线路：在一条通信线路上串接多个终端，多个终端共享同一条通信线路与主机通信，如图 1-1-3 所示。各个终端与主机间的通信可以分时地使用同一高速通信线路，提高信道的利用率。

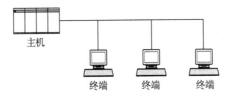

图 1-1-3　多点通信线路方式示意

（2）通信控制处理机（Communication Control Processor，CCP）：又称前端处理机（Front End Processor，FEP），负责完成全部通信任务，让主机专门进行数据处理，以提高数据处理效率。

（3）集中器：负责从终端到主机的数据集中，以及从主机到终端的数据分发，可以放置于终端相对集中的地点。其中，一端用多条低速线路与各终端相连，收集终端的数据，另一端用一条较高速率的线路与主机相连，实现高速通信，以提高通信效率，如图 1-1-4 所示。集中器把收到的多个终端的信息按一定格式汇总，再传送给主机。

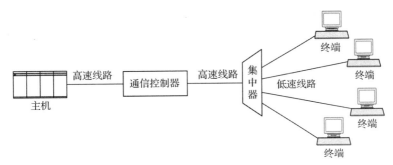

图 1-1-4　使用终端集中器的通信系统示意

面向终端的计算机网络属于第一代计算机网络。这些系统只是计算机网络的"雏形"，没有真正出现"网"的形式，一般在用户终端和计算机之间通过公用电话网进行通信。随着终端用户增加，计算机的负荷加重，一旦计算机发生故障，将导致整个网络的瘫痪，可靠性很低。

2.　多机系统互连的计算机网络

从 20 世纪 60 年中期到 70 年代中期，随着计算机技术和通信技术的进步，利用通信线路将多个单计算机联机终端网络互连起来，形成多机系统互连的网络。多个计算机系统主机连接后，主机与主机之间也能交换信息、相互调用软件以及调用其中任何一台主机的资源，系统呈现多个计算机处理中心，各计算机通过通信线路连接，相互交换数据、传送软件，实现互连的计算机之间的资源共享。

这时的计算机网络有以下两种形式。

（1）通过通信线路将主计算机直接互连起来，主机既承担数据处理任务又承担通信任务，如图 1-1-5 所示。

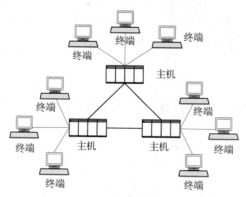

图 1-1-5   主机直接互连的网络示意

（2）把通信功能从主机中分离出来，设置通信控制处理机（CCP），主机之间的通信通过CCP 的中继功能逐级间接进行。由 CCP 组成的传输网络称为通信子网，如图 1-1-6 所示。

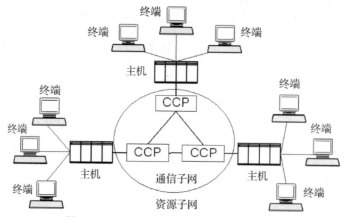

图 1-1-6   具有通信子网的计算机网络示意

通信控制处理机负责网络上各主机之间的通信控制和通信处理，它们组成的通信子网是网络的内层或骨架层，是网络的重要组成部分。网络中的主机负责数据处理，是计算机网络资源的拥有者，它们组成了网络的资源子网，是网络的外层。通信子网为资源子网提供信息传输服务，资源子网上用户之间的通信建立在通信子网的基础上。没有通信子网，网络不能工作，而没有资源子网，通信子网的传输也失去意义，两者结合构成统一的资源共享的两层网络，将通信子网的规模进一步扩大，使之变成社会共有的数据通信网，如图 1-1-7 所示。广域网，特别是国家级的计算机网络大多采用这种形式。这种网络允许异种机入网，兼容性好，通信线路利用率高。

多机系统使计算机网络的通信方式由终端与计算机之间的通信，发展到计算机与计算机之间的直接通信。网络中各计算机子系统相对独立，形成一个松散耦合的大系统。用户可以把整个系统看作若干个功能不一的计算机系统的集合，其功能比面向终端的计算机网络扩大了很多。美国国防部高级研究计划署（Defense Advanced Research Projects Agency，DARPA）于 1969年建成的 ARPANET 实验网，就是这种形式的最早代表。

这个时期的计算机网络以远程大规模互连为其主要特点，称为第二代网络，属于计算机网络的形成阶段。

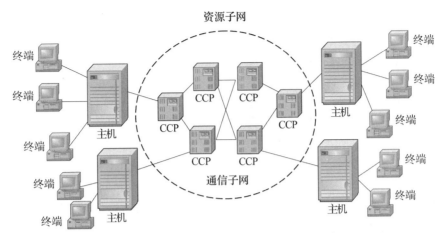

图 1-1-7　具有公共数据通信网的计算机网络示意

3. 开放式标准化网络体系的计算机网络

经过 20 世纪 60 年代和 70 年代前期的发展，为了促进网络产品的开发，各大公司纷纷制定了自己的网络技术标准，最终促成了国际标准的制定。遵循网络体系结构标准建成的网络称为第三代计算机网络。

计算机网络体系结构依据标准化的发展过程可分为以下两个阶段。

（1）各计算机制造厂商网络结构标准化。各大计算机公司和计算机研制部门进行计算机网络体系结构的研究，目的是提供一种统一信息格式和协议的网络软件结构，使网络的实现、扩充和变动更易于实现，以适应计算机网络迅速发展的需要。1974 年，国际商业机器公司（International Business Machines Corporation，IBM）首先提出了完整的计算机网络体系标准化的概念，宣布了系统网络体系结构（Systems Network Architecture，SNA）标准，方便了用户用 IBM 各种机型建造网络。1975 年，数字设备公司（Digital Equipment Corporation，DEC）公布了面向分布式网络的数字网络结构（Digital Network Architecture，DNA）；1976 年，UNIVAC 公司公布了数据通信体系结构（Distributed Communication Architecture，DCA）；宝莱（Burroughs）公司公布了宝来网络体系结构（Bora Network Architecture，BNA）等。这些网络技术标准只是在一个公司范围内有效，即遵从某种标准的、能够互连的网络通信产品，也只限于同一公司所生产的同构型设备。

（2）国际网络体系结构标准化。为适应网络向标准化发展的需要，国际标准化组织（International Organization for Standardization，ISO）于 1977 年成立了计算机与信息处理标准化委员会（TC97）下属的开放系统互连分技术委员会（SC16），在研究、吸收各计算机制造厂商的网络体系结构标准和经验的基础上，着手制定开放系统互连的一系列标准，旨在方便异种计算机互连。该委员会制定了"开放系统互连参考模型"（Open System Interconnection Reference Model，OSI/RM），简称为 OSI。OSI 为新一代计算机网络系统提供了功能上和概念上的框架，是一个具有指导性的标准。OSI 规定了可以互连的计算机系统之间的通信协议，遵从 OSI 协议的网络产品都是所谓的开放系统，符合 OSI 标准的网络被称为第三代计算机网络。这个时期是计算机网络的成熟阶段。

20 世纪 80 年代，微型计算机有了极大的发展，对社会生活各个方面都产生了深刻的影响。在一个单位内部微型计算机和智能设备的互连网络不同于远程公用数据网，推动了局域网技术的发展。1980 年 2 月，IEEE 802 局域网标准出台。局域网从开始就按照标准化、互相兼容的方式展开竞争，迅速进入了专业化的成熟时期。

4. Internet 的应用与高速网络技术的发展

从 20 世纪 80 年代末开始，计算机技术、通信技术以及建立在 Internet 技术基础上的计算机网络技术得到了迅猛发展。随着 Internet 被广泛应用，高速网络技术与基于 Web 技术的 Internet 网络应用迅速发展，计算机网络的发展进入第四个阶段。

在 Internet 飞速发展与应用的同时，高速网络的发展也引起人们越来越多的关注。高速网络的发展主要表现在：宽带综合业务数据网（Broadband Integrated Service Digital Network，B-ISDN）、异步传输模式（ATM）、高速局域网、交换局域网、虚拟网络与无线网络。基于光纤通信技术的宽带城域网与宽带接入网技术，以及无线网络技术成为应用于产业发展的热点问题。

随着社会生活对网络技术与网络信息系统的依赖程度越来越高，人们对网络与信息安全的需求越来越强烈。网络与信息安全正在成为研究、应用和产业发展的重点问题，引起了社会的高度重视。

随着网络传输介质的光纤化，各国通信设施的建立与发展，多媒体网络与宽带综合业务数据网（B-ISDN）的开发和应用，智能网的发展，计算机分布式系统的研究，计算机网络领域相继出现了高速以太网、光纤分式数据接口（Fiber Distributed Data Interface，FDDI）、快速分组交换技术（包括帧中继、ATM）等新技术，推动着计算机网络技术的飞速发展，使计算机网络技术进入高速计算机互联网络阶段，Internet 网成为计算机网络领域最引人注目，也是发展最快的网络技术。

1.2.3 计算机网络的发展趋势

进入 21 世纪，计算机网络向着综合化、宽带化、智能化和个性化方向发展。信息高速公路向用户提供声音、图像、图形、数据和文本的综合服务，实现多媒体通信，是网络发展的目标。电话、收音机、电视机以及计算机和通信卫星等领域正在迅速地融合，信息的获取、存储、处理和传输之间的"孤岛现象"随着计算机网络和多媒体技术的发展而逐渐消失，曾经独立发展的电信网络、电视网络和计算机网络不断融合，新的信息产业正以强劲的势头迅速崛起。

Internet 的广泛应用推动计算机网络与通信网络技术迅猛发展，推动通信行业从传输网技术到服务业务类型的巨大变化。要满足大规模 Internet 接入和提供多种 Internet 服务，电信运营商必须提供全程、全网、端到端、可灵活配置的宽带城域网。在这样一个社会需求的驱动下，电信运营商纷纷将竞争重点和大量资金从广域网骨干网的建设，转移到高效、经济、支持大量用户接入和支持多种业务的城域网建设中，促成了世界性的信息高速公路建设的热潮。信息高速公路的建设又推动了电信产业的结构调整，推动了大规模的企业重组和业务转移。宽带城域网的建设与应用引起世界范围内大规模的产业结构调整和企业重组，宽带城域网已成为现代化城市建设的重要基础设施之一。

如果将国家级大型主干网比作国家级公路，各个城市和地区的高速城域网比作地区级公路，接入网就相当于最终把家庭、机关、学校、企业用户接到地区级公路的道路。接入网技术解决的是最终用户接入地区性网络的问题。由于 Internet 的应用越来越广泛，社会对接入网技术的需求也越来越强烈，接入网技术有着广阔的市场前景，已成为当前计算机网络技术研究、应用与产业发展的热点。

计算机网络的重要支撑技术是微电子技术和光电子技术。基于光纤通信技术的宽带城域网与接入网技术，以及移动计算网络、网络多媒体计算、网络并行计算、网格计算与存储区域网络等成为网络研究与应用的热点。全光网络将以光节点取代现有网络的电节点，并用光纤将节点互连成网，利用光波完成信号的传输、交换等功能，以克服现有网络在传送和交换时的瓶颈，缓解信息传播的拥塞，提高网络的吞吐量。

1.2.4　云计算

近年来，全球信息技术（Information Technology，IT）产业正在经历着一场声势浩大的"云计算"浪潮，人类已经进入"以服务为中心"的时代，"云"越来越成为 IT 业界关注的焦点。什么是云？云有什么与众不同的特性？它将如何改变整个世界？这是大家都在关心的问题。

云计算是一种计算模式，在这种计算模式中，所有服务器、网络、应用程序以及与数据中心有关的其他部分，都通过网络提供给 IT 部门和最终用户，IT 部门只需购买自己所需的特定类型和数量的计算服务。

云计算的最核心本质是把一切都作为服务来交付和使用。展望未来的发展趋势，无论工作、生活、娱乐、人际关系，一切事物均以一种"服务"形态展现在人们面前，一切都可以作为服务交付给客户使用。

1. 云计算的基本概念

信息技术和 Internet 的急速发展、网络数据量的高速增长，导致了数据处理能力的相对不足；同时，网络上存在着大量处于闲置状态的计算设备和存储资源，如果能够将网络上的设备资源聚合起来，统一调度，提供服务，将可以大大提高利用率，让更多的用户受益。用户可以通过购置更多数量、更高性能的终端或服务器来增加计算能力和存储资源。但是，不断提高的技术更新速度与昂贵的设备价格，往往让人望而却步。如果能够通过高速网络租用计算能力和存储资源，可以大大减少对自有硬件资源的投资和依赖，从而不必为一次性支付大笔设备费用而烦恼。

云计算通过虚拟化技术将资源进行整合，形成庞大的计算与存储网络，用户只需要使用一台接入网络的终端，即可用相对低廉的价格获得所需资源和服务，而无须考虑其来源。云计算可以实现资源和计算能力的分布式共享，能够很好地应对当前网络上数据量的高速增长。

云计算将网络上分布的计算、存储、服务构件、网络软件等资源集中起来，以基于资源虚拟化的方式，为用户提供方便快捷的服务，实现计算与存储的分布式与并行处理。如果把"云"视为一个虚拟化的存储与计算资源池，那么云计算则是这个资源池基于网络平台为用户提供的数据存储和网络计算服务。Internet 是最大的一片"云"，其上的各种计算机资源共同组成了若干个庞大的数据中心及计算中心。

狭义的云计算是一种资源交付和使用模式，即通过网络获得应用所需的资源（硬件、平台、软件）。提供资源的网络称为"云"。"云"中的资源在使用者看来是可以无限扩展的，并且可以随时获取。广义的云计算是指服务的交付和使用模式，即用户通过网络以按需、易扩展的方式获得所需的 IT 基础设施或服务。这种服务可以是 IT 基础设施（硬件、平台、软件），也可以是任意其他的服务。无论是狭义还是广义，云计算的核心理念是"按需服务"，就像人们使用水、电、天然气等资源的方式一样，按需购买和使用。

可见，云计算是一种商业计算模型，它将计算任务分布在大量计算机构成的资源池上，使各种应用能够根据需要获取计算、存储空间和各种软件服务。

根据使用范围，云计算分为私有云和公有云两种。私有云是所有企业或机构内部使用的云；公有云是对外部企业、社会及公共用户提供服务的云。此外，还有混合云。

从提供服务的类型上看，云计算分为 3 个层次：IaaS、PaaS 和 SaaS。

（1）第一个层次：基础设施即服务（Infrastructure as a Service，IaaS），消费者通过 Internet 可以从完善的计算机基础设施获得服务。

IaaS 以硬件设备虚拟化为基础，组成硬件资源池，具备动态资源分配及回收能力，为应用软件提供所需的服务。硬件资源池不区分为哪个应用系统提供服务，资源不够时，整体扩容。

（2）第二个层次：平台即服务（Platform as a Service，PaaS），实际上是指将软件研发的平台作为一种服务，以 SaaS 的模式提交给用户。因此，PaaS 也是 SaaS 模式的一种应用。但是，PaaS 可以加快 SaaS 的发展，尤其是加快 SaaS 应用的开发速度。

PaaS 层次介于 IaaS 和 SaaS 之间，最难实现，一旦实现后可带来巨大效益。严格来讲，PaaS 也是基于 IaaS，在硬件之上提供一个中间层，主要表现形式为接口、API、BO（业务对象）或 SOA 模块等，它不直接面向最终用户，更多的使用者是开发商。开发商应用这些接口可快速开发出灵活性、扩展性强的 SaaS 应用，提供给最终用户。非严格的 PaaS 可独立于 IaaS，同样会牺牲硬件效率，如部分中间件、普元 EOS 等产品。

（3）第三个层次：软件即服务（Software as a Service，SaaS），一种通过 Internet 提供软件的模式，用户无须购买软件，而是向提供商租用基于 Web 的软件来管理企业经营活动。

严格来讲，SaaS 构建于 IaaS 之上，部署于云上的 SaaS 应用软件的基本特征是具备多用户能力，便于多个用户群体通过应用参数的不同设置，共同使用该应用，且产生的数据均存储在云端。非严格的 SaaS 可独立于 IaaS，代价是牺牲硬件的利用率，用户感知不到。SaaS 与一般网络应用的区别在于不同的用户通过不同设置实现不同的功能，而一般网络应用几乎都按照同样的实例运行，几乎无法做灵活的配置和调整。

国际组织积极推动云计算的标准化工作，包括中国在内的各国政府高度重视云计算，积极推动云计算的发展和应用。云计算的市场潜力巨大，随着用户的信任感不断提高，未来几年将继续保持较快增长。

2. 云计算的工作原理和关键技术

在典型的云计算模式中，用户通过终端接入网络，向"云"提出需求；"云"接受请求后组织资源，通过网络为"端"提供服务。用户终端的功能可以大大简化，诸多复杂的计算与处理过程都将转移到终端背后的"云"上完成。用户所需的应用程序不需要运行在个人计算机、手机等终端设备上，而是运行在 Internet 的大规模服务器集群中；用户处理的数据无须存储在本地，而是保存在网络上的数据中心中。提供云计算服务的企业负责这些数据中心和服务器正常运转的管理和维护，并保证为用户提供足够强的计算能力和足够大的存储空间。任何时间和任何地点，用户只要能够连接至 Internet，即可访问云，实现随需随用。

云计算是随着处理器技术、虚拟化技术、分布式存储技术、宽带互联网技术和自动化管理技术的发展而产生的。从技术层面上讲，云计算基本功能的实现取决于两个关键的因素：一个是数据的存储能力，另一个是分布式的计算能力。因此，云计算中的"云"可以再细分为"存储云"和"计算云"，即"云计算=存储云+计算云"。

- 存储云：大规模的分布式存储系统。
- 计算云：资源虚拟化+并行计算。

其中，并行计算首先将大型的计算任务拆分，然后派发到云中节点进行分布式并行计算，最终将结果收集后统一整理，如排序、合并等。

虚拟化最主要的意义是用更少的资源做更多的事。在计算云中引入虚拟化技术的目的是力求在较少的服务器上运行更多的并行计算，对云计算所应用到的资源进行快速而优化的配置等。

3. 云计算的应用

"云"可分为基于因特网的公共云、基于各种组织内部网络的私有云，以及兼具公共云与私有云特点的混合云。目前的研究主要集中于公共云。各企事业单位可将内部的资源整合为"云"，为内部成员提供服务，即私有云；将来可以通过一定机制对外部开放，成为公共云的一部分。未来，我们将看到各式的"云"，从不同的云中享受所需的各式服务。

（1）云物联。物联网和云计算是目前产业界的两个热点，物联网与云计算结合是必然趋势。

如前所述，云计算主要有 3 种服务模式，即 IaaS、PaaS 和 SaaS。IaaS（基础设施即服务）的主要作用是将虚拟物理资源作为服务提供给客户；PaaS（平台即服务）的主要作用是将封装了各种基础能力和特定功能的平台提供给客户；SaaS（软件即服务）的主要作用是将应用作为服务提供给多个客户。

物联网具备 3 个特征：一是全面感知，即利用传感设备和特定物体识别设备在更广范围内获取环境信息和物体信息；二是可靠传递，即利用无线传感器网络（Wireless Sensor Network，WSN）和电信广域网络将上述信息迅速可靠地传送出去；三是智能处理，即利用各种智能计算技术对海量信息进行分析处理，挖掘各种信息之间的关联关系，形成对所观测对象的完整认识，并进一步开放共享。云计算就是上述"智能技术"的一种。物联网的规模发展到一定程度后，与云计算结合起来是必然趋势。

物联网与云计算结合存在多种模式。目前国内建设的一些和物联网相关的云计算中心、云计算平台，主要是 IaaS 模式在物联网领域的应用。实际上，PaaS 模式、SaaS 模式也可以与物联网很好地结合起来。此外，从智能分布的角度还应该看到，"边缘计算"也是物联网应用智能处理模式的一种典型特征。

（2）云安全。云安全（cloud security）是一个从"云计算"演变而来的新名词。云安全的策略构想是：使用者越多，每个使用者就越安全。因为如此庞大的用户群，足以覆盖网络的每个角落，只要某个网站被挂马或某个新木马病毒出现，就会立刻被截获。

"云安全"通过网状的大量客户端对网络中软件行为的异常监测，获取网络中木马、恶意程序的最新信息，推送到服务端进行自动分析和处理，再把计算机病毒和木马的解决方案分发到每一个客户端。

（3）云存储。云存储是在云计算概念上延伸和发展出来的一个新的概念，是指通过集群应用、网格技术或分布式文件系统等功能，将网络中大量各种不同类型的存储设备通过应用软件集合起来协同工作，共同对外提供数据存储和业务访问功能的一个系统。当云计算系统运算和处理的核心是大量数据的存储和管理时，云计算系统中需要配置大量的存储设备，云计算系统将转变为一个云存储系统。因此，云存储是一个以数据存储和管理为核心的云计算系统。

（4）云游戏。云游戏是以云计算为基础的游戏方式，在云游戏的运行模式下，所有游戏都在服务器端运行，并将渲染后的游戏画面压缩后通过网络传送给用户。在客户端，用户的游戏设备不需要任何高端处理器和显卡，只需要基本的视频解压能力即可。

（5）云计算助力移动互联网发展。移动互联网是指以宽带 IP（Internet Protocol，网际互连协议）为技术核心，可同时提供语音、数据、多媒体等业务服务的开放式基础电信网络。从用户行为角度来看，移动互联网广义上是指用户可以使用手机、笔记本等移动终端，通过无线移动网络和超文本传输协议（HyperText Transfer Protocol，HTTP）接入互联网；狭义上是指用户使用手机终端，通过无线通信方式，访问采用无线应用协议（Wireless Application Protocol，WAP）的网站。移动互联网的主要应用包括手机游戏、移动搜索、移动即时通信、移动电子邮件等。从全球范围来看，社区网络应用和定位导航正在成为新的热点。移动互联网的发展速度已远远超过固定互联网［以固定个人计算机（Personal Computer，PC）为终端的传统互联网］。

目前移动互联网的 3 种商业模式：一是"平台+服务"模式，定位于价值链控制力；二是"终端+应用"模式，定位于用户需求整体解决方案；三是"软件+门户"模式，定位于最佳产品服务。不同领域的企业均在基于自身业务体系和竞争优势构建具有主导权的商业模式，以应对网络融合趋势给移动互联网发展带来的不确定性和竞争。

移动互联网的产业链要素与传统互联网没有太大区别，但也不是简单的"移动+互联网"，由于网络接入方式不同，原有的硬件、软件、服务、内容等提供者将通过新的排列组合，形成新的产业发展形态。

随着移动通信带宽的增加和移动终端功能的增强，移动互联网将提供给用户更丰富的数字内容和更多样的业务种类，用户需求呈现出商务活动、互动交流和多媒体服务等齐头并进的多元化形式。持续增长的用户数量和日趋多元的用户需求，构成了移动互联网的发展基础，也对移动互联网提出了更高的要求。

云计算为移动互联网的发展注入强大的动力。移动终端设备一般说来存储容量较小、计算能力不强，云计算将应用的"计算"与大规模的数据存储从终端转移到服务器端，降低了对移动终端设备的处理需求。移动终端主要承担与用户交互的功能，复杂的计算交由云端（服务器端）处理，终端不需要强大的运算能力即可响应用户操作，保证用户的良好使用体验，从而实现云计算支持下的 SaaS。

云计算降低了对网络的要求，例如，用户需要查看某个文件时，不需要传送整个文件，只需根据需求发送需要查看的部分内容即可。由于终端不感知应用的具体实现，扩展应用变得更加容易，应用在强大的服务器端实现和部署，并以统一的方式（如通过浏览器）在终端实现与用户交互，使用户扩展更多的应用形式变得更为容易。

移动互联网的兴起已经成为不可逆转的趋势，云计算与移动互联网的结合将促使移动互联网的应用向形式更加丰富、应用更加广泛、功能更加强大的方向发展，给移动互联网带来了巨大的发展空间。

未来的云生态系统将从"端""管""云"3 个层面展开。"端"是指接入终端设备，"管"是指信息传输管道，"云"是指服务提供网络。具体到移动互联网，"端"是指手机、MID（一种体积小于笔记本电脑，但大于智能手机的移动互联网装置）等移动接入终端设备，"管"是指（宽带）无线网络，"云"是指提供各种服务和应用的内容网络。

电信运营商和网络设备制造商在"管"的方面优势明显，终端制造商对"端"的掌控力度最强，IT 和互联网企业对"云"最熟悉。参与移动互联网的企业要想在未来的竞争中处于有利甚至是主导地位，就必须依托已有基础延伸价值链，争取贯通"端"—"管"—"云"的产业价值链条。

移动互联网在未来几年需要解决的主要问题是，在不改变用户互联网业务使用习惯的前提下，保证移动终端设备毫无障碍地、随时随地以较高速度接入已经发展成熟的传统互联网业务与应用。只有这样，移动互联网才能实现真正的成熟与良性的发展。因此，终端、带宽和应用就成为移动互联网发展成功的 3 个关键因素。

4. 云计算的发展趋势与前景

越来越多的厂商认同了未来发展的云模式，云计算将逐渐获得企业用户的认同，在未来几年保持较快的增长速度。可以预期，在现有的 IaaS、SaaS 和 PaaS 基础上还将不断产生新的云计算商业模式。技术创新将使得云计算更安全、更可靠、更高效。

云计算以统一化的 IT 基础资源为用户提供个性化的服务，可以说是标准化与差异化的完美结合。根据市场预测，未来几年云计算将保持较高的增长速度，市场规模将不断扩大。云计算的发展有赖于政府的支持，特别是从总体规划的科学性和财力支持力度来看，政府主导将成为云计算未来发展的重要趋势和主要动力之一。

前导知识 1.3　认识计算机网络的组成与结构

怎样把计算机连接起来，使之可以进行通信？将多台计算机连接构成计算机网络，需要有哪些设备？以下将对这些问题做出初步的解答。

1.3.1　资源子网和通信子网

从组成网络的各种设备或系统的功能看，计算机网络可分为两部分（两个子网）：一个称为资源子网，一个称为通信子网。资源子网和通信子网划分是一种逻辑的划分，它们可能使用相同或不同的设备。例如，在广域网环境下，由电信部门组建的网络常被理解为通信子网，仅用于支持用户之间的数据传输；而用户部门的入网设备则被认为属于资源子网的范围；在局域网环境下，网络设备同时提供数据传输和数据处理的能力。因此，只能从功能上对其中的软硬件部分进行这种划分。

1. 资源子网

资源子网由主机、用户终端、网络操作系统、网络数据库等组成，负责全网面向应用的数据处理工作，向网络用户提供各种网络资源与网络服务。资源子网的任务是利用其自身的硬件资源和软件资源为用户进行数据处理和科学计算，并将结果以相应形式送给用户或存档。资源子网中的软件资源包括本地系统软件、应用软件以及用于实现和管理共享资源的网络软件等。

（1）主计算机系统：简称主机，可以是各种类型的计算机。主机是资源子网的主要组成单元，通过高速通信线与通信子网的通信控制处理机（Communication Control Processor，CCP）连接。主机中除装有本地操作系统外，还应配有网络操作系统和各种应用软件，配置网络数据库和各种工具软件，负责网络中的数据处理、执行协议、网络控制和管理等工作。主机与其他主计算机系统连网后，构成网络中的主要资源。它可以是单机，也可以是多机系统。主机为本地用户访问网络上的其他主机设备与资源提供服务，同时为网络中远程用户共享本地资源提供服务。

（2）用户终端：终端是用户访问网络的设备，可以是简单的输入/输出设备，也可以是具有存储和信息处理能力的智能终端，通常通过主机连入网络。终端是用户与网络之间的接口，主要作用把用户输入的信息转变为适合传送的信息送到网络上,或把网络上其他节点的输出信息转变为用户能识别的信息。智能终端还具有一定的计算、数据处理和管理能力。用户可以通过终端得到网络的服务。

(3)网络操作系统:建立在各主机操作系统之上的一个操作系统,用于实现在不同主机系统之间的用户通信以及全网硬件、软件资源的共享,并向用户提供统一的、方便的网络接口,以方便用户使用网络。

(4)网络数据库:建立在网络操作系统之上的一个数据库系统,可以集中地驻留在一台主机上,也可以分布在多台主机上。网络数据库系统向网络用户提供存、取、修改网络数据库中数据的服务,以实现网络数据库的共享。

2. 通信子网

通信子网由通信控制处理机、通信线路与其他通信设备组成,完成网络数据传输、转发等通信处理任务,为网络用户共享各种网络资源提供必要的通信手段和通信服务。

(1)通信控制处理机:简称通信控制器,在网络拓扑结构中称为网络节点(node),一般指交换机、路由器等设备。一方面,节点作为与资源子网中主机、终端的连接接口,将主机和终端连接到网络中;另一方面,节点作为通信子网中数据包的存储转发节点,完成数据包的接收、校验、存储、转发等功能,实现将源主机报文准确地发送到目的主机。

(2)通信线路:是传输信息的载波媒体,为通信控制处理机之间、通信控制处理机与主机之间提供通信信道。计算机网络采用多种通信线路,如双绞线、同轴电缆、光导纤维电缆(光缆)、无线通信信道、微波与卫星通信信道等。

(3)其他通信设备:主要指信号变换设备。利用信号变换设备对信号进行变换,以适应不同传输介质的要求,例如,将计算机输出的数字信号变换为电话线上传送的模拟信号,所用的调制解调器就是一种信号变换设备。

从系统功能的角度来看,计算机网络系统由资源子网和通信子网组成。但从系统组成的角度来看,计算机网络由硬件部分和软件部分组成。资源子网和通信子网的情况也可以用图1-1-8的形式进行简单描述。

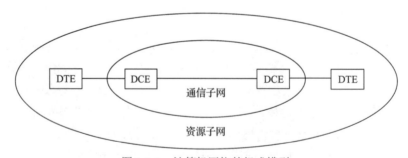

图 1-1-8　计算机网络的组成模型

图中,DTE(Data Terminal Equipment)表示数据终端设备,DCE(Data Circuit-terminating Equipment 或 Data Communication Equipment)表示数据电路终接设备(或称数据通信设备)。

- DTE:产生数字信号的数据源或接受数字信号的数据宿,或者是两者的结合,是用户网络接口上的用户端设备;DTE 具有数据处理能力及数据转发能力,能够依据协议控制数据通信,包括主机、终端、计算机外设和终端控制器等设备。

- DCE：在 DTE 和传输线路之间提供信号变换和编码功能，可以提供 DTE 和 DCE 之间的时钟信号，包括各种通信设备，如集中器、调制解调器、通信控制处理机、多路复用器等。

1.3.2　计算机网络的组成

计算机网络在物理结构上可分为网络硬件和网络软件两部分，如图 1-1-9 所示。

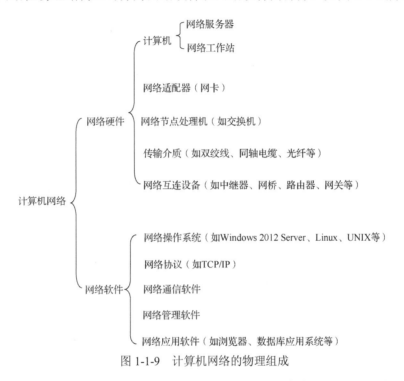

图 1-1-9　计算机网络的物理组成

有关计算机网络组成的相关内容，将在本书的后续章节中介绍，在此从略。

1.3.3　计算机网络的拓扑结构

1．网络拓扑的定义

网络拓扑是由网络节点设备和通信介质构成的网络结构图。在计算机网络中，以计算机作为节点、通信线路作为连线，可构成不同的几何图形，即网络的拓扑（topology）结构。网络拓扑的设计选型是计算机网络设计的第一步。

网络拓扑结构是实现各种网络协议的基础。网络拓扑结构的选择对网络采用的技术、网络的可靠性、网络的可维护性和网络的实施费用都有重大的影响。选用何种类型的网络，要依据实际需要而定。

拓扑学是几何学的一个分支，是从图论演变而来的。拓扑学首先把实体抽象成与其大小、形状无关的点，将连接实体的线路抽象成点、线、面之间的关系。计算机网络拓扑结构通过网中节点与通信线路之间的几何关系表示网络结构，反映出网络中各实体的结构关系。

2．网络拓扑的分类

计算机网络拓扑结构主要是指通信子网的拓扑结构。网络拓扑可以根据通信子网中的通信信道类型分为两类：广播信道通信子网的拓扑结构和点对点线路通信子网的拓扑结构。

在采用广播信道的通信子网中，一个公共的通信信道被多个网络节点共享。任一时间内只允许一个节点使用公共通信信道，当一个节点利用公用通信信道"发送"数据时，其他节点只能"收听"正在发送的数据。采用广播信道通信子网的基本拓扑构型主要有 4 种：总线型、树形、环形、无线与卫星通信型。

利用广播通信信道完成网络通信任务时，必须解决以下两个基本问题。

（1）确定通信对象，包括源节点和目的节点。

（2）解决多节点争用公用信道的问题。

在采用点对点线路的通信子网中，每条通信线路连接一对节点。采用点对点线路的通信子网的基本拓扑构型有 4 类：星形、环形、树形与网状。

3. 常见的网络拓扑结构

计算机网络通常有以下几种拓扑结构，如图 1-1-10 所示。

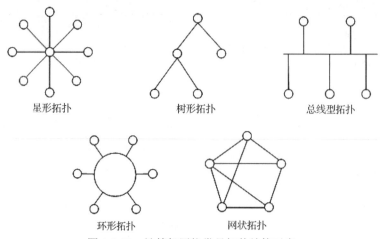

图 1-1-10　计算机网络常见拓扑结构示意

（1）星形拓扑。星形拓扑以一个中心节点和多个从节点组成，主节点可以与从节点通信，而从节点之间必须通过主节点的转接才能通信。星形拓扑结构如图 1-1-11 所示。星形拓扑以中央节点为中心，执行集中式通信控制策略，因而中央节点相当复杂，而各个从节点的通信处理负担都很小。

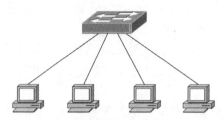

图 1-1-11　星形拓扑结构

根据主节点性质和作用的不同，星形拓扑还可分为以下两类。

1）中心主节点是一个功能很强的计算机，具有数据处理和转接的双重功能，与各自连到中心计算机的节点（或终端）组成星形网络。

2）中心主节点由交换机或集线器等仅有转接功能的设备担任，负责各计算机或终端之间的联系，为它们转接信息。图 1-1-12 所示的是带有配线架的星形拓扑结构，配线架相当于中央节点，可以在每个楼层配置一个，配线架具有足够数量的端口，以供该楼层的节点使用，节点的位置可灵活放置。

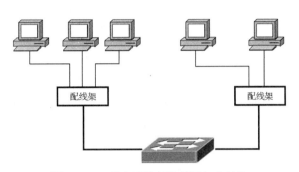

图 1-1-12　带有配线架的星形拓扑结构

星形拓扑具有结构简单、管理方便、组网容易等优点，利用中央节点可方便地进行网络连接和重新配置，且单个连节点的故障只影响一个设备，不会影响全网，容易检测和隔离故障，便于网络维护。

星形拓扑的缺点是网络属于集中控制，主节点负载过重，如果中央节点产生故障，则全网不能工作。因此，对中央节点的可靠性和冗余度要求很高。

（2）总线型拓扑。总线型拓扑采用单根传输线作为传输介质，将所有入网的计算机通过相应的硬件接口直接接入一条通信线上。为防止信号反射，一般在总线两端有终结器匹配线路阻抗。总线上各节点计算机地位相等，无中心节点，属于分布式控制。典型的总线型拓扑结构如图 1-1-13 所示。

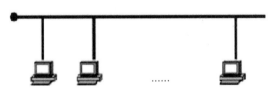

图 1-1-13　典型的总线型拓扑结构

总线是一种广播式信道，所有节点发送的信息都可以沿着传输介质传播，而且能被所有其他的节点接收。由于所有的节点共享一条公用的传输链路，因而一次只能由一个设备传输数据。通常采用分布式控制策略来决定下一次由哪个节点发送信息。

总线型拓扑具有结构简单、扩充容易、易于安装和维护、价格相对便宜等优点。缺点是同一时刻只能由两个网络节点相互通信，网络延伸距离有限，网络容纳的节点数有限；由于所有节点都直接连接到总线上，任何一处故障都会导致整个网络的瘫痪。

（3）树形网络。树形拓扑从总线型拓扑演变而来，它把星形和总线型结合起来，形状像一棵倒置的树，顶端有一个带分支的根，每个分支还可以延伸出子分支。树形拓扑结构如图 1-1-14 所示。当节点发送信息时，根接收该信号，然后再重新广播发送到全网。

树形拓扑的优点是易于扩展和隔离故障，缺点是对根的依赖性太大，如果根发生故障，则全网不能正常工作，因此对根的可靠性要求很高。

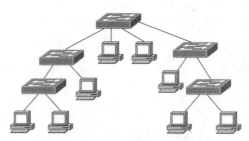

图 1-1-14　树形拓扑结构

（4）环形拓扑。环形拓扑将各节点的计算机用通信线路连接起来形成一个闭合环路，如图 1-1-15 所示。在环路中，信息按一定方向从一个节点传输到下一个节点，形成一个闭合环流。环形信道也是一条广播式信道，可采用令牌控制方式协调各节点计算机发送信息和接收信息。

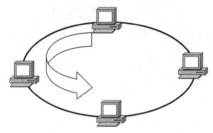

图 1-1-15　环形拓扑结构

环形拓扑的优点是路径选择简单（环内信息流向固定）、控制软件简单。缺点是不容易扩充、节点多时响应时间长等。

（5）网状拓扑。网状拓扑由分布在不同地点的计算机系统互相连接而成。网络中无中心计算机，每个节点机都有多条（两条以上）线路与其他节点相连，从而增加了迂回通路。网状拓扑的通信功能分布在各个节点机上。网状结构分为全连接网状和不完全连接网状两种形式。在全连接网状结构中，每一个节点和网中其他节点均有链路连接。在不完全连接网状结构中，两节点之间不一定有直接链路连接，它们之间的通信依靠其他节点转接。广域网中一般用不完全连接网状结构，如图 1-1-16 所示。

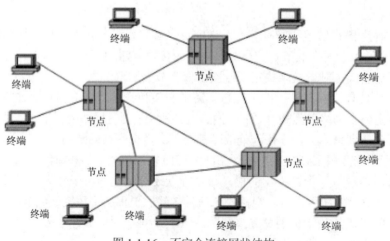

图 1-1-16　不完全连接网状结构

　　网状拓扑的优点是节点间路径多，碰撞和阻塞的可能性大大减少，局部故障不会影响整个网络的正常工作，可靠性高，网络扩充和主机入网比较灵活、简单；缺点是关系复杂，组网和网络控制机制复杂。

　　以上是几种基本的网络拓扑结构。组建局域网时，常采用星形、总线型、环形和树形拓扑结构。树形网状拓扑结构在广域网中比较常见。在一个实际的网络中，可能是多种网络结构的混合。

　　选择网络拓扑结构时，主要考虑的因素有：安装的相对难易程度、维护的相对难易程度、通信介质发生故障时受影响设备的情况及费用等。

1.3.4　知识扩展：现代网络结构的特点

　　在现代的广域网结构中，随着使用主机系统用户的减少，资源子网的概念已经有了变化。目前，通信子网由交换设备与通信线路组成，负责完成网络中数据传输与转发任务。交换设备主要是路由器与交换机。随着微型计算机的广泛应用，连接到局域网中的微型计算机数目日益增多，它们一般通过路由器将局域网与广域网相连接。另外，从组网的层次角度看，网络的组成结构也不一定是一种简单的平面结构，而可能变成一种分层的层次结构。

　　引起网络系统的结构变化的主要因素如下。

　　（1）随着微型计算机和局域网的广泛应用，使用大型机与中型机的主机—终端系统的用户减少，现代网络结构已经发生变化。

　　（2）随着微型计算机的广泛应用，大量的微型计算机通过局域网接入城域网、广域网和大型互连网络系统中。

　　（3）局域网、城域网与广域网之间的互连通过路由器实现。

　　Internet 的飞速发展与广泛应用，使得实际的网络系统形成一种由主干网、地区网、校园网与企业网组成的层次型结构。图 1-1-17 所示为一个典型的三层网络结构，最上层为国际或国家主干网（又称核心层），中间层为地区主干网（又称汇聚层），最下层为企业或校园网（又称接入层），为最终用户接入网络提供接口。用户计算机可以通过局域网方式接入，也可以选择公共电话交换网（Public Switched Telephone Network，PSTN）、有线电视（Cable Television，CATV）网、无线城域网或无线局域网等方式接入到作为地区级主干网的城域网。城域网又通过路由器与光纤接入到作为国家级或区域级主干网的广域网。多个广域网互连成覆盖全世界的 Internet 网络系统。

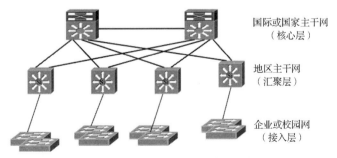

国际或国家主干网
（核心层）

地区主干网
（汇聚层）

企业或校园网
（接入层）

图 1-1-17　典型的三层网络结构示意图

　　目前，随着宽带网络建设的开展，各大电信运营商纷纷进行了大规模的战略重组，同时采用宽带网络技术建设新的基础性电信网络,或用宽带技术改造现有的网络。宽带网络可分为宽带骨干网和宽带接入网两部分。尽管互连的网络系统结构日趋复杂,但是都是采用路由器互连的层次结构模式。由于 Internet 网络系统结构太复杂了,并且在不断变化,图 1-1-17 只能给出 Internet 理想和概念性的网络结构示意图,以帮助初学者首先接受一种简单的网络结构分析。

 习题

一、简答题

1. 名词解释:计算机网络、通信子网、资源子网、局域网、广域网、城域网、网络拓扑。
2. 计算机网络具有哪些功能?
3. 计算机网络的发展可划分为几个阶段?每个阶段各有何特点?
4. 目前,计算机网络应用在哪些方面?
5. 计算机网络可从几方面进行分类?
6. 计算机网络由哪几部分组成?
7. 计算机网络常用拓扑结构有哪些?各有什么特点?
8. 计算机网络的发展趋势是什么?现代网络结构有哪些特点?

二、操作题

1. 参观一个实际的计算机网络环境或计算机网络实验室,确定其网络的拓扑结构,并画出网络系统的拓扑图。
2. 设计一个拥有 45 台工作站的计算机网络拓扑图,并给出该网络系统的总造价,以及每一部分设备的预算。

前导知识 2　数据通信基础知识

🔍 **学习目标**

1. 了解数据通信系统的组成、基本概念和数据通信的主要技术指标。
2. 学习并掌握并行通信和串行通信，单工、半双工和全双工通信的基本概念，理解数据通信的方式。
3. 学习基带传输、频带传输和宽带传输，信源编码技术和多路复用技术等，理解数据传输方式。
4. 学习电路交换、存储/转发交换和高速交换技术等数据交换技术。
5. 了解差错控制技术中的差错控制方法和差错控制编码。

前导知识 2.1　了解数据通信系统

计算机之间的通信是资源共享的基础，计算机通信网络的核心是数据通信设施。网络中的信息交换和共享意味着一个计算机系统中的信号通过网络传输到另一个计算机系统中去处理和使用。如何传输不同计算机系统中的信号，是数据通信技术要解决的问题。数据通信系统是指以计算机为中心，用通信线路连接分布在各地的数据终端设备而执行数据传输功能的系统。

2.1.1　数据通信系统模型

1. 通信系统的基本组成

通信是把信息从一个地方传送到另一个地方的过程，用任何方法，通过任何媒体将信息从一个地方传送到另一个地方均可称为通信。用来实现通信过程的系统称为通信系统。通信系统必须具备 3 个基本要素：信源、传输媒体和信宿。除此之外，通信系统还需要有发送设备对信号进行变换，接收设备对信号进行复原。

通信系统的一般模型如图 1-2-1 所示，包括信源、发送设备、信道、噪声源、接收设备和信宿 6 个部分。

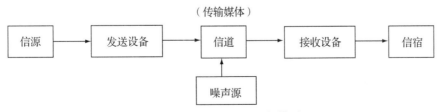

图 1-2-1　通信系统的一般模型

模型中各部分的功能如下。

（1）信源：信息的来源，作用是将原始信息转换为相应的信号（通常称为基带信号）。电话机的话筒、摄像机等都属于信源。

（2）发送设备：对基带信号进行各种变换和处理，如放大、调制等，使其适合在信道中传输。

（3）信道：发送设备和接收设备之间用于传输信号的媒介。

（4）噪声源：信道中的噪声以及分散在通信系统其他各处噪声的集中表现。

（5）接收设备：功能与发送设备相反，对接收信号进行必要的处理和变换后，恢复相应的基带信号。

（6）信宿：信息的接收者，与信源相对应，将恢复的基带信号转换成相应的原始信息。电话机的听筒、耳机以及显示器等都属于信宿。

在图 1-2-1 所示的模型中，如果通信距离较远，必须加上中继器，对被衰减的信号进行放大或再生，然后再传送。

2. 通信系统的性能指标

衡量通信系统性能的优劣，最重要的是看它的有效性和可靠性。有效性指的是传输信息的效率，可靠性指的是接收信息的准确度。有效性和可靠性这两个要求通常是矛盾的，提高有效性会降低可靠性，反之亦然。因此，在实际设计一个系统时，必须根据具体情况寻求适当的折中解决办法。模拟通信系统和数字通信系统对这两个指标要求的具体内容有很大差别，因此分别予以介绍。

（1）模拟通信系统的性能指标。模拟通信系统的有效性用有效传输频带来度量。信道的传输频带越宽，能够容纳的信息量越大。例如，一路模拟电话占据 4kHz 带宽，采用频分复用技术后，一对架空明线最多只能容纳 12 路模拟电话，而一对双绞线可以容纳 120 路，同轴电缆的通信量最大可达到 10000 路。显然，同轴电缆的有效性指标比架空明线、双绞线好得多。

模拟通信的可靠性用接收端输出的信噪比来度量。信噪比指输出信号的平均功率和输出噪声的平均功率之比，并用分贝作为衡量的单位，即dB。信噪比越大，通信质量越好。例如，普通电话要求信噪比在 20dB 以上，电视图像则要求信噪比在 40dB 以上。

（2）数字通信系统的质量指标。数字通信系统的有效性用信息速率来度量。信息速率是指单位时间内传输的信息量，单位为 bit/s。例如，无线短波最大信息速率只有几百到几千 bit/s，而光纤、卫星通信系统速率可达几百兆到几千兆 bit/s，甚至更高。可以说只有光纤、卫星等才能为信息高速公路建立传输平台。数字通信系统的可靠性用误码率 P_e 来度量。它是指接收错误的码元数与传输的总码元数之比，即

$$P_e = \frac{接收错误码元数}{总的码元数}$$

在有线信道或卫星传输信道中，误码率可以达到 10^{-7}；而在无线短波信道内只能达到 10^{-3}。

2.1.2 数据通信的基本概念

数据通信技术是建立计算机网络系统的基础之一。数据通信的目的是传输与交换信息，在应用中，大多数信息的传输与交换都是在计算机之间或计算机与外围设备之间进行的。所以数据通信实质上就是计算机通信。数据通信就是在不同计算机之间传送表示数字、文字、语音、

图形或图像的二进制代码信号的过程。

1. 数据、信息和信号

数据（data）是记录下来的可以被鉴别的符号，是把事物的某些特征（属性）规范化后的表现形式。数据具有稳定性和表达性，即各数据符号所表达的事物的物理特性是固定不变的。数据符号则需要以某种媒体作为载荷体。

信息（information）是对数据的认识和解释，是对数据进行加工和处理后产生的。

数据和信息是有区别的。数据是独立的，是尚未组织起来的事实的集合；信息是按照一定要求以一定格式组织起来的数据，凡经过加工处理或换算后成为人们想要得到的数据，都可称为信息。

信号（signal）是数据的物理表示形式。在数据通信系统中，传输媒体以适当形式传输的数据都是信号。电信号有模拟信号和数字信号两种形式。

2. 模拟通信和数字通信

根据信道传输信号的差异，通信系统分为模拟通信系统和数字通信系统。信道中传输模拟基带信号或模拟频带信号的通信系统，称为模拟通信系统。信道中传输数字基带信号或数字频带信号的通信系统，称为数字通信系统。模拟通信系统仅使用模拟传输方式，由于数字频带信号是模拟信号，数字通信系统既可以使用模拟传输方式又可使用数字传输方式。

近年来，数字通信无论在理论上还是在技术上都有了突飞猛进的发展。与模拟通信相比，数字通信更能适应现代通信技术不断发展的要求，原因在于其本身具有一系列模拟通信无法比拟的特点。

数字通信的主要优点如下。

（1）抗干扰能力强。在远距离通信中，中继器可以对数字信号波形进行整形、再生而消除噪声和失真的积累，但对模拟信号来说，中继器对传输信号进行放大的同时，对叠加在信号上的噪声和失真也进行了放大，如图 1-2-2 所示。此外数字通信还可以采用各种差错控制编码方法进一步改善传输质量。

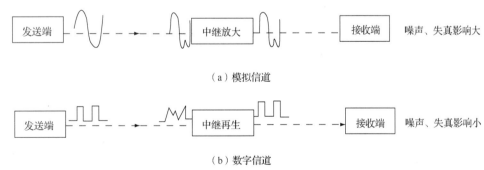

（a）模拟信道

（b）数字信道

图 1-2-2　模拟通信和数字通信抗干扰性能比较

（2）便于加密处理。数字通信易于采用复杂、非线性长周期的码序列对信号进行加密，从而使通信具有高强度的保密性。

（3）易于实现集成化，体积小、功耗低。数字通信的大部分电路是由数字电路实现的，微电子技术的发展使数字通信便于用大规模和超大规模集成电路实现。

（4）利于采用时分复用实现多路通信。数字信号本身可以很容易地用离散时间信号表示，在两个离散时间之间，可以插入多路离散时间信号实现时分多路复用。

当然，数字通信系统的许多优点是通过比模拟信号占用更宽的频带换来的。以电话为例，一路模拟电话仅占用约 4kHz 带宽，而一路数字电话要占用 20～64kHz 的带宽。随着卫星和光纤通信信道的普及，以及数字频带压缩技术的发展，数字通信占用频带宽的问题可以得到解决。

2.1.3　数据通信的主要技术指标

1. 数据传输速率

数据传输速率有以下两种。

（1）比特率 S。比特率 S 是数据的传输速率，指在有效带宽上单位时间内传输的二进制代码位数（比特数），单位是"位/秒"，记作 bit/s。常用的数据传输速率单位有：kbit/s、Mbit/s、Gbit/s 与 Tbit/s。其中：1kbit/s=1×10^3bit/s，1Mbit/s=1×10^6bit/s，1Gbit/s=1×10^9bit/s，1Tbit/s=1×10^{12}bit/s。

比特率的高低由每位数据所占的时间决定，一位数据所占的时间宽度越小，则其数据传输速率越高。设 T 为传输的电脉冲信号的宽度或周期，N 为脉冲信号所有可能的状态数，则比特率为

$$S=\frac{1}{T}\log_2 N \ （\text{bit/s}）$$

式中，$\log_2 N$ 为每个电脉冲信号所表示的二进制数据的位数（比特数）。如电信号的状态数 $N=2$，即只有"0"和"1"两个状态，则每个电信号只传送 1 位二进制数据，此时，$S=\frac{1}{T}$。

（2）波特率 B。波特率 B 是调制速率，又称码元速率，是数字信号经过调制后的传输速率。波特率指在有效带宽上单位时间内传送的波形单元（码元）数，即在模拟信号传输过程中，从调制解调器输出的调制信号每秒载波调制改变的次数。波特率等于调制周期（即时间间隔）的倒数，单位是波特（Baud）。若用 T 表示调制周期，则波特率为

$$B=\frac{1}{T} \ （\text{Baud}）$$

即 1 波特表示每秒钟传送一个码元。

波特率与比特率的数量关系为

$$S=B\log_2 N$$

2. 信道、信道容量、信道带宽

（1）信道：信道是传送信号的通路，由传输介质和相关线路设备组成。一条传输线路上可以有多个信道。

（2）信道容量：表示一个信道的最大数据传输速率，单位为位/秒，记作 bit/s。

（3）信道带宽：指信道上能够传送信号的最高频率与最低频率之差。单位为赫兹（Hz）。

3. 误码率 P_e

误码率是衡量数据通信系统在正常情况下传输可靠性的指标。误码率是指二进制码元在数据传输中被传错的概率，又称"出错率"。假设传输的二进制码元总数为 N，被传错的码元数为 N_e，则误码率为

$$P_e=N_e/N$$

在计算机网络中，一般要求误码率不高于 10^{-6}，即平均每传输 1000000 位二进制数据仅可能出

错一位。

4. 吞吐量

吞吐量是信道或网络性能的另一个参数，数值上等于信道或网络在单位时间内传输的总信息量，单位也是 B/s 或 bit/s。如果把信道或网络看成一个整体，则平均数据的流入量应等于平均数据的流出量，这个单位时间的数据平均流入量或流出量称为吞吐量。如果信道或网络的吞吐量急剧下降，表明信道或网络发生了阻塞现象。

5. 网络负荷量

网络负荷量是指网络单位面积中的数据分布量，即数据在网络中的分布密度。在计算机网络中，网络负荷量不宜过小，也不宜过大。网络负荷量过小，网络的吞吐量也会小，导致网络利用率过低；网络负荷量过大，容易产生阻塞现象，直接导致网络吞吐量降低。

前导知识 2.2　理解数据通信的方式

在计算机网络中，从不同的角度看有多种不同的通信方式，如并行通信和串行通信，单工、全双工和半双工通信等。

2.2.1　并行通信和串行通信

1. 并行通信

并行通信是指多个数据位同时在设备之间进行传输。并行通信可同时传送多个二进制位，一般适用于短距离、要求传输速度高的场合，常用于计算机内部各部件之间的数据传输，将构成一个字的若干位代码通过并行信道同时传输，如图 1-2-3（a）所示。计算机内部的这种并行数据通信线路又称为总线，如并行传送 16 位数据的总线称为 16 位数据总线，并行传送 32 位的数据总线称为 32 位数据总线。

2. 串行通信

串行通信是指只有 1 个数据位在设备之间传输。串行通信一次只传送一个二进制位。串行传输信道将一个由若干位二进制数表示的字按位进行有序的传输，如图 1-2-3（b）所示。串行通信常用于计算机与计算机或外部设备之间的数据传输。串行通信收发双方只需要一条通信信道，易于实现同时节省设备，是计算机网络中远程通信普遍采用的通信方式。这种通信方式可以利用覆盖面极其广阔的公共通信系统来实现，对计算机网络具有更大的现实意义。

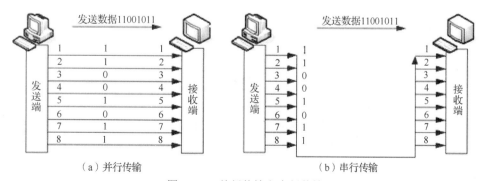

图 1-2-3　并行传输和串行传输

2.2.2 单工、全双工和半双工通信

通信的双方需要交互信息，在连接交互双方的传输链路上，数据传输有单工、全双工和半双工几种通信方式，如图 1-2-4 所示。

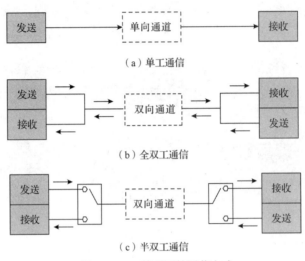

图 1-2-4　3 种不同的通信方式

1. 单工通信

通信信道是单向信道，数据信号仅沿一个方向传输，发送方只能发送不能接收，接收方只能接收而不能发送，任何时候都不能改变信号传送方向，如图 1-2-4（a）所示。无线电广播和电视都属于单工通信。计算机和打印机之间也是一种单工通信，计算机永远是发送方，而打印机永远是接收方。

2. 全双工通信

数据可以同时沿相反的两个方向双向传输，如图 1-2-4（b）所示。例如，电话通话就是一种典型的全双工通信。

3. 半双工通信

信号可以沿两个方向传送，但同一时刻一个信道只允许单方向传送，即两个方向的传输只能交替进行，不能同时进行。改变传输方向时，要通过开关装置进行切换，如图 1-2-4（c）所示。

半双工信道适用于会话式通信，例如，公安系统使用的对讲机和军队使用的步话机，都是半双工通信。

前导知识 2.3　理解数据传输方式

计算机网络中存在多种数据传输方式。计算机网络中的通信技术主要以传输计算机数据为目的，需要通过计算机与通信线路的连接，完成数据编码的传输、转接、存储和处理。不同的信号形式直接影响通信的质量和速度。常见的信号形式有模拟信号和数字信号，如图 1-2-5 所示。其中，模拟信号（analog signal）的电平是连续变化的，数字信号（digital signal）用两

种不同电平表示 0、1 比特序列的电压脉冲信号。

图 1-2-5　模拟信号和数字信号

2.3.1　基带传输、频带传输和宽带传输

1. 基带传输

基带（baseband）是指调制前原始电信号占用的频带，是原始电信号固有的基本频带。基带信号是未经载波调制的信号。在数据通信中，由计算机、终端等直接发出的数字信号以及模拟信号经数字化处理后的脉冲编码信号，都是二进制数字信号。这些二进制信号是典型的矩形脉冲信号，由"0"和"1"组成。这种数字信号又称为"数字基带信号"。在信道中直接传输基带信号时，称为基带传输。

基带传输的信号既可以是模拟信号，也可以是数字信号，具体类型由信源决定。基带传输主要是传输数字信号，是在通信线路上原封不动地传输由计算机或终端产生的 0 或 1 数字脉冲信号。基带传输的特点是信道简单、成本低。基带传输占据信道的全部带宽，任何时候只能传输一路基带信号，信道利用率低。基带信号在传输过程中很容易衰减，在不进行再生放大的情况下，一般不大于 2.5km。因此，基带传输只用于局域网中的短距离传输。

2. 频带传输

如果要利用公共电话网实现计算机之间的数字信号传输，必须将数字信号转换成模拟信号。频带传输，是将数字信号调制成模拟信号后再发送和传输，到达接收端时，再把模拟信号解调为原来的数字信号。为此，需要在发送端选取某个频率的模拟信号作为载波，用它运载要传输的数字信号，通过电话信道将其送至另一端。在接收端再将数字信号从载波上分离出来，恢复为原来的数字信号波形。这种利用模拟信道实现数字信号传输的方法，就是频带传输。

采用频带传输方式时，发送端和接收端都需要安装调制解调器，进行模拟信号和数字信号的相互转换。频带传输不仅解决了利用电话系统传输数字信号的问题，而且可以实现多路复用，以提高传输信道的利用率。

频带传输与基带传输不同。基带传输中，基带信号占有信道的全部带宽；在频带传输中，模拟信号通常由某个频率或某几个频率组成，占用一个固有频带，即整个频道的一部分。频带传输与传统的模拟传输有区别，频带传输的波形比较单一，因为在频带传输中只需要用不同幅度或不同频率表示 0、1 两个电平。

3. 宽带传输

宽带是指带宽比音频更宽的频带。利用宽带进行的传输称为宽带传输。宽带传输可以在传输媒体上使用频分多路复用技术。由于数字信号的频带很宽，不便于在宽带网中直接传输，通常将其转化成模拟信号在宽带网中传输。

宽带传输的主要特点：宽带信道能够被划分成多个逻辑信道或频率段进行多路复用传输，使信道容量大大增加；对数据业务、TV 或无线电信号用单独的信道支持。宽带传输能够在同一信道上进行数字信息或模拟信息服务，宽带传输系统可以容纳全部广播信号，并可进行高速数据传输。宽带比基带的传输距离更远。

2.3.2　信源编码技术

通信信道分为模拟信道和数字信道，依赖于信道传输的数据相应分为模拟数据与数字数据。模拟数据和数字数据可以在模拟信道和数字信道上直接传输，当数字数据要借助模拟信道传输，或模拟数据要借助数字信道传输时，就要利用数据编码技术进行数据转换。即使数字数据是以数字信号传输的，为了获得最佳的传输效果，也要进行适当的编码。

基本的数据编码方式包括数字数据的模拟信号编码、数字数据的数字信号编码和模拟数据的数字信号编码。数字数据的编码方法如图 1-2-6 所示。

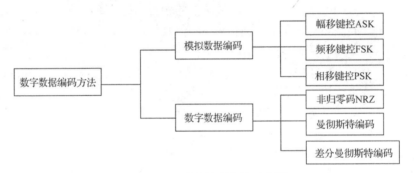

图 1-2-6　数据编码方法示意图

1. 数字数据的模拟信号编码

数字数据常利用电话信道以模拟信号的形式进行传输。但传统的电话通信信道不能直接传输数字数据，只能传输音频为 300～3400Hz 的模拟信号。为了利用电话交换网实现计算机的数字数据的传输，必须先将数字信号转换成模拟信号，即对数字数据进行调制，然后才能在模拟信道中传输，如图 1-2-7 所示。

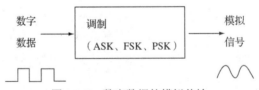

图 1-2-7　数字数据的模拟传输

发送端将数字数据信号变换成模拟数据信号的过程称为调制（modulation）。接收端将模拟数据信号还原成数字数据信号的过程称为解调（demodulation）。若数据通信的发送端和接收端以双工方式进行通信，需要同时具备调制和解调功能的设备，这个设备就是调制解调器（modem）。对数字数据调制的基本方法有 3 种：幅移键控、频移键控和相移键控。编码的基本原理是用数字脉冲对连续变化的载波进行调制，如图 1-2-8 所示。

（1）幅移键控法（Amplitude Shift Keying, ASK）。幅移键控法又称幅度调制（Amplitude Modulation, AM），简称调幅，是调制载波的振幅，用载波信号的幅度值表示数字信号"1""0"。通常用有载波 ω 表示数字信号"1"，无载波表示数字信号"0"。

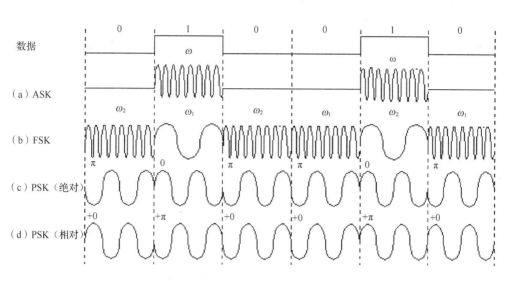

图 1-2-8　数字数据的模拟信号编码

（2）频移键控法（Frequency Shift Keying，FSK）。频移键控法又称频率调制（Frequency Modulation，FM），简称调频，是调制载波的频率，用载波信号的不同频率（幅值相同）表示数字信号"1""0"。用 ω_1 表示数字信号"1"，用 ω_2 表示数字信号"0"。

（3）相移键控法（Phase Shift Keying，PSK）。相移键控法又称相位调制（Phase Modulation，PM），简称调相，是调制载波的相位，用不同的载波相位（幅值相同）表示两个二进制值。绝对调相使用相位的绝对值，相位为 0 表示数字信号"1"，相位为 π 表示数字信号"0"。相对调相使用相位的相对偏移值，当数字数据为 0 时，相位不变化；数字数据为 1 时，相位偏移 π。

在现代调制技术中，常将上述基本方法加以组合应用，以求在给定的传输带宽内提高数据的传输速率。

2. 数字数据的数字信号编码

数字数据如果利用数字信道直接传输，在数字数据传输前常常要进行数字编码。数字信号编码的目的是使二进制数"1"和"0"的特性更有利于传输，如图 1-2-9 所示。

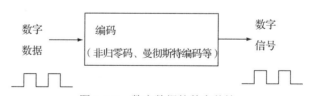

图 1-2-9　数字数据的数字传输

数字数据的编码方式有 3 种：非归零编码、曼彻斯特编码和差分曼彻斯特编码，如图 1-2-10 所示。

（1）非归零编码（Non-Return to Zero，NRZ）。非归零编码规定，如果用负电平表示逻辑"0"，则正电平表示逻辑"1"，反之亦然。

特点：发送能量大，有利于提高收端信比；带宽窄但直流和低频成分大，不能提取同步信息，判决电平不易稳定。归零编码一般用于设备内部和短距离通信。

（2）曼彻斯特编码（manchester）。曼彻斯特编码是目前应用最广泛的编码方法之一，每一位二进制信号的中间都有跳变，从低电平跳变到高电平，表示数字信号"1"；从高电平跳变到低电平，表示数字信号"0"。曼彻斯特编码是典型的同步数字信号编码技术，编码中的每个二进制"位"持续时间分为两半，在发送数字"1"时，前一半时间电平为高，后一半时间电平为低。在发送数字"0"时，前一半时间电平为低，后一半时间电平为高。这样，发送方发出每个比特持续时间的中间必定有一次电平的跳变，接收方接受信号时，可以通过检测电平的跳变来保持与发送方的比特同步，从而在矩形波中读出正确的比特串，保持通信的顺利进行。

特点：不含直流分量，无须另发同步信号，具有编码冗余，极性反转时常会引起译码错误。

（3）差分曼彻斯特编码（difference manchester）。差分曼彻斯特编码是对曼彻斯特编码的改进。与曼彻斯特编码不同的是，每位二进制数据的取值根据其开始边界是否发生跳变决定。若一个比特开始处"有跳变"，则表示"0"，若一个比特开始处"无跳变"，则表示"1"。在局域网通信中，更常用差分曼彻斯特编码，其每个码位中间的跳变被专门用作定时信号，用每个码开始时刻有无跳变来表示数字"0"或"1"。

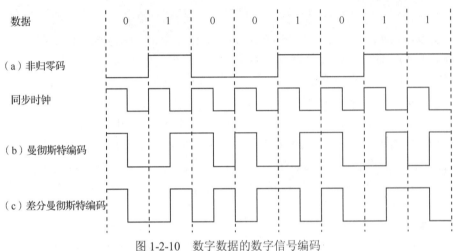

图 1-2-10　数字数据的数字信号编码

3. 模拟数据的数字信号编码

数字信号传输具有失真小、误码率低、传输效率高和费用低等优点。实际应用中，许多模拟数据通过数字化后用数字信号方式传输，接收方再把信号恢复为模拟信号。模拟数据数字化编码的常用方法是脉冲编码调制（Pulse Code Modulation，PCM），如图 1-2-11 所示。

图 1-2-11　模拟数据的数字传输

在网络中，除计算机直接产生的数字信号外，语音、图像信息必须数字化才能交给计算机处理。在语音传输系统中也常用 PCM 技术。发送端通过 PCM 编码器将语音数据变换为数字信号，接收方再通过 PCM 解码器还原成模拟信号。数字化语音数据传输的速率高、失真小，并可存储在计算机中。

编码调制包括 3 部分：采样、量化和编码，如图 1-2-12 所示。

图 1-2-12　脉冲编码调制

（1）采样：每隔一个固定的极短的时间间隔，取出模拟信号的值。以模拟信号的瞬时电平值作为样本，表示模拟数据在某一区间随时间变化的值。采样频率 $f \geq 2B$，B 为信号的最高有效频率，即相邻两次采样之间的时间间隔应等于或高于最高有效频率的两倍。

（2）量化：分级处理。量化之前，估计模拟信号可能的幅值范围，把这个幅值范围划分为若干宽度相等的小区域，如可分为 8 级、16 级或更多的量化级，这取决于系统的精确度要求。每个级别的幅值定义为该范围的上限或下限或均值。然后把每次取样的信号幅值对应到相应的级别里，以级别代号代替本次取样的幅值，使连续的模拟信号变成随时间变化的数字数据。

（3）编码：把相应的量化级用一定位数的二进制码表示。如果有 N 个量化级，则需要 $\log_2 N$ 位二进制码（如 8 级用 3 位，16 级用 4 位二进制）。把编码以脉冲的形式送到信道上进行传输。还原的过程刚好相反，只要发送端和接受端双方有共同的量化级别表和共同的取样周期，就可以将信号还原为模拟信号。PCM 用于数字化语音系统时，将声音分为 128 个量化级，采用 7 位二进制编码表示，再用 1 个比特进行差错控制，采样速率为 8000 次/秒。因此，一路话音的数据传输速率为 8×8000 bit/s＝64kbit/s。

编码调制技术不仅用于语音信号，还用于图像信号及其他任何模拟信号的数字化处理。

近年来，由于超大规模集成电路技术的飞速发展，模拟信号从抽样、量化到编码只需 1 个集成芯片就能完成，使模拟信号的数字化很容易实现。

2.3.3　多路复用技术

当通信线路的传输能力超过单一终端设备发送信号的速率时，如果该终端设备独占整个通信线路，将会造成传输介质的浪费。为有效利用传输通信线路，可以同时把多个信号送往传输介质，以提高传输效率，即将多条信号复用在一条物理线路上。这种技术称为多路复用技术，如图 1-2-13 所示。

图 1-2-13　多路复用

多路复用可以在一个信道上同时传输多路信号，采用该技术进行远距离传输时，可以大大节省线路的安装维护费用。常用的多路复用技术分为频分多路复用、时分多路复用和波分多路复用 3 类。

1．频分多路复用

频分多路复用（Frequency Division Multiplexing，FDM）技术适用于模拟信号的传输。当介质可用带宽（频谱的范围）超过单一信号所需的带宽时，可在一条通信线路上设计多路通信信道，将线路的传输频带划分为若干个较窄的频带，每个窄频带构成一个子通道，可传输一路信号；每路信道的信号以不同的载波频率进行调制，各个载波频率不重叠，使得一条通信线路可以同时独立地传输多路信号。频分多路复用分割的是传输介质的频率。为使各路信号的频带相互不重叠，需要利用频分多路复用器来完成这项工作。发送信号时，频分多路复用器用不同的频率调制每一路信号，使得各路信号在不同的通道上传输，如图 1-2-14 所示。为防止干扰，各通道之间留有一定的频谱间隔。接收时，用适当的滤波器分离出不同的信号，分别进行解调接收。要想从频分复用的信号中取出某一个话路的信号，只要选用一个与其频率范围对应的带通滤波器对信号进行滤波，然后进行解调，即可恢复成原调制信号。

图 1-2-14 频分多路复用

闭路电视就是用频分多路复用技术进行传输的。一个电视频道所需带宽为 6MHz，闭路电视的同轴电缆可用带宽达 470MHz，若从 50 MHz 开始传输电视信号，采用频分多路复用技术，闭路电视的同轴电缆可同时传输 70 个频道的节目。

2. 时分多路复用

时分多路复用（Time Division Multiplexing，TDM）技术适用于数字信号的传输。当介质所能传输的数据速率超过单一信号的数据速率时，将信道按时间分成若干个时间片段，轮流地给多个信号使用。即时分多路复用分割的是信道的时间。每一个时间片由复用的一个信号占用信道的全部带宽，时间片大小可以是传输一位，也可以传输由一定字节组成的数据块。互相独立的多路信号顺序地占用各自的时间隙，合成一个复用信号，在同一信道中传输。在接收端按同样的规律把它们分开，从而实现一条物理信道传输多个数字信号，如图 1-2-15 所示。假设每个输入数据的比特率是 9.2kbit/s，线路的最大比特率是 92kbit/s，则可传输 10 个信号。

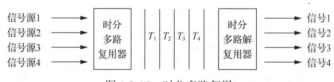

图 1-2-15 时分多路复用

时分多路复用（TDM）又分为同步时分复用（Synchronous Time Division Multiplexing，STDM）和异步时分复用（Asynchronous Time Division Multiplexing，ATDM）。

STDM 采用固定时间片分配方式，将传输信号的时间按特定长度划分成时间段（一个周期），再将每一个时间段划分成等长度的多个时隙，每个时隙以固定的方式分配给各个用户，各个用户在每一个时间段都顺序分配到一个时隙。由于时隙已预先分配给各个用户且固定不变，无论该路信号是否传输数据，都占有时隙，形成了浪费，时隙的利用率很低。

ATDM 能动态地按需分配时隙，避免每个时间段中出现空闲时隙。当某路用户有数据发送时，才把时隙分配给它，否则不给它分配时隙，电路的空闲时隙可用于其他用户的数据传输。既提高了资源的利用率，也提高了传输速率。

3. 波分多路复用

波分多路复用（Wavelength Division Multiplexing，WDM）是指在一根光纤上同时传送多个波长不同的光载波，基本原理与频分复用相同，区别仅在于 FDM 使用的是电载波，而 WDM 使用的是光载波。

波分多路复用技术主要用于全光纤网组成的通信系统，可以用一根光纤同时传输多个频率很接近的光载波信号，提高了光纤的传输能力，如图 1-2-16 所示。早期一根光纤上只能复用两路光载波信号，随着技术的发展，在一根光纤上复用的路数越来越多。WDM 能够复用的光波数目与相邻两波长之间的间隔有关，间隔越小，复用的波长个数就越多。相邻两峰值波长的间隔为 50～100nm 时，称为 WDM 系统。当相邻两峰值波长间隔为 1～10nm 时，称为密集的波分复用（Dense Wavelength Division Multiplexing，DWDM）系统。

图 1-2-16　单向结构 WDM 传输系统

4. 码分多路复用

码分多路复用（Coding Division Multiplexing Access，CDMA）技术根据不同的编码来区分各路原始信号，主要和各种多址技术结合产生各种接入技术。码分多路复用技术是一种用于移动通信系统的技术。笔记本电脑和掌上电脑等移动性计算机的连网通信大量使用到码分多路复用技术。

在蜂窝系统中，以信道来区分通信对象，一个信道只容纳一个用户进行通话，许多同时通话的用户以信道来区分，这就是多址。将需要传输的、具有一定信号带宽的信息数据用一个带宽远大于信号带宽的高速伪随机码进行调制，使原数据信号的带宽得到扩展，经载波调制后再发送出去。码分多路复用具有抗干扰性好、抗多径衰落、保密安全性高、同频率可在多个小区内重复使用、容量和质量之间可做权衡取舍等特点。例如，CDMA 允许每个站任何时候都可以在整个频段范围内发送信号，利用编码技术可以将多个并发传输的信号分离，并提取所期望的信号，同时把其他信号当作噪声加以拒绝。CDMA 可以将多个信号进行线性叠加而不是将可能冲突的帧丢弃掉。

2.3.4　知识扩展：同步技术

实现收发信息双方之间的同步，是数据传输的关键技术之一。同步是指在数据通信系统中，当发送端与接收端采用串行通信时，通信双方交换数据需要有高度的协同动作，彼此间传输数据的速率、每个比特的持续时间和间隔都必须相同。否则，收发之间会产生误差，即使是很小的误差，随着时间的增加逐步累积，也会造成传输的数据出错。通常使用的同步技术有两种：异步传输和同步传输，如图 1-2-17 所示。

1. 同步传输

同步传输（synchronous transmission）又称同步通信，采用位同步（即按位同步）技术，以固定的时钟频率串行发送数字信号。通信双方必须建立准确的同步系统，并在其控制下发送和接收数据。

通信的双方事先约定同样的传输速率，发送方和接受方的时钟频率和相位始终保持一致，以保证通信双方发送数据和接收数据时具有完全一致的定时关系。在有效数据发送之前，首先发送一串特殊的字符（称为同步字符 SYN）进行联络。同步字符 SYN 用于接收方进行同步检测，从而使收发双方进入同步状态。发送同步字符或字节后，可以连续发送任意多个字符或数据块。发送数据完毕，再用同步字符或字节标识整个发送过程的结束。同步传送时，由于发送方和接收方将整个字符组作为一个单位传送，且附加位非常少，数据传输的效率比较高。同步传输方式一般用在高速传输数据的系统中。

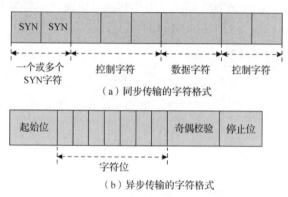

图 1-2-17　同步传输与异步传输的字符格式

同步传输的两种方式如下所示。

（1）外同步：发送端在发送数据前先向接收端发送一串用于同步的时钟脉冲，接收端收到同步信号后，对其进行频率锁定，然后以同步频率为准接收数据。

（2）自同步：发送端在发送数据时，将时钟脉冲作为同步信号包含在数据流中同时传送给接收端，接收端从数据流中辨别同步信号，再据此接收数据。自同步传输中，接收端是从接收到的信号波形中获得同步信号，因而称为自同步。

2. 异步传输

异步传输（asynchronous transmission）又称异步通信，采用"群"同步技术。这种技术根据一定的规则，将数据分成不同的群，每一个群的大小不确定，即每个群包含的数据量是不确定的。这种技术是在位同步基础上进行的同步，要求发送端与接收端在一个群内必须保持同步，发送端在数据前面加上起始位，在数据后面加上停止位。接收端通过识别起始位和停止位来接收数据。

异步传输方式中，通信双方各自使用独立的定位时钟。两个字符之间的时间间隔是不固定的，而在一个字符内各位的时间间隔是固定的。每传送 1 个字符（7 位或 8 位），都要在每个字符码前加 1 个起始位，表示字符代码的开始；在字符代码和校验码后面加 1 或 2 个停止位，表示字符结束。接收方根据起始位和停止位判断一个新字符的开始，以保持通信双方的同步。

异步方式比较容易实现，但每传输一个字符都需要多使用 2~3 位，适用于低速通信。

3. 同步传输与异步传输的区别

（1）异步传输是面向字符的传输，而同步传输是面向比特的传输。

（2）异步传输的单位是字符，同步传输的单位是帧。

（3）异步传输通过字符起始位和停止位抓住再同步的机会，同步传输从数据中抽取同步信息。

（4）异步传输对时序的要求较低，同步传输往往通过特定的时钟线路协调时序。

（5）异步传输相对于同步传输效率较低。

前导知识 2.4　理解数据交换技术

一个拥有众多用户的通信网不可能采用两两之间连接的全互连方式，只能把这些用户的线路都引到同一地点，然后利用交换设备进行连接。在大型计算机网络中，计算机之间传输的数据往往要经过多个中间节点才能从源地址到达目的地址。传输信号如何通过中间节点或交换设备进行转发，是数据交换技术要解决的问题。数据通信中常用的交换方式有电路交换和存储转发交换等多种交换方式。

2.4.1　电路交换

电路交换（circuit switching）又称线路交换，是一种直接的交换方式。线路交换通过网络中的节点，在两个站点之间建立一条专用的通信线路，即为一对需要进行通信的节点提供一条临时的专用传输通道。这条通道通过节点内部电路对节点间传输路径的适当选择、连接而完成，是一条由多个节点和多条节点间传输路径组成的链路。这种交换方式类似于电话系统，通信时在两个站点之间有一个实际的物理连接。线路交换必须经过线路建立、数据传输和线路拆除 3 个阶段。

（1）线路建立：通过源节点请求完成交换网中相应节点的连接，建立一条由源节点到目的节点的传输通道。

（2）数据传输：传输的数据可以是数字数据，也可以是模拟数据。

（3）线路拆除：完成数据传输后，源节点发出释放请求信息，请求终止通信；目的节点接受释放请求并发回释放应答信息；各节点拆除该电路的对应连接，释放由该电路占用的节点和信道资源，结束连接。

电路交换方式的优点是实时性好，适用于实时或交互式会话类通信，如数字语音，传真等通信业务。一旦连接建立后，网络对用户是透明的，数据以固定速率传输，传输可靠，不会丢失，没有延时；这种通信系统用来传送计算机或终端的数据时，线路真正用于传送数据的时间往往不到 10%，呼叫时间大大长于数据的传送时间，通信线路的利用率不高；整个系统不具备存储数据的能力，无法发现与纠正传输过程中发生的数据差错；对通信双方而言，必须做到双方的收发速度、编码方法、信息格式和传输控制等一致才能完成通信。

2.4.2　存储转发交换

存储/转发交换是指网络节点先将途经的数据按传输单元接受并存储下来，然后选择一条适当的链路转发出去。根据转发的数据单元的不同，存储/转发交换又可分为以下两类。

1. 报文交换（message switching）

在报文交换中，信息的发送以报文为单位。报文由报头和要传输的数据组成，报头中有源地址和目标地址。发送信息时，通信双方不需要事先建立专用的物理通路，只需把目的地址附在报文上，并发送到网络的临近节点。节点收到报文后，先把它存储起来，等到有合适的输出线路时，再将报文转发到下一个节点，直至到达目的地。报文交换节点通常是一台通用的小型计算机，有足够的容量来缓存进入节点的报文。

报文交换使多个报文可以分时共享一条点到点的通道，线路效率高；源节点和目标节点在通信时，不需要建立一条专用的通路，与电路交换相比，没有建立电路和拆除电路所需的等待和时延。由于报文交换的存储转发特点，线路通信量很大时，虽然报文被缓冲导致传输延迟增加，但不会引起阻塞。这种传输延迟使得报文交换不能满足实时或交互式的通信要求；报文交换允许把同一个报文发送到多个节点，还可以建立报文的优先权，使得一些短的、重要的报文优先传递；数据传输的可靠性高，每个节点在存储转发中，都进行差错控制，即检错和纠错。

2. 分组交换（packet switching）

分组交换与报文交换的工作方式基本相同，差别在于参与交换的数据单元长度不同。分组交换不是以"整个报文"为单位进行交换传输，而是以更短的、标准的"报文分组"（packet）为单位进行交换传输。

分组交换将需要传送的整块数据（报文）分割为一定长度的数据段，在每一个数据段前面加上目的地址、发送地址、分组大小等固定格式的控制信息，形成被称为"包"的报文分组。由于各个分组可以通过不同的路径来传输，因此可以平衡网络中各个信道的流量。另外，由于各个分组较小，在网络上的延时比单独传送一个大的报文要短得多。

分组交换中，分组的传输有两种管理方式：数据报和虚电路方式。

（1）数据报方式。交换网把进网的每个分组作为一个称为数据报（data gram）的基本传输单位进行单独处理，而不管它是属于哪个报文的分组。数据报可在网络上独立传输，在传输的过程中，每个数据报都要进行路径选择，各个数据报可以按照不同的路径到达目的地。因此，各数据报不能保证按发送的顺序到达目的节点，有些数据报甚至可能在途中丢失。在接收端，按分组的顺序将这些数据报重新合成一个完整的报文。

数据报分组交换的特点为：每一个报文在传输过程中都必须带有源节点地址和目的节点地址，同一报文的不同分组可以由不同的传输路径通过通信子网；同一报文的不同分组到达目的节点时可能出现乱序、重复或丢失现象；数据报文传输延迟较大，不适用于长报文、会话式通信。数据报方式的工作原理如图 1-2-18 所示。

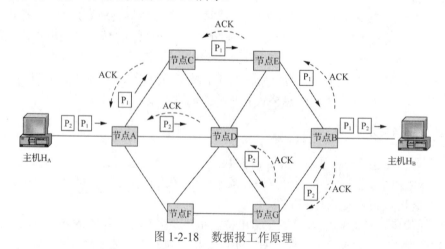

图 1-2-18　数据报工作原理

（2）虚电路方式。虚电路方式结合了数据报方式与线路交换方式的优点，可达到最佳的数据交换效果。虚电路是为了传送某一报文而设立和存在的。两个节点在开始互相发送和接收数据之前，需要通过通信网络建立一条逻辑上的连接，所有分组都必须沿着事先建立的虚电路传输。不需要发送和接收数据时，清除该连接。

虚电路是一种逻辑上的连接，不像线路交换那样有一条专用物理通路，因而称为虚电路，如图 1-2-19 所示。虚电路方式在每次报文分组发送之前，必须在源节点与目的节点之间建立一条逻辑连接，每个分组包含一个虚电路标识符，所有分组都必须沿着事先建立的虚电路传输，服从这条虚电路的安排，即按照逻辑连接的方向和接受的次序进行输出排队和转发。因此，每个节点不需要为每个数据包做路径选择判断，就好像收发双方有一条专用信道一样。完成数据交换后，拆除虚电路。整个过程经历虚电路建立、数据传输和虚电路拆除 3 个阶段。

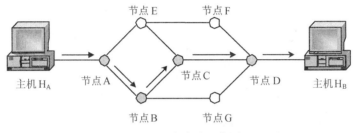

图 1-2-19 虚电路工作原理

虚电路方式具有分组交换与线路交换两种方式的优点，报文分组通过每个虚电路上的节点时，不需要路径选择，只需要差错检测。一次通信的所有分组都通过同一条虚电路顺序传送，因此，报文分组不必带目的地址、源地址等辅助信息。分组到达目的节点时，不会出现丢失、重复与乱序的现象。

通信子网中每个节点可以和任何节点建立多条虚电路连接。分组交换的信道利用率高，可靠性高，是网络中最广泛采用的一种技术。

分组交换与报文交换相比的优点如下。

- 分组交换比报文交换减少了时间延迟。原因为：当第 1 个分组发送给第 2 个节点后，接着可发送第 2 个分组，随后可发送其他分组，多个分组可同时在网中传播，总的延时大大减少，网络信道的利用率大大提高。
- 分组交换把数据的最大长度限制在较小的范围内，每个节点所需要的存储量减少了，有利于提高节点存储资源的利用率。数据出错时，只需要重传错误分组，而不要重发整个报文，有利于迅速进行数据纠错，大大减少每次传输发生错误的概率以及重传信息的数量。
- 易于重新开始新的传输。可让紧急报文迅速发送出去，不会因传输优先级较低的报文而堵塞。

2.4.3 知识扩展：高速交换机

1. 帧中继（frame relay）

分组交换具有传输质量高的优点，但分组交换延迟较大，信息传输效率低且协议复杂。为了改进分组交换这些缺点，发展出了帧中继交换技术。

　　帧中继交换技术主要用于传输数据业务，用一组规程将数据以帧的形式有效地进行传送。帧的信息长度远比分组长度要长。帧中继的协议以 OSI 参考模型为基础，协议模型仅包含两层，即物理层和数据链路层核心功能，不提供纠错、流量控制、应答和监视等功能，从而使得交换的开销减少，提高了网络的吞吐量，降低了通信时延。帧中继传送数据信息的传输链路是逻辑连接，而不是物理连接。在一个物理连接上可以复用多个逻辑连接。帧中继交换采用统计复用，动态分配带宽（即按需分配带宽），向用户提供共享的网络资源，每一条线路和网络端口都可由多个终端按信息流共享，大大提高了网络资源的利用率。

　　帧中继可以为大型文件的数据传输提供高性能的传送，也可为高分辨率可视图文、高分辨率图形数据提供高吞吐量、低时延的数据传送服务。帧中继网络可以传送各种通信协议的信息，例如 X.25、IP、HDLC/SDLC 等。帧中继对高层协议保持透明，方便用户接入网络，这一特性为通过帧中继实现网络互连打下了基础。通过帧中继实现局域网（LAN）的互连，是帧中继的主要应用之一。图 1-2-20 所示为局域网经路由器通过帧中继网的相互连接。

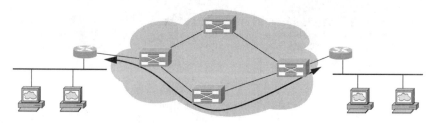

图 1-2-20　局域网通过帧中继互连

　　2.　异步传输模式（Asynchronous Transfer Mode，ATM）

　　异步传输模式是一种比帧中继传输速率更高的快速分组交换方式。它建立在大容量光纤传输介质的基础上，短距离传输速率可达 2.2Gbit/s；中长距离也可达到几十或几百 Mbit/s。异步传输模式 ATM 是一种时分多路复用传输，在每个时隙中传输的单位称为信元。信元是一种具有固定长度的短的数据分组，长度为 53 个字节。使用这种长度固定而且很短的信元，使得节点只用硬件电路即可进行信元处理，大大缩短了信元处理时间。由于光纤信道的误码率极低，和帧中继一样，ATM 也不必在数据链路层进行差错控制和流量控制，而是放在高层处理，进一步提高了信元的传输速度。图 1-2-21 描述了一个 ATM 网的结构。

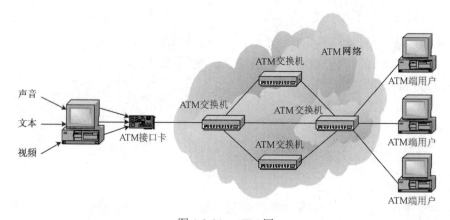

图 1-2-21　ATM 网

　　例 1-1　分析报文分组交换中虚电路和数据报两种方法的特点。

　　数据报方法把每个分组作为一个独立的信息单位，把目的地址附在报文分组上，用"存储—转发"方式将分组通过网络的不同路径传送到目的地。虚电路方法传送报文分组前必须先建立一条逻辑连接，报文分组在事先建立好的逻辑通路上传输。

　　数据报在每个节点的"存储—转发"过程中，需要进行路由选择，因为有多条可以选择的路径，可以平衡流量以解决网络拥塞的情况。虚电路中各节点不需要为每个分组做出路由选择，报文分组在事先建立的逻辑通路上传输。因而无法解决网络拥塞的情况。

　　数据报的优点是避免了呼叫建立的过程，传输可靠性高，即使节点发生故障，也可以动态地使用其他路由。虚电路每次通信都必须有呼叫建立、数据传输和呼叫拆除 3 个阶段，一旦由于链路节点故障，虚电路被破坏，需要重新建立。

　　数据报的每个报文分组上都有目的地址，增加了额外开销，信息量大时，传输效率下降；虚电路额外开销小，对长报文效率提高。

　　例 1-2　比较电路交换、报文分组交换、帧中继和 ATM 的数据传输特点。

　　电路交换特点：面向连接的透明、可靠传输，传输过程独占信道，延迟小，适合语音传输，管理简单。

　　报文分组交换：面向无连接的传输方式，中间节点具有路径选择功能，延迟大，不适合做实时要求高的数据传输，模拟数据必须在传输前被转换成数字信号。

　　帧中继：简化了 X.25 的差错控制，提高了网络的吞吐量；使用 LAPD 规程在链路层实现链路的复用和转接；在网络误码率非常低时适合使用帧中继技术。

　　ATM：面向连接，具有极高的灵活性，有高速传输及交换能力，支持广播传送；以固定长度的信元为基本传输单位。

前导知识 2.5　了解差错控制技术

　　通信的目的是进行信息的传输。传输过程中，任何信息的丢失或损坏，都将对通信双方产生重大的影响。因此，如何实现无差错的数据传输是一个非常重要的问题。差错控制技术是实现数据可靠传输的主要手段。

2.5.1　差错控制方法

1. 差错控制

　　差错，是在数据通信中，接收端接收的数据与发送端发出的数据不一致的现象。差错控制是指在数据通信过程中，发现、检测差错并对差错进行纠正，从而把差错限制在数据传输所允许的尽可能小的范围内的技术和方法。差错控制技术是提高数据传输可靠性的重要手段之一，是数据通信系统中提高传输可靠性，降低系统传输误码率的有效措施。

　　差错控制的主要途径：一是选用高可靠性的设备和传输媒体，并辅以相应的保护和屏蔽措施，以提高传输的可靠性；二是通过通信协议实现差错控制，在通信协议中，通过差错控制编码实现差错的检测和控制。

　　在数据传输中，没有差错控制的传输是不可靠的。差错控制的核心是差错控制编码。现代数据通信中使用的差错控制方式，大多数是基于信道编码技术实现的，在发送端根据一定的规则，在数据序列中附加一些监督信息；接收端根据监督信息进行检错或者纠错。

2. 差错的产生原因

信号在物理信道中传输时，线路本身电器特性造成的随机噪声、信号幅度的衰减、频率和相位的畸变、电器信号在线路上产生反射造成的回音效应、相邻线路间的串扰以及各种外界因素（如大气中的闪电、开关的跳火、外界强电流磁场的变化、电源的波动等），都会造成信号的失真。

（1）从差错的物理形成分析。传输中的差错大都是由噪声引起的。噪声有两大类：一类是信道固有的、持续存在的随机热噪声；另一类是由外界特定的短暂原因造成的冲击噪声。

1）热噪声：热噪声由传输介质导体的电子热运动产生，是一种随机噪声，引起的传输差错为随机差错。这种差错引起的某位码元的差错是孤立的，与前后码元没有关系，导致的随机错误通常较少。

2）冲击噪声：冲击噪声由外界电磁干扰引起，与热噪声相比，冲击噪声幅度较大，是引起传输差错的主要原因。冲击噪声引起的传输差错为突发差错，特点是前面的码元出现了错误，会使后面的码元也出现错误，即错误之间有相关性。

（2）从差错发生的位置分析。差错发生在不同位置时，形成的原因不同。

1）通信链路差错：通信链路差错是由通信链路上的故障、外界对通信链路的干扰造成的传输错误。

2）路由差错：路由差错是传输报文在路由过程中因阻塞、丢失、死锁以及报文顺序出错而造成的传输差错。

3）通信节点差错：通信节点差错是通信中某节点由于资源限制、协议同步关系错误、硬件故障等造成的传输差错，会导致通信链路的不正确链接或不正常通信。

（3）从差错发生的层次分析。在 OSI 模型中，物理层和数据链路层、网络层和运输层，不同的层次上差错形成的主要原因也是不同的。

1）物理层和数据链路层差错：在物理层，主要由通信链路差错引起传输错误。错误的随机偶然性较大。考虑到物理层主要依靠硬件实现，该层实现检错和纠错比较困难，原则上是把差错控制交给数据链路层解决。数据链路层通常以帧为单位进行检错和重传，以保证向上层提供无差错的数据传输服务。

2）网络层和传输层差错：网络层的主要任务是提供路由选择和网络互连功能，出现的差错主要是路由转发过程中因拥塞、缓存溢出、死锁等引起的报文丢失、失序等。网络层一般只做差错检测，把纠错处理交给传输层处理。传输层需要采取序号、确认、超时、重传等措施，解决因丢失、重复、失序而产生的差错。提供虚电路服务的网络层也需要有纠错功能，因为虚电路服务必须保证报文不丢失、不重复、不乱序。

3. 差错控制方法

差错控制的方法有两种：一是改善通信线路的性能，使错码出现的概率降低到满足系统要求的程度；二是采用抗干扰编码和纠错编码，将传输中出现的某些错码检测出来，纠正错码。

差错的表现形式有"失真""丢失""失序"。失真是指被传输数据的比特位被改变或被插入。通信中的干扰、入侵者的攻击、发送和接收的不同步，都会造成失真。检测因失真造成的差错，主要通过各种校验方法来实现。丢失是指数据在传输过程中被丢弃。噪声过大、线路拥塞、节点缓存容量不足等，都会造成信息的丢失。丢失可用序号、计时器和确认的方式来检测，通过重传机制纠正错误。失序是指数据到达接收方的顺序与发送方发送的顺序不一致。路由策略的选择会引起后发先到，重传丢失的数据也可能导致数据不能按序到达，只要把失序的数据存储后重新装配，或丢弃乱序的数据，可解决失序的问题。

数据通信中采用的差错控制基本方法有 3 种：前向纠错（Forward-Error-Control，FEC）、反馈检验法和自动请求重发（Automatic Repeat Request System，ARQ）。

（1）前向纠错。发送端根据一定的编码规则对信息进行编码，然后通过信道传输；接收端接收到信息后，如果检测到接收信息有错，则通过一定的算法，确定差错的具体位置，并自动加以纠正。通过译码器不仅能够发现错误，而且还能够自动纠正传输中的错误，并把纠正后的信息发送至目的地。比较著名的前向纠错码有海明码和 BCH 码。

（2）反馈检验法。接收端将收到的信息码原封不动地发回发送端，与原发信息码比较。如果发现错误，发送端重发。反馈检验的方法、原理和设备都比较简单，但需系统提供双向信道。

（3）自动请求重发。接收端检测到接收信息有错后，通过反馈信道要求发送端重发原信息，直到接收端认可为止，从而实现纠错。

2.5.2　差错控制编码

差错编码的基本思想是在被传输信息中增加一些冗余码，利用附加码元和信息码元之间的约束关系加以校验，以检测和纠正错误。

发送数据前，进行差错控制编码，即按照某种规则在数据位之外附加上一定的冗余位后发送。接收端收到编码后，利用相同的规则对信息位和冗余位之间的关系进行检测，判断传输过程中是否发生差错。

对于发生的传输错误，有两种处理方法：检错法和纠错法。检错法是检测传输信息的改变，接收端检测错误时，只能够发现出错，不能确定出错的位置，也不能纠正传输差错。接收端将出错的信息丢弃，同时通知发送者重发该信息。纠错法是检测到错误时，接收方能纠正错误而无须重发。纠错码需要比检错码使用更多的冗余位，编码效率低。纠错算法也比检错算法复杂得多。除在单向传输或实时性要求特别高的场外，数据通信中更多地还是使用差错检测和重传相结合的差错控制方式。

这里主要介绍目前广泛用于差错检测的奇偶校验码和循环冗余码。

1. 奇偶校验码

奇偶校验是最常用的差错检测方法，也是其他差错检测方法的基础。原理是在 7 位的 ASCⅡ代码的最后一位增加 1 位校验位，组成的 8 位中"1"的个数成奇数（奇校验）或成偶数（偶校验）。经过传输后，如果其中一位（包括校验位）出错，接收端按同样的规则即可发现错误。

奇偶校验分为水平奇偶校验、垂直奇偶校验和水平垂直奇偶校验 3 种。

（1）水平奇偶校验：以字符组为单位，对一组字符中相同位在水平方向进行编码校验。数据传输还是以字符为单位传输，先按字符顺序进行字符的传输，最后进行校验位的传输。奇偶校验位与数据一起发送到接收方，接收方检测奇偶校验位。对于偶校验，若接收方发现 1 的个数为奇数，则说明发生了错误。

（2）垂直奇偶校验：以字符为单位的一种校验方法。对字符在垂直方向加校验位构成校验单元。假设某一字符的 ASCⅡ编码为 0011000，根据奇偶校验规则，如果采用奇校验，则校验位应为 1，即 00110001；如果采用偶校验，校验位应为 0，即 00110000。垂直奇偶校验检错效果高于水平奇偶校验。

（3）水平垂直奇偶校验：将前面两种校验方式结合而成。在水平方向和垂直方向同时进行校验。

表 1-2-1 是水平垂直奇偶校验的示例。每 6 个字符作为一组，在每个字符的数据位传输前，先检测并计算奇偶校验位，然后将其附加在数据位后；根据采用奇偶校验位是奇数还是偶数，计算一个字符包含"1"的数目，接收端重新计算收到字符的奇偶校验位，并确定该字符是否出现传输差错。

表 1-2-1　水平垂直奇偶校验

位 ＼ 字符	字符 1	字符 2	字符 3	字符 4	字符 5	字符 6	校验位（奇）
位 1	1	1	0	1	1	1	0
位 2	0	0	0	0	1	0	0
位 3	0	1	1	1	1	0	1
位 4	1	1	1	0	0	1	1
位 5	1	0	0	0	0	1	1
位 6	0	0	0	1	1	0	0
位 7	1	0	1	0	1	0	0
校验位（偶）	0	0	1	1	1	1	1

采用这种校验方式时，只有所有列都发送完毕，错误才能够完全检测出来，而且接收方可能不能确定是哪个列不正确，只有重发所有列，这就增大了通信设备的负担。在奇偶校验中，只能发现单个比特的差错，若有两个比特位都出现传输错误，例如两个 0 变成了两个 1，发生的错误不能被检测出来，奇偶校验位无效。在实际传输过程中，偶然一位出错的机会最多，这种简单的校验方法还是很有用处的。这种方法只能检测错误，不能纠正错误。由于不能检测出错在哪一位，一般只用于对通信要求较低的异步传输和面向字符的同步传输环境中。

2. 循环冗余码

循环冗余码（Cyclic Redundancy Code，CRC）是使用最广泛并且检错能力很强的一种检验码。CRC 的工作过程为：在发送端按一定的算法产生一个循环冗余码，附加在信息数据帧后面一起发送到接收端；接收端将收到的信息按同样算法进行除法运算，若余数为"0"，表示接收的数据正确；若余数不为"0"，表示数据在传输的过程中出错，请求发送端重传数据。

（1）循环冗余校验方法的原理。

1）将待编码的 n 位信息码组 $C_{n-1}C_{n-2}C_iC_1C_0$ 表示为一个 $n-1$ 阶的多项式 $M(x)$：

$$M(x)=C_{n-1}x^{n-1}+C_{n-2}x^{n-2}+\cdots+C_ix^i+\cdots+C_1x^1+C_0x^0$$

例如，二进制序列 0 1 0 0 1 1 0 1 对应的多项式为

$$M(x)=0x^7+1x^6+0x^5+0x^4+1x^3+1x^2+0x^1+1x^0=x^6+x^3+x^2+1$$

2）将信息码组左移 k 位，形成 $M(x)\cdot xk$，即 $n+k$ 位的信息码组：

$$C_{n-1}C_{n-2}C_iC_1C_0000\cdots000$$

3）发送方和接收方约定一个生成多项式 $G(x)$，设该生成多项式的最高次幂为 r。对 $M(x)\cdot xk$ 作模 2 运算，获得商 $Q(x)$ 和余数 $R(x)$，显然，有 $M(x)\cdot xk=Q(x)\cdot G(x)+R(x)$。

4）令 $T(x)=M(x)+R(x)$，得到循环冗余校验码。$T(x)$ 是在原数据块的末尾加上余数得到的。

5）发送 $T(x)$ 所对应的数据。

6）设接收端接收到的数据对应的多项式为 $T'(x)$，将 $T'(x)$ 除以 $G(x)$，
若余式为 0，即 $T'(x)=T(x)$，则传输无错误。

$$T'(x)/G(x)=[Q(x)\times G(x)+R(x)+R(x)]/G(x)=[Q(x)\times G(x)]/G(x)=Q(x)$$

若余式不为 0，即 $T'(x)\neq T(x)$，则传输有错误。

不是任何一个多项式都可以作为生成多项式。从检错和纠错的要求出发，生成多项式应能满足下列要求。

● 任何一位发生错误都应使余数不为 0。
● 不同位发生错误应使余数不同。
● 对余数继续作模 2 运算应使余数循环。

生成多项式的选择主要靠经验。下列几种多项式已经成为标准，具有极高的检错率，即：

CRC-CCITT：$G(x)=x^{16}+x^{12}+x^5+1$
CRC-12：$G(x)=x^{12}+x^{11}+x^3+x^2+x+1$
CRC-16：$G(x)=x^{16}+x^{15}+x^2+1$
CRC-32：$G(x)=x^{32}+x^{26}+x^{23}+x^{22}+x^{16}+x^{12}+x^{11}+x^{10}+x^8+x^7+x^5+x^4+x^2+x+1$

数据链路层协议 HDLC 采用 CRC-CCITT，IBM 的 Bisync 协议采用 CRC-16，以太网和光纤分布式数据接口（FDDI）中采用 CRC-32 检验。

（2）CRC 检验和信息编码的求取方法。设 r 为生成多项式 $G(x)$ 的阶。

1）在数据多项式 $M(x)$ 的后面附加 r 个 "0"，得到一个新的多项式 $M'(x)$。

2）用模 2 除法求得 $M'(x)/G(x)$ 的余数。

3）将该余数直接附加在原数据多项式 $M(x)$ 的系数序列的后面，结果即为最后要发送的循环冗余校验码多项式 $T(x)$。

（3）CRC 校验中求余数的除法运算规则。模 2 运算是指以按位模 2 加减为基础的四则运算，运算时不考虑进位和借位。加法不进位，减法不借位。模 2 加减的规则为：两数相同为 0，两数相异为 1。乘除法与二进制运算是一样的，只是做减法时按模 2 进行，如果减出的值的最高位为 0，则商为 0；如果减出的值的最高位为 1，则商为 1。

例如：11010000 模 2 除 1001，商为 11001，余数是 1。

```
              11001
       ┌──────────────
  1001 │ 11010000
          1001
        ──────
          1000
          1001
        ──────
           1000
           1001
         ──────
            1000
            1001
          ──────
               1
```

下面举例说明循环冗余校验码多项式 $T(x)$ 的具体求法。

假设准备发送的数据信息码是 1101011011，生成多项式为 $G(x)=x^4+x+1$

1）计算信息编码多项式 $T(x)$：

$$M(x)=1101011011 \qquad G(x)=10011$$

生成多项式的最高次幂 $r=4$

信息码附加 4 个 0 后形成新的多项式：

$$M'(x)：11010110110000$$

2）用模 2 除法求 $M'(x)/G(x)$ 余数。

```
                        1 1 0 0 0 0 1 0 1 0
        10011 ) 1 1 0 1 0 1 1 0 1 1 0 0 0 0
                1 0 0 1 1
                  1 0 0 1 1
                  1 0 0 1 1
                        0 0 0 0 1
                        0 0 0 0 0
                            0 0 0 1 0
                            0 0 0 0 0
                              0 0 1 0 1
                              0 0 0 0 0
                                0 1 0 1 1
                                0 0 0 0 0
                                  1 0 1 1 0
                                  1 0 0 1 1
                                    0 1 0 1 0
                                    0 0 0 0 0
                                      1 0 1 0 0
                                      1 0 0 1 1
                                        0 1 1 1 0
                                        0 0 0 0 0
                                          1 1 1 0  ←
```

帧：1101011011
除数：10011
附加 4 个 0 后形成的串：11010110000
传输的帧：11010110111110

3）得出要传输的循环冗余校验码多项式。

将余数 1110 直接附加在 $M(x)$ 的后面得：$T(x)=11010110111110$

4）接收端对接收到 $T(x)$ 进行校验。

设接收端接收到的数据为多项式 $T'(x)$，将 $T'(x)$ 除以 $G(x)$，若余式为 0，即 $T'(x)=T(x)$，则认为没有错误。

$$T'(x)/G(x)=[Q(x)\times G(x)+R(x)+R(x)]/G(x)=[Q(x)\times G(x)]/G(x)=Q(x)$$

若余式不为 0，即 $T'(x)\neq T(x)$，认为有错。

CRC 检验编码的计算需要花费不少时间，降低了协议的性能。为了提高协议的性能，常借助使用移位寄存器或查检验表（在表中放置事先计算好的检验）的方式来缩短处理时间。

3. 海明码

海明码是一种纠错码，纠错码比检错码功能更强。检错码只能检测到错误，纠错码不仅能检测出错误，而且可以检测出哪位发生了错误并进行纠正。纠错码有很多种，如海明码、卷积码及 BCH 码等。这里只介绍海明码。

1950 年，海明（Hamming）发明了从待发送数据位中生成一定数量的特殊码字，并通过该特殊码字检测和纠正差错代码的理论和方法。按照海明的理论，对于 m 位数据，当增加 k 位的校验位后，组成 $n=m+k$ 位的码字。

海明码由数据位及校验位组合而成，但数据位和校验位是交叉排列的。假设要发送的数据为 $m_0m_1m_2m_3m_4m_5m_6m_7$，则海明码为 $ABm_0Cm_1m_2m_3Dm_4m_5m_6m_7$，其中 A、B、C、D 为校验位，其编号是 1、2、4、8。数据位所对应的编号分别为 3、5、6、7、9、10、11、12，例如，m_0 的编号为 3，D 的编号为 8，为了知道某个编号的数据对哪些校验位有影响，将每个数据位的编号用校验位编号的和来表示，即

3=2+1	5=4+1	6=4+2
7=4+2+1	9=8+1	10=8+2
11=8+2+1	12=8+4	

上面各式决定了每个数据位由哪个校验位进行校验。将上面的表示填入表 1-2-2 中。

表 1-2-2　海明码的数据位与校验位的排列

校验位编号 ＼ 数据位编号	3	5	6	7	9	10	11	12
A（1）	*	*		*	*		*	
B（2）	*		*	*		*	*	
C（4）		*	*	*				*
D（8）					*	*	*	*

可以得出：

A 是编号为 3、5、7、9、11 的数据位（即 m_0、m_1、m_3、m_4、m_6）的校验位；

B 是编号为 3、6、7、10、11 的数据位（即 m_0、m_2、m_3、m_5、m_6）的校验位；

C 是编号为 5、6、7、12 的数据位（即 m_1、m_2、m_3、m_7）的校验位；

D 是编号为 9、10、11、12 的数据位（即 m_4、m_5、m_6、m_7）的校验位。

为了说明如何为每个校验位取值，以一个 7 位 ASCⅡ字符使用海明码形成 11 位码字为例。例如，字符 M 的 ASCⅡ编码为 1101101，海明码为 AB1C101D101，按偶校验规则进行校验，见表 1-2-3。

表 1-2-3　按偶校验规则进行校验

校验位 ＼ 数据位	1（3）	1（5）	0（6）	1（7）	1（9）	0（10）	1（11）
A（1）	*	*		*	*		*
B（2）	*		*	*		*	*
C（4）		*	*	*			
D（8）					*	*	*

可得校验码 A=1，B=1，C=0，D=0，字符 M 的海明编码为"11101010101"。将其发送到接收端。当校验位码字到达时，接收方将出错计数器清 0，然后检查校验位码字是否具有正确的奇偶性。如果该校验位码字的奇偶性不对，则在计数器中加入一个数值，数值的大小是校验位码字编号对应的值。所有校验位码字检查完毕后，如果计数器值为 0，说明数据传输无差错；如果计数器值不为 0，该值就是出错位的编号。根据计数器的值即可确定是哪位出错，将该位

数据取反即可纠正错误。

例如，11101010101 在传输中因某种原因第 5 位数据由"1"变为"0"，在接收端对第 1 个校验位 A 进行检查时出错，将该校验位的编码"1"加到计数器中，对第 3 个校验位 C 进行检查，也出错，将该校验位的编码"4"加到计数器中，对第 2 和第 4 个校验位进行检查没有错误。此时，出错计数器的值为"5"，说明第 5 位有错，将第 5 位数据取反，就可得到正确的数据。

这种方法只能纠正一位错误，如果要纠正更多位的错误，就要使用其他编码方式。

习题

一、填空题

1. 通信系统必须具备的 3 个基本要素是_____、_____、_____。

2. 衡量通信系统性能的优劣，最重要的是看它的有效性和可靠性。有效性是指_____，可靠性是指_____。

3. 信道容量表示_____。

4. 信道上能够传送信号的最高频率与最低频率之差，称为_____。

5. 可同时传送多个二进制位的传输方式称为_____。一次只传送一个二进制位的传输方式称为_____。

6. 数据信号仅沿一个方向传输，发送方只能发送不能接收，接收方只能接收而不能发送的数据传输方式称为_____。数据可以同时沿相反的两个方向做双向传输的数据传输方式称为_____。信号可以沿两个方向传送，但同一时刻一个信道只允许单方向传送的数据传输方式称为_____。

7. 数字数据调制的基本方法有_____、_____、_____ 3 种。数字数据的编码方式有_____、_____、_____ 3 种。

8. 模拟信号在数字信道上传输前要进行_____处理。数字数据在数字信道上传输前需进行_____，以便在数据中加入时钟信号，并增强抗干扰能力。

9. 脉冲编码调制 PCM 用于_____编码。

10. 将多条信号复用在一条物理线路上，这种技术称为_____。

11. 频分多路复用分割的是传输介质的_____，时分多路复用分割的是信道的_____。_____是指在一根光纤上，同时传送多个波长不同的光载波。

12. 在数据通信中，接收端接收到的数据与发送端实际发出的数据出现不一致的现象称为_____。

13. 传输数据的比特位被改变或被插入称为_____。数据在传输过程中被丢弃称为_____。数据到达接收方的顺序与发送方发送的顺序不一致称为_____。

二、单选题

1. 在网络中，将语音与计算机产生的数字、文字、图形与图像同时传输，将语音信号数字化的技术是（　　）。

A．QAM 调制　　　　　　　　　　B．PCM 编码

C．Manchester 编码　　　　　　　D．FSK 调制

2．在同一时刻，通信双方可以同时发送数据的信道通信方式为（　　）。

A．半双工通信　　　　　　　　　B．单工通信

C．数据报　　　　　　　　　　　D．全双工通信

3．帧中继技术本质上是（　　）交换技术。

A．报文　　　　　　　　　　　　B．线路

C．信元　　　　　　　　　　　　D．分组

4．下列交换方法中（　　）的传输延迟最小。

A．报文交换　　　　　　　　　　B．线路交换

C．分组交换　　　　　　　　　　D．上述所有的

5．在数字通信中，使收发双方在时间基准上保持一致的技术是（　　）。

A．交换技术　　　　　　　　　　B．同步技术

C．编码技术　　　　　　　　　　D．传输技术

6．通过改变载波信号的相位值来表示数字信号 1、0 的编码方式是（　　）。

A．ASK　　　　B．FSK　　　　C．PSK　　　　D．NRZ

7．在多路复用技术中，FDM 是（　　）。

A．频分多路复用　　　　　　　　B．波分多路复用

C．时分多路复用　　　　　　　　D．线分多路复用

8．用载波信号的两种不同幅度来表示二进制值的两种状态的数据编码方式称为（　　）。

A．幅移键控法　　　　　　　　　B．频移键控法

C．相移键控法　　　　　　　　　D．幅度相位调制

9．采用海明码纠正一位差错，若信息位为 7 位，则冗余位至少应为（　　）。

A．5 位　　　　B．3 位　　　　C．4 位　　　　D．2 位

10．在 CRC 码计算中，可以将一个二进制位串与一个只含有 0 或 1 两个系数的一元多项式建立对应关系。例如，与位串 101101 对应的多项式为（　　）。

A．$x^6+x^4+x^3+1$　　　　　　　B．$x^5+x^3+x^2+1$

C．$x^5+x^3+x^2+x$　　　　　　　D．$x^6+x^5+x^4+1$

11．ATM 信元长度的字节数是（　　）。

A．53　　　　B．5　　　　C．50　　　　D．25

三、简答题

1．数据和信息的区别是什么？

2．数字通信的主要优点是什么？

3．简述数据通信的 5 个阶段。

4．简述同步传输与异步传输的区别。

5．简述线路交换的 3 个阶段。

6．分组交换与报文交换相比的优点是什么？

7．简述差错控制的两种方法。

四、分析题

1. 已知生成多项式 $G(x)=x^4+x^3+1$，求报文 1011001 的 CRC 冗余位及相应的码字。

2. 用海明编码方法，求出 ASCⅡ 字符 H（二进制编码是 1001000）的 11 位海明编码，简要地写出编码过程。

3. 画出比特流 00110101 的差分曼彻斯特编码波形图（假设线路以低电平开始）。

前导知识 3　网络体系结构与协议

学习目标

1. 理解网络体系结构。
2. 理解物理层的功能、常见传输介质以及接口规范。
3. 理解数据链路层的功能、标准和主要协议。

要想在计算机之间进行通信，必须使它们采用相同的信息交换规则。网络体系结构、网络协议以及协议分层模型是计算机网络中最基本的概念，ISO/OSI 开放系统互连参考模型和传输控制协议/网际协议（Transmission Control Protocol/Internet Protocol，TCP/IP）参考模型是其中典型的案例。

前导知识 3.1　理解网络体系结构

网络由节点相互连接而成，目的是实现节点间的相互通信和资源共享。节点是具有通信功能的计算机系统。怎样构造计算机系统的通信功能，以实现系统之间，尤其是异种计算机系统之间的通信，是网络体系结构要解决的问题。

网络的中间节点是通信线路与设备的结合点，端节点通过通信线路与中间节点相连。两个端节点之间进行通信，需要在网络中经过许多复杂的过程，若网络中有多对端节点相互通信，网络中的关系和信息传输过程将更复杂。

网络系统综合了计算机、通信以及众多应用领域的知识和技术，如何使这些知识和技术共存于不同的软硬件系统、不同的通信网络以及各种外设构成的系统中，是网络技术人员面临的主要难题。

3.1.1　网络协议

计算机网络是由多个互连节点组成的庞大系统，节点之间需要不断地交换数据与控制信息。为了保证通信双方能有条不紊地进行数据通信，在网络中进行通信的双方必须遵从相互接受的一组约定和规则，并且在通信内容、怎样通信以及何时通信等方面相互配合。这些规则明确地规定了所交换数据的格式以及有关的同步问题。这里所说的同步是指，一定的条件下应当发生某一事件，因而有时序的含意。这些为进行网络中数据交换而制定的规则、约定和标准，称为网络协议（network protocol）或通信协议（communication protocol）。简单地说，协议是通信双方必须遵循的控制信息交换的规则的集合。

一般来说，网络协议主要由语法、语义和同步 3 个要素组成。

（1）语法：规定通信双方"如何讲"，即确定协议元素的格式，如数据和控制信息的结构或格式。

（2）语义：规定通信双方"讲什么"，即确定协议元素的类型，如规定通信双方发出何种控制信息、执行何种动作以及做出何种应答等。

（3）同步（又称语序、变化规则或定时）：规定通信双方之间的"讲的顺序"，即通信过程中的应答关系和状态变化关系。同步定义了通信双方何时进行通信，先讲什么，后讲什么，讲话的速度等。

可见，协议是计算机中不可缺少的组成部分。

3.1.2　网络的分层模型

计算机网络体系结构采用分层结构，定义和描述了用于计算机及通信设备之间互连的标准和规则的集合，按照这组规则可以方便地实现计算机设备之间的数据通信。

将分层的思想或方法运用于计算机网络中，产生了计算机网络的层次模型，如图 1-3-1 所示。分层模型把系统所要实现的复杂功能分解为若干个层次分明的局部问题，规定每一层实现一种相对独立的功能，各个功能层次间进行有机的连接，下层为其上一层提供必要的功能服务。这种层次结构的设计称为网络层次结构模型。

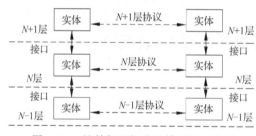

图 1-3-1　计算机网络分层模型的示意图

网络层次结构模型包含两个方面的内容。一是将网络功能分解到若干层次，在每一个功能层次中，通信双方共同遵守该层次的约定和规程，这些约定和规程称为同层协议。二是层次之间逐层过渡，上一层向下一层提出服务要求，下一层完成上一层提出的要求；上一层必须做好进入下一层的准备工作，这两个相邻层次之间要完成的过渡条件称为接口协议。接口协议可以通过硬件实现，也可以采用软件实现，例如，数据格式的变换、地址的映射等。

网络层次结构模型使各层实现技术的改变不影响其他层，易于实现和维护，有利于促进标准化，为计算机网络协议的设计和实现提供了很大方便。

1. 实体与同等层实体

在网络分层体系结构中，每一层都由一些实体组成。实体是各层中用于实现该层功能的活动元素，这些实体抽象地表示了通信时的软件元素（如进程或子程序）或硬件元素。实体除了是一些实际存在的物体和设备外，还可以是客观存在的与某一应用有关的事物，如含有一个或多个程序、进程或作业之类的成分。

不同终端上位于同一层次且完成相同功能的实体，称为同等层（对等层）实体。例如，系统 A 的第 N 层和系统 B 的第 N 层是同等层。不同系统同等层之间存在的通信称为同等层通信，不同系统同等层上的两个正在通信的实体称为同等层实体。

2. 服务与接口

在网络分层结构模型中，每一层为相邻的上一层提供的功能称为服务。在同一系统中，相邻两层实体进行交互的地方称为服务访问点（Service Access Point，SAP）。

服务访问点（SAP）是同一个节点相邻两层实体的接口（Interface），也可说 N 层 SAP 是 $N+1$ 层可访问 N 层的地方。低层向高层通过接口提供服务，相邻层通过它们之间的接口交换信息。高层不需要知道低层是如何实现的，仅需要知道该层通过层间接口提供的服务，这使得两层之间保持了功能的独立性。

为实现相邻层间信息的交换，接口须有一致遵守的规则，即接口协议。从一个层过渡到相邻层所做的工作，即两层之间的接口问题。任何两相邻层间都存在接口问题。

3. 服务类型

在计算机网络协议的层次结构中，层与层之间具有服务与被服务的单向依赖关系，下层向上层提供服务，而上层调用下层的服务。任意两层中，可将下层称为服务提供者，将上层称为服务调用者。下层为上层提供的服务可分为两类：面向连接服务（connection oriented service）和无连接服务（connectionless service）。

（1）面向连接服务。面向连接服务的工作方式像电话系统。数据交换之前必须先建立连接，数据交换结束后终止连接，传送数据时按序传送。通信过程分为 3 部分：建立连接、传输数据、撤销连接。只有在建立连接时，发送的报文中才包含相应的目的地址。连接建立后，传送的报文中不再包含目的地址，仅包含比目的地址更短的连接标识，以减少报文传输的负载。

面向连接服务比较适合在一定时期内向同一目的地发送许多报文的情况。

（2）无连接服务。无连接服务的工作方式像邮政系统。每个报文（信件）带有完整的目的地址，并且每一个报文都独立于其他报文，由系统选定传递路线发送报文。计算机随时可以向网络发送数据，在两个通信计算机间无须事先建立连接。正常情况下，当两个报文发往同一目的地时，先发的先到。但是，也有可能先发的报文在途中延误了，后发的报文反而先到。

3.1.3　网络的体系结构

计算机网络是个非常复杂的系统。网络体系结构通常采用层次化结构，定义计算机网络系统的组成方法、系统的功能和提供的服务。

考虑一种最简单的情况，连接在网络上的两台计算机要实现相互传送文件，必须在这两台计算机之间有一条传输数据的通路。除此之外，至少还需要完成以下几方面的工作。

（1）发送方计算机必须激活数据通信的通路。"激活"，就是正确发出一些控制信息，保证要传送的计算机数据能在这条通路上正确地发送和接收。

（2）要告诉网络，如何识别接收方计算机。

（3）发送方计算机必须确认接收方计算机已准备好接收数据。

（4）发送方计算机必须清楚接收方计算机的文件管理程序是否已做好接收和存储文件的准备工作。

（5）若两台计算机的文件格式不兼容，则至少要有一台计算机能完成格式转换功能。

（6）当网络出现各种差错和意外事故，如数据传送错误、重复或丢失、网络中某个节点故障等时，应有可靠的措施保证接收方计算机能够收到正确的文件。

可见，相互通信的两个计算机系统必须高度协调工作，而这种"协调"是相当复杂的。为简化对复杂的网络的研究、设计和分析工作，使网络中不同计算机系统、不同通信系统和不同应用能互相连接（互连）和互相操作（互操作），人们提出过多种方法。其中一种基本的方法是针对网络执行的功能设计一种网络体系结构模型，使网络研究、设计和分析工作摆脱烦琐的具体事物，将庞大而复杂的问题转化为若干较小的局部问题，使复杂问题得到简化；同时，为不同计算机系统之间的互连和互操作提供相应的规范和标准。

网络体系结构从体系结构的角度来研究和设计计算机网络体系，其核心是网络系统的逻辑结构和功能分配定义，即描述实现不同计算机系统之间互连和通信的方法以及结构，是层和协议的集合。通常采用结构化设计方法，将计算机网络系统划分成若干功能模块，形成层次分明的网络体系结构。

网络体系结构将计算机网络功能划分为若干个层次，较高层次建立在较低层次的基础上，并为其更高层次提供必要的服务功能。网络中的每一层都起到隔离作用，使得低层功能具体实现方法的变更不会影响到高一层所执行的功能。

网络体系结构是计算机网络的分层、各层协议、功能和层间接口的集合。不同网络有不同的体系结构，层数、各层名称和功能及各相邻层间的接口都不一样。在任何网络中，每一层是为了向其邻接上层提供服务而设置的，每一层都对上层屏蔽如何实现协议的具体细节。

网络体系结构与具体的物理实现无关，即使连接到网络中的主机和终端型号、性能各不相同，只要共同遵守相同的协议，就可以实现互通信和互操作。

3.1.4　典型案例：理解 ISO/OSI 开放互连参考模型

1. 背景分析

网络分层体系结构模型的概念为网络协议的设计和实现提供了很大的方便，但各个厂商都有自己产品的体系，不同体系结构又有不同的分层与协议，这给网络的互连造成困难。国际上一些团体和组织为计算机网络制定了各种参考标准，这些团体和组织有些可能是专业团体，有些可能是某个国家政府部门或国际性的大公司。为了实现不同厂家生产的计算机系统之间以及不同网络之间的数据通信，人们迫切需要一个国际范围的标准。

回顾历史，在制定计算机网络标准方面起着很大作用的国际组织是国际电报与电话咨询委员会（Consultative Committee on International Telegraph and Telephone，CCITT）和国际标准化组织（International Standards Organization，ISO）。CCITT 主要从通信的角度考虑一些标准的制定，而 ISO 则关心信息处理与网络体系结构。随着科学技术的发展，通信与信息处理之间的界限变得比较模糊，通信与信息处理都成为 CCITT 与 ISO 共同关心的领域。

国际标准化组织（ISO）于 20 世纪 70 年代成立了信息技术委员会 TC09，专门进行网络体系结构标准化的工作。在综合了已有的计算机网络体系结构的基础上，经过多次讨论研究，最后公布了网络体系结构的 7 层参考模型 RM，即开放系统互连参考模型（Open System Interconnection，OSI），简称 OSI/RM。此后，又分别为 OSI 的各层制定了协议标准，从而使 OSI 网络体系结构更为完善。

OSI 提出 OSI 的目的是，使各种终端设备之间、计算机之间、网络之间、操作系统进程之间以及人们互相交换信息的过程，能够逐步实现标准化。参照这种参考模型进行网络标准化的结果，可以使得各个系统之间都是"开放"的，而不是封闭的。即任何两个遵守 OSI/RM 的系统之间都可以互相连接使用。OSI 还希望能够用这种参考模型来解决不同系统之间的信息交换问题，使不同系统之间也能交互工作，以实现分布式处理。

在 OSI 标准的制定过程中，采用的方法是将整个庞大而复杂的问题划分为容易处理的小问题，这就是分层的体系结构方法。OSI 描述了网络硬件和软件如何以层的方式协同工作进行网络通信。

2．OSI 参考模型的结构

开放系统互连参考模型（OSI）是分层体系结构的一个实例，采用分层的结构化技术，共分 7 层，从低到高为：物理层、数据链路层、网络层、传输层、会话层、表示层、应用层。其中，每一层都定义了所要实现的功能，完成特定的通信任务，并且只与相邻的上层和下层进行数据的交换。

OSI 参考模型如图 1-3-2 所示。若考虑由中间节点构成的通信子网，OSI 的参考模型结构如图 1-3-3 所示。

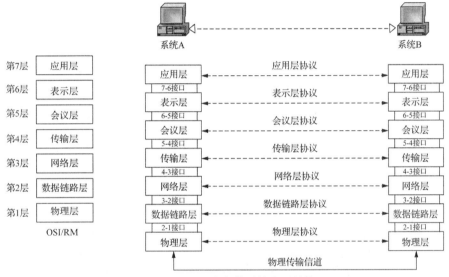

图 1-3-2　OSI 参考模型的分层结构

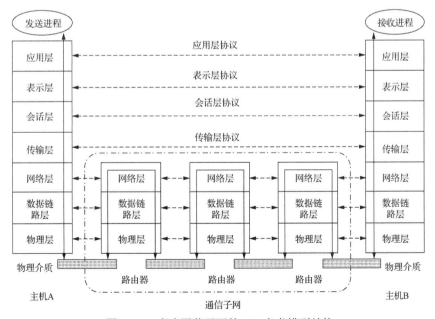

图 1-3-3　考虑通信子网的 OSI 参考模型结构

OSI 包括了体系结构、服务定义和协议规范 3 级抽象。

（1）体系结构：定义了一个 7 层模型，用以进行进程间的通信，并作为一个框架来协调各层标准的制定。

（2）服务定义：描述了各层所提供的服务，以及层与层之间的抽象接口和交互用的服务原语。

（3）协议规范：精确地定义了应当发送何种控制信息及何种过程来解释该控制信息。

3．OSI 参考模型各层的功能

（1）物理层。物理层是 OSI 参考模型的最底层，建立在传输介质的基础上，利用物理传输介质为数据链路层提供物理连接，主要任务是在通信线路上传输二进制数据比特流，数据传输单元是比特（bit）。物理层提供为建立、维护和拆除物理连接所需的机械，电气和规程方面的特性，具体涉及接插件的规格、"0" "1" 信号的电平表示、收发双方的协调等内容。

（2）数据链路层。数据链路层是 OSI 参考模型的第 2 层，在物理层提供的服务的基础上，负责在通信实体之间建立数据链路连接，数据传输单元是帧。数据链路层采用差错控制与流量控制方法，将有差错的物理链路改造成无差错的数据链路，提供实体之间可靠的数据传输。

发送方数据链路层将数据封装成帧（含有目的地址、源地址、数据段以及其他控制信息），然后按顺序传输帧，并负责处理接收端发回的确认帧。接收方数据链路层检测帧传输过程中产生的任何问题。没有经过确认的帧和损坏的帧都要进行重传。

（3）网络层。网络层是 OSI 参考模型的第 3 层，负责向传输层提供服务，为传输层的数据传输提供建立、维护和终止网络连接的手段，把上层来的数据组织成数据包在节点之间进行交换传送。网络层的数据传输单元是包（又称分组）。

网络层的主要功能是通过路由选择算法为数据包通过通信子网选择最适当的路径和转发数据包，使发送方的数据包能够正确无误地寻找到接收方的路径，并将数据包交给接收方。网络中两个节点之间数据传输的路径可能有很多，将数据从源设备传输到目的设备，在寻找最快捷、花费最低的路径时，必须考虑网络拥塞程度、服务质量、线路的花费和线路有效性等诸多因素。为避免通信子网中出现过多的数据包而造成网络阻塞，需要对流入的数据包数量进行控制。当数据包要跨越多个通信子网才能到达目的地时，还要解决网际互连的问题。

对于一个通信子网来说，最多只有到网络层为止的最低 3 层。

（4）传输层。传输层是 OSI 参考模型的第 4 层，功能是保证不同子网的两台设备间数据包可靠、顺序、无差错地传输。传输层的数据传输单元是段。传输层负责处理端对端通信，提供建立、维护和拆除传输连接的功能。

传输层向高层用户提供端到端的可靠的透明传输服务，提供错误恢复和流量控制，为不同进程间的数据交换提供可靠的传送手段，是网络体系结构中关键的一层。透明的传输是指在通信过程中传输层对上层屏蔽了通信传输系统的具体细节。

传输层一个很重要的工作是数据的分段和重组，即把一个上层数据分割成更小的逻辑片或物理片，即发送方在传输层把上层交给它的较大的数据进行分割后，分别交给网络层进行独立传输，从而实现在传输层的流量控制，提高网络资源的利用率；接收方将收到的分段的数据重组，还原成为原先完整的数据。

传输层的另一个主要功能是将收到的乱序数据包重新排序，并验证所有的分组是否都已收到。

（5）会话层。会话层是 OSI 参考模型的第 5 层，利用传输层提供的端到端的服务，向表示层或会话层提供会话服务。会话层的主要功能是在两个节点间建立、维护和释放面向用户的连接，并对会话进行管理和控制，保证会话数据可靠传送。

会话连接和传输连接之间有 3 种关系：一对一关系，即一个会话连接对应一个传输连接；一对多关系，即一个会话连接对应多个传输连接；多对一关系，即多个会话连接对应一个传输关系。

在会话过程中，会话层需要决定使用全双工通信或半双工通信。若采用全双工通信，会话层在对话管理中要做的工作很少；若采用半双工通信，会话层通过一个数据令牌协调会话，保证每次只有一个用户能够传输数据。

会话层提供同步服务，通过在数据流中定义检查点（cheek point）把会话分割成明显的会话单元。当出现网络故障时，从最后一个检查点开始重传数据。

（6）表示层。表示层是 OSI 参考模型的第 6 层，专门负责处理有关网络中计算机信息表示方式的问题。表示层提供不同信息格式和编码之间的转换，以实现不同计算机系统间的信息交换。除了编码外，还包括数组、浮点数、记录、图像、声音等多种数据结构，表示层用抽象的方式来定义交换中使用的数据结构，并且在计算机内部表示法和网络的标准表示法之间进行转换。表示层还负责数据压缩和数据加密功能。

（7）应用层。应用层是 OSI 参考模型的第 7 层，直接与用户和应用程序打交道，负责对软件提供接口以使程序能够使用网络。应用层不为任何其他 OSI 层提供服务，而只为 OSI 模型以外的应用程序提供服务，例如，电子表格程序和文字处理程序，包括为相互通信的应用程序或进程之间建立连接、进行同步，建立关于错误纠正和控制数据完整性过程的协商等。

应用层还包含大量的应用协议，如虚拟终端协议（Telnet）、简单邮件传输协议（Simple Mail Transfer Protocol，SMTP）、简单网络管理协议（Simple Network Management Protocol，SNMP）、域名服务系统（Domain Name System，DNS）和超文本传输协议（HTTP）等。

4. OSI 参考模型的数据传输

在同一台计算机的层间交互过程，与在同一层上不同计算机之间的相互通信过程是相关联的。在网络通信过程中，每一层向其协议规范中的上层提供服务；同时，每一层都与对方计算机的相同层交换信息。

（1）OSI 模型各层的数据。为了使数据分组从源主机传送到目的主机，源主机 OSI 模型的每一层要与目标主机的对等层进行通信，如图 1-3-4 所示，这里用对等实体间通信（peer-to-peer communications）表示源主机与目的主机对等层之间的通信。在这个过程中，每一层协议交换的信息称为协议数据单元（Protocol Data Unit，PDU），通常在该层的 PDU 前面增加一个单字母的前缀，表示是哪一层数据。具体来说，应用层数据称为应用层协议数据单元（Application PDU，APDU），表示层数据称为表示层协议数据单元（Presentation PDU，PPDU），会话层数据称为会话层协议数据单元（Session PDU，SPDU），传输层数据称为段（segment），网络层数据称为数据包（packet），数据链路层数据称为帧（prame），物理层数据称为比特（bit）。可见，数据处于 OSI 模型的层次不同，数据名称就不同。

网络通信中，通过传输某一层的 PDU 到对方的同一层（对等层）实现通信。例如，应用层通过传送 APDU 和对方端节点应用层进行通信。从逻辑上讲，对等层之间的通信是双方端节点的同一层直接通信。而物理上，每一层都只与自己相邻的上下两层直接通信；下层通过服务接入点（SAP）为上一层提供服务。两个端节点建立对等层的通信连接，即在各个对等层间建立逻辑信道，对等层使用功能相同的协议实现对话。例如，主机 A 的第 2 层不能与对方主机的第 3 层通信。同时，同一层之间的协议不同也不能通信。例如，主机 A 的 E-Mail 应用程序不能和对方主机的 Telnet 应用程序通信。

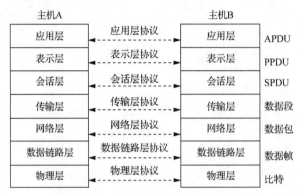

图 1-3-4   OSI 模型各层的数据

主机 A 与主机 B 在连入网络前，不需要有实现从应用层到物理层功能的硬件与软件。但如果它们希望接入计算机网络，就必须增加相应的硬件和软件。一般来说，物理层、数据链路层与网络层大部分可以由硬件方式实现，而高层基本上是通过软件方式实现的。

（2）数据传输过程。两个应用 OSI 参考模型的网络设备之间进行通信的过程如图 1-3-5 所示。主机 A 发送的数据从应用层开始，按规定格式逐层封装数据，直至物理层，然后通过网络传输介质传送到主机 B。主机 B 的物理层获取数据后，逐层向上层传输数据并解封装，直到到达主机 B 的应用层。

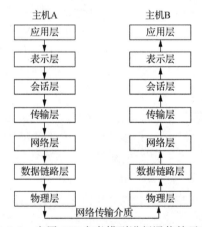

图 1-3-5   应用 OSI 参考模型进行通信的示意图

封装（encapsulation）是指网络节点将要传送的数据用特定的控制报头打包，有时也可能在数据尾部加上报文。OSI 参考模型的每一层都对数据进行封装，以保证数据能够正确无误地到达目的地，并被接收端主机理解及处理。

假设主机 A 与主机 B 交换数据，数据的传输过程如下。

1）发送方逐层进行数据封装。

● 当主机 A 的数据传送到应用层时，为数据加上应用层控制报头，组织成应用层的数据服务单元，然后传输到表示层。

- 表示层接收到应用层的数据服务单元后，加上表示层控制报头，组织成表示层的数据服务单元，然后传输到会话层。
- 会话层接收到表示层的数据服务单元后，加上会话层控制报头，组织成会话层的数据服务单元，然后传输到传输层。
- 传输层接收到会话层的数据服务单元后，加上传输层控制报头，组织成传输层的数据服务单元，称为段（segment），然后传输到网络层。
- 网络层接收到传输层的数据服务单元后，由于网络层数据单元的长度有限制，传输层的长数据服务单元将被分成多个较短的数据字段，加上网络层的控制报头，组织成网络层的数据单元，称为数据包（packet），然后传输到数据链路层。
- 数据链路层接收到网络层的数据包后，加上数据链路层的控制报头，组织成数据链路层的数据服务单元，称为帧（frame），然后传输到物理层。
- 物理层将数据链路层的数据帧转化为比特流，通过传输介质传送到交换机，通过交换机将数据帧发向路由器。

2）通信子网数据封装与解封装。路由器逐层解封装：剥去数据链路层的帧头部，依据网络层数据包头信息查找去主机 B 的路径，然后封装数据发向主机 B。

3）接收方数据解封装。主机 B 从物理层到应用层，依次逐层解封装，剥去各层控制报头，提取发送方主机发来的数据，完成数据的发送和接收过程。

上述数据封装与解封装过程的分析如图 1-3-6 所示。在主机 A 发送信息给主机 B 的过程中，主机 A 的应用层与主机 B 的应用层通信，主机 A 的应用层再与主机 A 的表示层通信，主机 A 的表示层再与主机 A 的会话层通信，以此类推，直到到达主机 A 的物理层。物理层把数据转化为比特流放到网络物理介质上送走。信息在网络物理介质上传送并被主机 B 接收后，以相反的方向向上通过主机 B 的各层（先是物理层，然后是数据链路层，以此类推），最终到达主机 B 的应用层。

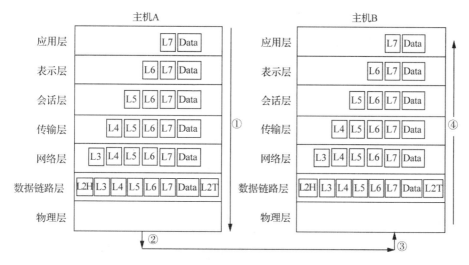

图 1-3-6　OSI 参考模型相邻层之间的通信

L#—第#层；L#H—第#层的头；L#T—第#层的尾

总结以上数据传输过程，可以得出以下结论。

● 每层的协议为解决对等实体对应层的通信问题而设计，每层的功能通过该层协议规定的控制报头来实现。

● 每层在把数据传送到相邻的下层时，需要在数据前加上该层的控制报头。

● 实际通过物理层传输的数据中，包含着用户数据与多层嵌套的控制报头。

● 多层嵌套的控制报头体现了网络层次结构的思想。

● 发送端应用进程的数据在 OSI 参考模型中经过复杂的处理过程，才能传送到接收端的接收进程，但对于每台主机的应用进程来说，网络中数据流的复杂处理过程是透明的。发送端应用进程的数据好像是"直接"传送给接收端的应用进程，这就是开放系统在网络通信过程中的作用。

（3）不同计算机上对等层之间的通信。由图 1-3-4 可见，若主机 A 与主机 B 通信，则主机 A 的应用层、表示层、会话层、传输层等各层分别与主机 B 的对等层进行通信。OSI 参考模型的分层禁止了不同主机间对等层之间的直接通信，因此，主机 A 的每一层必须依靠主机 A 相邻层提供的服务来与主机 B 的对等层通信。假定主机 A 的第 4 层与主机 B 的第 4 层通信，则主机 A 的第 4 层必须使用主机 A 第 3 层提供的服务。其中，第 4 层称为服务用户，第 3 层称为服务提供者。第 3 层通过一个服务接入点（SAP）向第 4 层提供服务。这些服务接入点使得第 4 层能要求第 3 层提供服务。

3.1.5　典型案例：理解 TCP/IP 参考模型

1. 背景分析

TCP/IP 协议集是一个工业标准协议套件，由美国国防部高级研究计划局（DARPA）开发，用于互连网络系统 Internet，是发展至今最成功的通信协议。

研究 OSI 参考模型的初衷是，希望为网络体系结构与协议的发展提供一种国际标准。然而，由于 OSI 标准制定的周期太长、协议实现过分复杂、OSI 的层次划分不太合理等原因，到了 20 世纪 90 年代初期，虽然整套的 OSI 标准已经制定出来，但 Internet 已在全世界飞速发展，网络体系结构得到广泛应用的不是国际标准 OSI 参考模型，而是应用在 Internet 上的非国际标准 TCP/IP 参考模型。虽然 TCP/IP 不是 ISO 标准，但广泛的应用使 TCP/IP 成为一种"实际上的标准"，并形成了 TCP/IP 参考模型。实际上，ISO 制定 OSI 参考模型的过程中，也参考了 TCP/IP 协议集及其分层体系结构的思想；TCP/IP 在不断发展的过程中，也吸收了 OSI 标准中的概念与特征。

TCP/IP 是一组通信协议的代名词，这组协议使任何具有网络设备的用户能访问和共享 Internet 上的信息，其中最重要的协议是传输控制协议（TCP）和网际协议（IP）。TCP 和 IP 是两个独立且紧密结合的协议，负责管理和引导数据报文件在 Internet 上的传输。两者使用专门的报文头定义每个报文的内容。TCP 协议负责和远程主机的连接；IP 协议负责寻址，使报文被送到其该去的地方。

TCP/IP 协议主要有以下特点。

（1）开放的协议标准，可以免费使用，并且独立于特定的计算机硬件与操作系统。

（2）独立于特定的网络硬件，可以运行在局域网、广域网，更适用于互连网络中。

（3）统一的网络地址分配方案，所有网络设备在 Internet 中都有唯一的地址。

（4）标准化的高层协议，可以提供多种可靠的用户服务。

2. TCP/IP 参考模型的层次

TCP/IP 参考模型也采用分层的体系结构，每一层负责不同的通信功能。TCP/IP 参考模型简化了层次结构，只有 4 层，由下而上分别为网络接口层、网络层、传输层和应用层，如图1-3-7 所示。TCP/IP 协议是 OSI 模型之前的产物，两者之间不存在严格的层对应关系。在TCP/IP 参考模型中，不存在与 OSI 模型的物理层、数据链路层相对应的部分。TCP/IP 协议的主要目标是致力于异构网络的互连，与 OSI 模型的物理层与数据链路层相对应的部分没有做任何限定。

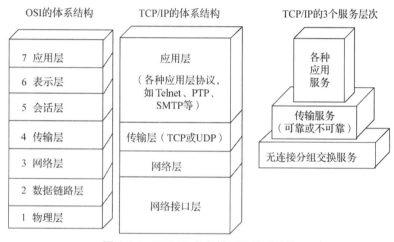

图 1-3-7　TCP/IP 参考模型的体系结构

3. TCP/IP 模型各层的功能

（1）网络接口层。网络接口层又称网络访问层，是 TCP/IP 参考模型的最底层，对应 OSI的物理层和数据链路层。网络接口层负责接收从网络层交来的 IP 数据包，并将 IP 数据包通过底层物理网络发送出去，或者从底层物理网络上接收物理帧，抽取出 IP 数据包交给网络层。TCP/IP 标准没有定义具体的网络接口协议，而是提供灵活性，以适应各种网络类型，如 LAN、MAN 和 WAN，这也说明了 TCP/IP 可以运行在任何网络之上。

（2）网络层。网络层又称网际层，是在 TCP/IP 标准中正式定义的第一层。网络层的主要功能是处理来自传输层的分组，将分组形成数据包（IP 数据包），并为该数据包进行路径选择，最终将数据包从源主机发送到目的主机。在网络层中，最常用的协议是网际协议 IP，其他一些协议用来协助 IP 的操作。网络层在功能上非常类似于 OSI 参考模型的网络层。

（3）传输层。传输层又被称为主机至主机层，与 OSI 的传输层类似，主要负责主机到主机之间的端对端通信。传输层定义了两种协议来支持两种数据的传送方法，即 TCP 协议和用户数据报协议（User Datagram Protocol，UDP）。

（4）应用层。应用层是 TCP/IP 参考模型的最高层，与 OSI 模型中高 3 层的任务相同，用于提供网络服务，比如文件传输、远程登录、域名服务和简单网络管理等。应用层为用户提供了一组常用的应用程序，应用程序和传输层协议相配合，完成数据的发送或接收。

综上所述，TCP/IP 参考模型各层的主要功能见表 1-3-1。

表 1-3-1　TCP/IP 模型各层的功能

TCP/IP 模型分层	主要功能
网络接口层	定义了 Internet 与各种物理网络之间的网络接口
网络层	负责相邻计算机之间（即点对点）通信，包括处理来自传输层的发送分组请求，检查并转发数据报，并处理与此相关的路径选择、流量控制及拥塞控制等问题
传输层	提供可靠的端到端的数据传输，确保源主机传送的分组正确到达目标主机
应用层	提供各种网络服务，如 SMTP、DNS、HTTP、SNMP 等

4. TCP/IP 各层主要协议

TCP/IP 实际上是一个协议系列或协议簇，目前包含 100 多个协议，用来将各种计算机和数据通信设备组成实际的 TCP/IP 计算机网络。TCP/IP 参考模型各层的一些重要协议如图 1-3-8 所示。TCP/IP 协议可以为各式各样的应用提供服务，同时也可以连接到各种网络上。

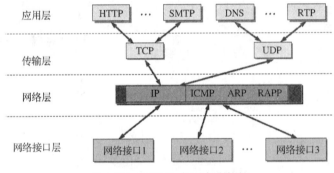

图 1-3-8　TCP/IP 各层主要协议

（1）网络接口层协议。TCP/IP 的网络接口层中包括各种物理网络协议，如以太（ethernet）网、令牌环网、帧中继网、综合业务数字网（Integrated Services Digital Network，ISDN）和分组交换网 X.25 等。当各种物理网络用于传送 IP 数据帧的通道时，可以认为属于网络接口层的内容。

（2）网络层协议。网络层包括多个重要协议，主要协议有 4 个：IP 协议、ICMP 协议、ARP 协议和 RARP 协议。

1）IP（Internet Protocol）协议：即网际协议，是 TCP/IP 中的核心协议，规定网络层数据分组的格式。IP 协议的任务是对数据包进行相应的寻址和路由，并从一个网络转发到另一个网络。IP 协议在每个发送的数据包前加入一个控制信息，其中包含了源主机的 IP 地址、目的主机的 IP 地址和其他一些信息。

2）ICMP（Internet Control Message Protocol）协议：即网际控制报文协议，提供网络控制和消息传递功能。例如，如果某台设备不能将一个 IP 数据包转发到另一个网络，就向发送数据包的源主机发送一个消息，并通过 ICMP 解释这个错误。

3）ARP（Address Resolution Protocol）协议：即地址解释协议，将逻辑地址解析成物理地址。

4）RARP（Reverse Address Resolution Protocol）协议：即反向地址解释协议，将物理地址解析成逻辑地址。

计算机网络中各主机之间要进行通信时，必须要知道彼此的物理地址（OSI 模型中数据链路层的地址，又称为 MAC 地址）。ARP 协议和 RARP 协议的作用是将源主机和目的主机的 IP 地址与它们的物理地址相匹配。

（3）传输层协议。传输层的主要协议有 TCP 协议和 UDP 协议。

1）TCP（Transmission Control Protocol）协议：即传输控制协议，是面向连接的协议。TCP 协议将源主机应用层的数据分成多个分段，然后将每个分段传送到网络层，网络层将数据封装为 IP 数据包，并发送到目的主机。目的主机的网络层将 IP 数据包中的分段传送给传输层，再由传输层对这些分段进行重组，还原成原始数据，传送给应用层。TCP 协议还要完成流量控制和差错检验的任务，以提供可靠的数据传送。

2）UDP（User Datagram Protocol）协议：即用户数据报协议，是面向无连接的不可靠的传输层协议。UDP 不进行差错检验，必须由应用层的应用程序实现可靠性控制和差错控制，以保证端到端数据传输的正确性。

与 TCP 相比，UDP 虽然显得非常不可靠，但在一些特定的环境下还是非常有优势的。例如，需要发送的信息较短，不值得在主机之间建立一次连接。另外，面向连接的通信通常只能在两个主机之间进行，若要实现多个主机之间的一对多或多对多的数据传输，即广播或多播，就需要使用 UDP 协议。

（4）应用层协议。应用层包括了所有的高层协议，而且不断有新的协议加入。常见的应用协议有：文件传输协议（FTP）、超文本传输协议（HTTP）、简单邮件传输协议（SMTP）、远程终端协议（Telnet）；常见的应用支撑协议有：域名服务 DNS、简单网络管理协议 SNMP 等。

前导知识 3.2　物理层及其应用

物理层是 OSI 参考模型的最低层，是构成计算机网络的基础。物理层既不是指连接计算机的具体物理设备，也不是指负责信号传输的具体物理介质，而是建立在通信介质基础上的、实现设备之间联系的物理接口。在计算机网络的组建、管理和维护工作中，需要直接与物理层打交道，例如，双绞线网络线缆的制作与测试，连接头、连接插座、转换器等组件的使用，中继器、集线器等物理层设备的使用。为此，有必要理解物理层的功能、常见传输介质以及接口规范。

3.2.1　物理层的功能

国际电报电话咨询委员会（International Telegraph and Telephone Consultative Committee，CCITT），现改为国际电信联盟电信标准局（Telecommunication Standardization Sector of the International Telecommunications Union，ITU-T），对物理层的定义为：利用机械的、电气的、功能的和规程的特性，在数据终端设备（Data Terminal Equipment，DTE）和数据电路终接设备（Data Circuit terminating Equipment，DCE）之间实现对物理信道的建立、维持和拆除功能。

物理层直接与物理信道相连，数据传输单位称为比特（bit）。物理层的主要功能是为物理上相互关联的通信双方提供物理连接（物理信道），并在物理连接上透明地传输比特流。计算机网络中的物理设备种类繁多，通信也有许多不同的方式，物理层的作用是对上一层屏蔽底层的技术细节，例如，使用何种传输介质、传输介质上如何进行数据传输等，为数据链路层提供一个物理连接，以透明地传送比特流。

 提示

透明是指经实际电路传送后的比特流没有发生变化。

物理层不是物理层设备或物理媒体，它定义了建立、维护和拆除物理链路的规范和协议，同时定义了物理层接口通信的标准，包括机械的、电气的、功能的和规程的特性。物理层要实现 4 种特性的匹配。

一般，数据在物理连接上串行传输，即逐个比特按时间顺序传输。串行传输可采用同步传输方式或异步传输方式。物理层要保证信息按比特传输的正确性（比特同步），并向数据链路层提供一个透明的比特传输。

3.2.2 物理层接口标准

由于传输距离和传输技术不同，局域网和广域网使用的物理层接口和标准也不一样。在局域网中，最常用的物理层标准是 IEEE 802.3 定义的以太网标准。广域网物理层协议定义了数据终端设备和数据电路终接设备之间的接口规范和标准。图 1-3-9 所示为 DTE 和 DCE 接口示意图（RS-232C 为 DTE/DCE 接口）。

图 1-3-9　DTE 和 DCE 接口示意图

1. 物理层接口标准

DTE 和 DCE 之间的连接需要遵循共同的接口标准。物理层通过 4 个特性在 DTE 与 DCE 之间实现物理连接。

（1）机械特性。机械特性又称物理特性，规定了 DTE 和 DCE 之间的连接器形式，包括连接器的形状、几何尺寸、引线数目和排方式、固定和锁定装置等。与 DTE 连接的 DCE 设备多种多样，因而连接器的标准有多种。

常用的机械特性标准有 5 种：ISO 2110（25 针）、ISO 2593（34 针）、ISO 4902（37 针）、ISO 4902（9 针）和 ISO 4903（15 针）。

（2）电气特性。电气特性规定了 DTE 与 DCE 之间多条信号线的连接方式、发送器和接收器的电气参数及其他有关电路的特征，包括信号源的输出阻抗，负载的输入阻抗，信号 "1" 和 "0" 的电压范围、传输速率、平衡特性和距离的限制等。电气特性决定了传输速率和传输距离。

最常见的电气特性的技术标准为 ITU-T 的 V.10、V.11 和 V.24，与之兼容的分别是电子工业协会（Electronic Industries Association，EIA）的 RS422-A、RS422-A 和 RS-232C。

（3）功能特性。功能特性规定接口信号具有的特定功能，即 DTE 和 DCE 之间各信号的信号含义。通常信号线可分 4 类：数据线、控制线、同步线和地线。

（4）规程特性。规程特性规定 DTE 和 ECE 之间各接口信号线实现数据传输的操作过程，即在建立、维持和拆除物理连接时，DTE 和 DCE 双方在各电路上的动作顺序以及维护测试操作等。只有符合相同特性标准的设备之间才能有效地进行物理连接的建立、维持和拆除。

常见的规程特性标准有：ITU-T 的 V.24、V.25、V.54、X.20、X.21 等。

2．典型的物理层标准

（1）EIA RS-232C/V.24 接口标准。EIA RS-232C 是 EIA 在 1969 年颁布的一种串行物理接口，其中，RS（Recommended Standard）的意思是推荐标准；232 是标识号；后缀 C 是版本号，表示该推荐标准已被修改过的次数。RS-232C 与国际电报电话咨询委员会的 V.24 标准兼容，是一种非常实用的异步串行通信接口。

RS-232C 标准提供了一个利用公用电话网络作为传输媒体并通过调制解调器将远程设备连接起来的技术规定。

1）机械特性。RS-232C 遵循 ISO 2110 关于插头座的标准，使用 25 根引脚的 DB-25 连接器，也可以使用其他形式的连接器，例如，在微型计算机的 RS-232C 串行接口上，大多使用 9 针连接器 DB-9。

RS-232C 规定在 DTE 一侧采用孔式结构（母插头），在 DCE 一侧采用针式结构（公插座）。要注意针式和孔式结构插头/插座引线的排列顺序是不同的。引脚分为上、下两排，分别有 13 根和 12 根引脚，当引脚指向人的方向时，从左到右，其编号分别为 1～13 和 14～25。

2）电气特性。RS-232C 与 CCITT 的 V.28 兼容，采用平衡驱动、非平衡接收的电路连接方式。电气特性规定采用负逻辑，逻辑"0"相当于对信号地线有+5V～+15V 的电压，逻辑"1"相当于对信号地线有–5V～–15V 的电压。在传输距离不大于 15 米时，最大速率为 19.2Kbit/s。

3）功能特性。RS-232C 的功能特性定义了 25 针标准连接器中的 20 根引线，如图 1-3-10 所示。其中包括 2 根地线、4 根数据线、11 根控制线、3 根定时信号线，剩下 5 根线做备用。RS-232C 接口中最常用的引线有 10 根，即引线 1、2、3、4、5、6、7、8、20、22，其余的一些引线可以空着不用。在某些情况下，可以只用 9 根引线，引线 22（振铃指示信号线）不用，这就是微型计算机常见的 9 针 COM1 串行鼠标接口。

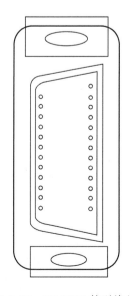

信号去向	信号名称		信号名称	信号去向
到DCE	第二路发送数据 14		1 保护地	到DCE
到DTE	发送时钟15		2 发送数据	到DCE
到DTE	第二路接收数据16		3 接收数据	到DTE
到DTE	接收时钟17		4 请求发送	到DCE
	未用18		5 清除发送	到DTE
到DCE	第二路请求发送 19		6 调制解调器就绪	到DTE
到DCE	数据终端就绪 20		7 信号地	到DCE
到DTE	信号质量检测 21		8 载波检测	到DTE
到DTE	振铃指示22		9	
到DCE	数据信号速率选择 23		10 9，10留作测试用	
到DCE	发送时钟24		11 未用	
到DTE	未用25		12 第二路载波检测	到DTE
			13 第二路清除发送	到DTE

图 1-3-10　RS-232C 的引线分配

通常在使用中，25 根引线不是全部连接的，使用主要的 3～5 根即可。计算机或终端通过 RS-232C 接口与 Modem 连接时，发送数据和接收数据提供两个方向的数据传送，而请求和允许发送用来进行握手应答、控制数据和传送。即主要使用引线 2、3、4、5、7，甚至只用引线 2、3、7。

4）规程特性。RS-232C 的规程特性定义了 DTE 和 DCE 通过 RS-232C 接口连接时，各信号线在建立、维持和拆除物理连接及传输比特信号时的时序要求。RS-232C 的工作过程是在各条控制信号线的有序的 "ON"（逻辑 "0"）和 "OFF"（逻辑 "1"）状态的配合下进行的。一台计算机 DTE 通过调制解调器 DCE 及电话线路与远端的终端 DTE 建立呼叫并进行半双工通信，待数据传送完毕后，释放呼叫（过程从略）。

目前许多终端和计算机都采用 RS-232C 接口标准，只适用于短距离，一般规定终端设备的连接电线不超过 15m，即两端总长 30m 左右。

（2）RS-449 标准。由于 RS-232C 标准的所有线路共用一个地线，是一种非平衡结构，可能在设备之间产生较多的干扰；另外，所规定的接口连线长度和数据传输速率都有限制，于是 EIA 在 1977 年推出了 RS-499 标准，其机械、功能、规程特性由 RS-449 定义，电气特性有两个不同的标准：RS-422-A（平衡型）和 RS-423-A（半平衡型）。新标准大大提高了接口性能。

可见，RS-449 实际上由以下 3 个接口标准组成。

1）RS-449：规定了接口的机械特性、功能特性和规程特性。

2）RS-423-A：规定了采用非平衡传输时（所有电路共用一个公共地）的电气特性，采用单端输出和差分输入电路。传输距离为 10m 时，传输速率可达 100kbit/s；传输距离为 100m 时，数据传输速率为 10kbit/s。

3）RS-422-A：规定了采用平衡传输时（所有电路没有公共地）的电气特性，采用双端差分输出、差分输入，这时信号传输线不和地线发生关系。传输距离为 10m 时，数据传输速率可达 10Mbit/s；传输距离为 1000m 时，数据传输速率可达 100kbit/s。

3.2.3　物理层设备与组件

常见的物理层组件包括物理线缆、连接头、连接插座、转换器等。连接头和连接插座是配对使用的组件，作用是为网络线缆连接提供良好的端接。转换器用于不同接口或介质之间进行信号转换，例如 DB-25 到 DB-9 的转换器，光纤到非屏蔽双绞线的转换器等。

信号的远距离传输不可避免会出现信号的衰减，因而每种传输介质都存在传输距离的限制。在实际组建网络的过程中，常常遇到网络覆盖范围超越介质最大传输距离限制的情形。这时，为了解决信号远距离传输产生的衰减和变形等问题，需要一种能在信号传输过程中对信号进行放大和整形的设备，以拓展信号的传输距离，增加网络的覆盖范围。这种具备物理上拓展网络覆盖范围功能的设备称为网络互连设备。在物理层通常提供两类网络互连设备——中继器和集线器。

（1）中继器（repeater）。中继器具有对物理信号进行放大和再生的功能，可以将其输入接口接收的物理信号进行放大和整形后从输出接口输出。

中继器主要负责在两个节点的物理层上按位传递信息，同时负责放大或再生局域网的信号，扩展网络连接距离，扩充工作站数目。

中继器的使用原则如下。

- 用中继器连接的以太网不能形成环型网。
- 必须遵守 MAC（介质访问控制）协议的定时特性：用中继器连接电缆的段数是有限的。

对于以太网，最多只能使用 4 个中继器，因而只能连接 5 个网段，遵守以太网的 5-4-3-2-1 规则。即：最多有 5 个网段；全信道上最多可连接 4 个中继器；其中 3 个网段可连接网站；有 2 个网段只能用来扩张而不连接任何网站，以减少发生冲突的概率；由此组成 1 个共享局域网，总站数小于 1024，全长小于 500m（双绞线）或 2.5km（粗同轴电缆）。

（2）集线器（hub）。集线器是一种多端口中继器。中继器只能连接两个网段，而集线器能够提供更多的端口服务。通过集线器对工作站进行集中管理，可避免网络中出现问题的区段对整个网络正常运行的影响。

在网络中，集线器是一个共享设备，主要功能是对接收到的信号进行再放大，以扩大网络的传输距离。依据 IEEE 802.3 协议，集线器的功能是随机选出某一端口的设备，并让它独占全部带宽，与集线器的上连设备（如交换机、路由器、服务器等）进行通信。随着交换技术的成熟和交换机价格的下降，目前市场上的集线器已基本被交换机取代。

前导知识 3.3 数据链路层及其案例

数据链路层是 OSI 参考模型的第 2 层，在物理层提供服务的基础上，向网络层提供服务，在相邻节点之间建立链路，传送以帧（frame）为单位的数据信息，并且对传输中可能出现的差错进行检错和纠错，向网络层提供无差错的透明传输，为物理链路提供可靠的数据传输。相对高层而言，数据链路层的协议都比较成熟。数据链路层的有关协议是计算机网络中基本的部分，在任何网络中都是必不可少的层次。为此，有必要理解数据链路层的功能、标准和主要协议。

3.3.1 数据链路层的基本概念

物理层通过通信介质实现实体之间链路的建立、维持和拆除，形成物理连接。物理层只是接收和发送比特流信息，不考虑信息的意义和信息的结构，不能解决真正的传输与控制问题。为了真正有效地、可靠地传输数据，需要对传输操作进行严格的控制和管理。数据链路层负责数据链路信息从源节点传输到目的节点的数据传输与控制，如连接的建立、维护和拆除，异常情况处理，差错控制与恢复，信息格式设置等。

网络上两个相邻节点之间的通信，特别是通信双方的同步问题，是由一些规则或约束来支配的，这些规则或约定即数据链路层协议，又称数据链路控制规程或通信控制规程。数据链路层协议是建立在物理层基础上的，通过数据链路层协议和链路控制规程，在不太可靠的物理链路上实现可靠的数据传输。

一般来说，数据链路控制规程的基本功能包括以下部分。

（1）把用户（网络层）的数据组成帧，帧的开头和结尾都要有明确的标识。

（2）提供识别和寻址一个特别发送端或接收端的手段，该发送端或接收端可能是多点连接的设备中的一个。

（3）提供检测和纠错机制，以保证报文的完整性，还必须提供流量控制手段，使得发送端发送帧的速率不大于接收端接收帧的能力。

数据链路控制规程中涉及数据编码、同步方式、传输控制字符、报文格式、差错控制、应答方式、塔形方式和传输速率等内容，是计算机网络软件编码的基础。

数据链路层的物理地址寻址如图 1-3-11 所示，节点 1 的物理地址为 A，若节点 1 要给节点 4 发送数据，那么在数据帧的头部要包含节点 1 和节点 4 的物理地址，在帧的尾部还要有差错控制信息。

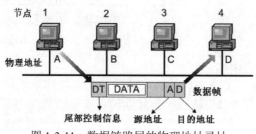

图 1-3-11　数据链路层的物理地址寻址

3.3.2　数据链路层的功能

数据链路层的主要功能包括帧同步、差错控制、流量控制、链路管理、寻址等。

1. 帧同步

在数据链路层，数据以帧为单位传送。当传输出现差错时，只需将有错误的帧进行重传即可，避免了将全部数据都重传一次。为此，数据链路层将比特流组合成帧传送。每个帧除了要传送的数据外，还包括检验码，以使接收端能发现传输中的差错。帧的组织结构必须使接收端能够明确地从物理层收到的比特流中区分帧的起始与终止，这是帧同步要解决的问题。

常用的帧同步方法如下。

（1）字符计数法。在帧头部用一个字符计数字段标明帧内字符数。接收端根据这个计数值确定该帧的结束位置和下一帧的开始位置。

（2）带字符填充的首尾界符法。在每一帧的开头使用 ASCⅡ字符 DLESTX，在帧末尾使用 ASCⅡ字符 DLEETX。但是，如果在帧的数据部分也出现了 DLESTX 或 DLEETX，则接收端会错误判断帧边界。为了不影响接收端对帧边界的正确判断，可以采用填充字符 DLE 的方法。如果发送端在帧的数据部分遇到 DLE，就在其前面再插入一个 DLE，从而使数据部分的 DLE 成对出现。若在接收端遇到两个连续的 DLE，则认为是数据部分，并删除一个 DLE。

（3）带位填充的首尾标志法。一次只填充一个比特 0 而不是一个字符 DLE。另外，带位填充的首尾标志法用一个特殊的位模式 01111110 作为帧的开始和结束标志，而不是分别用 DLESTX 和 DLEETX 作为帧的首标志和尾标志。

（4）物理层编码违例法。利用物理层信息编码中未用的电信号作为帧的边界。

2. 差错控制功能

出差错是指接收端收到的数据与发送端实际发出的数据出现不一致的现象。差错控制最常用的方法是检错重发。接收端通过对差错编码（如奇偶校验码）的检查，检测收到的帧在传输过程中是否发生差错，一旦发现差错，通知对方重新发送该帧。这要求接收端收完一帧后，向发送端反馈一个接收是否正确的信息，使发送端据此做出是否需要重新发送的决定。发送端仅当收到正确的反馈信号后，才能认为该帧已经正确发送完毕；否则需要重发，直至正确为止。

发送端在发送数据的同时启动计时器，若在限定时间间隔内未能收到接收端的反馈信息，即计时器超时，发送端认为该帧出错或丢失，需要重新发送。发送的每一个帧中包含一个序号，使接收端能够从该序号区分是新发送来的帧还是已经接收但又重发来的帧，以此确定是否将接收到的帧递交给网络层。数据链路层通过使用计时器和序号来保证每帧最终都能被正确地递交给网络层。

检错码本身不具备自动的错误纠正能力，通常采用反馈重发机制。当接收端检查出错误的帧时，首先将该帧丢弃，然后向发送端发送反馈信息，请求重发相应的帧。反馈重发又称自动请求重传（ARQ），一般有两种实现方法：停止等待方式和连续 ARQ 方式（参见 3.5.5 节）。

3. 流量控制功能

流量控制的作用是控制相邻两节点之间数据链路上的信息流量，使发送端发送数据的能力不大于接收端接收数据的能力，使接收端在接收前有足够的缓冲存储空间接收每一个字符或帧。流量控制的关键是需要有一种信息反馈机制，使发送端能了解接收端是否具备足够的接收及处理能力。

滑动窗口协议是一种采用滑动窗口机制进行流量控制的方法。滑动窗口协议在提供流量控制机制的同时，还可以同时实现帧的确认和差错控制。正是滑动窗口协议这种集帧确认、差错控制、流量控制融为一体的良好特性，使得该协议被广泛地应用于数据链路层中。

4. 链路管理功能

链路管理功能主要用于面向连接的服务。在链路两端的节点进行通信前，必须确认对方已处于就绪状态，并交换一些必要的信息对帧的序号初始化，然后才能建立连接。在传输过程中要维持该连接。如果出现差错，需要重新初始化，重新自动建立连接；传输完毕要释放连接。数据链路层连接的建立、维持和释放称作链路管理。

3.3.3　典型案例：高级数据链路控制协议

1. HDLC 的基本知识

数据链路层协议基本可以分为两类：面向字符型和面向比特型。最早出现的数据链路层协议是面向字符型的协议，其特点是利用已定义好的一种标准编码（如 ASCII 码、EBCDIC 码）的一个子集来执行通信控制功能。面向字符型协议规定链路上以字符为单位发送，链路上传送的控制信息也必须由若干指定的控制字符构成。缺点是通信线路利用率低、可靠性较差、不易扩展等。面向比特型协议具有更大的灵活性和更高的效率，逐渐成为数据链路层的主要协议。

高级数据链路控制（High-level Data Link Control，HDLC）是一种面向比特型的传输控制协议。HDLC 支持全双工通信，采用位填充的成帧技术，以滑动窗口协议进行流量控制，最大特点是数据不必是规定字符集，对任何一种比特流，均可以实现透明的传输。在链路上传输信息采用连续发送方式，发送一帧信息后，不用等待对方的应答即可发送下一帧，直到接收端发出请求重发某一信息帧时，才中断原来的发送。

为满足不同应用场合的需要，HDLC 定义了 3 种类型的站、2 种链路结构及 3 种数据响应模式。

（1）通信站类型。

1）主站：主要功能是发送命令帧和数据信息帧，接收响应帧，并负责控制链路的操作与运行。在多点链路中，主站负责管理与各个从站之间的链路。

2）从站：在主站的控制下进行工作，发送响应帧作为对主站命令帧的响应，配合主站参与差错恢复等链路控制。从站对链路无控制权，从站之间不能直接进行通信。

3）复合站：同时具有主站和从站的功能，既可以发送命令帧，也可以发送响应帧。

（2）链路结构。

1）不平衡链路结构：由一个主站与一个或多个从站构成，既可用于点对点链路，也可以用于多点链路，如图 1-3-12 所示。主站控制从站并实现链路管理。支持半双工或全双工通信。

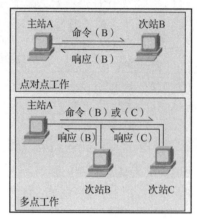

图 1-3-12　不平衡链路结构

2）平衡链路结构：有两种组成方法，一种是主、从站间配对通信；另一种是通信的每一方均为复合站，且两复合站具有同等能力，如图 1-3-13 所示。只适用于点到点链路，由两个复合站组成，支持半双工或全双工通信。

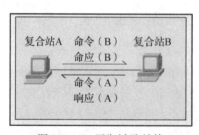

图 1-3-13　平衡链路结构

无论哪种链路结构，站点之间均以帧为单位传输数据或状态变化的信息，其方式具有"行为—应答"的特点。

（3）数据响应方式。

1）正常响应方式 NRM：用于不平衡链路结构。从站只有在得到主站允许后，才能向主站传送数据。

2）异步平衡方式 ABM：用于平衡链路结构。任何一个复合站不必事先得到对方许可，即可开始传输过程。

3）异步响应模式 ARM：用于不平衡链路结构。主站和从站可以随时相互传输数据帧。从站不需要等待主站允许即可发送数据帧。但是，主站仍然负责控制和链路管理。

2. HDLC 的帧格式

数据链路层的数据传输以帧为单位。帧的结构具有固定的格式，如图 1-3-14 所示。从网络层交下来的分组，变成数据链路层的数据，就是帧格式中的信息（data）字段。信息字段的长度没有具体规定。数据链路层在信息字段的头尾各加上 24 位的控制信息，构成一个完整的帧。HDLC 的功能集中体现在其帧格式中。

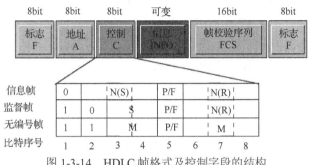

图 1-3-14 HDLC 帧格式及控制字段的结构

（1）标志字段 F（Flag）。为了解决帧同步的问题。HDLC 规定在一个帧的开头和结尾各放入一个特殊的标记，作为一个帧的边界，这个标记即标志字段 F。标志字段 F 由 8 位固定编码 "01111110" 组成，放在帧的开头和结尾处。F 可用作帧的同步和定时信号，当连续发送数据时，帧和帧之间可连续发送 F（帧间填充）。

为保证 F 编码不在数据中出现，采用 "0" 比特插入和删除技术。工作过程如下。

● 发送：发送端监测两个标志之间的比特序列，发现有 5 个连续的 "1" 时，在第 5 个 "1" 后自动插入一个 "0"，可保证除标志字段外，帧内不出现多于连续 5 个 "1" 的比特序列，且不会与标志字段相混。

● 接收：接收端检查比特序列，发现有连续 5 个 "1" 时，将其后的 "0" 比特删除，使之恢复原信息比特序列。

例如，信源发出二进制序列 0111111101 时，发送端自动在连续的第 5 个 "1" 后插入一个 "0"，使发送线路上的信息变为 01111101101。接收端将收到信息中第 5 个 "1" 后的 "0" 删除，即得到原信息 0111111101。

（2）地址字段 A（Address）。地址字段 A 由 8 位编码组成，指明从站的地址。对命令帧，指接收端（从站）地址；对响应帧，指发送该响应帧的站点地址。即主站把从站地址填入 A 字段中发送命令帧，从站把本站地址填在 A 字段中返回响应帧。

（3）控制字段 C（Control）。控制字段 C 由 8 位编码组成，用以进行链路的监视和控制，是 HDLC 协议的关键部分。控制字段 C 有 2 位表示帧的传输类型，标志 HDLC 的 3 种类型：信息帧（I 帧）、监控帧（S 帧）和无编号帧（U 帧）。

1）若第 1 位为 "0"，表示这是一个用于发送数据的信息帧（I 帧），用来传输用户数据。控制字段 C 中，N(S)为发送的帧号，N(R)为希望接收的帧序号。N(R)确定已正确接收 N(R)以前各信息帧，希望接收第 N(R)帧，具有应答含义。N(S)和 N(R)段均为 3 位，发送和接收的帧序号为 0～7。R/F 位为轮询/结束位，对主站，P= "1" 表示主站请求从站响应，从站可传输信息帧；对从站，F= "1" 表示是最后响应帧。

2）若第 1～2 位为 "10"，则表示这是一个用于协调双方通信状态的监控帧（S 帧），告知发送方发送帧后接收方接收情况及待接收的帧号。N(R)、P/F 的含义与 I 帧相同。第 3～4 位可组合成 4 种情况，对应 4 种不同类型的监控帧。

- 00——接收准备就绪（RR），功能是确认序号为 N(R)–1 及以前的各帧均已正确接收。
- 01——未准备好接收（RNR），确认序号为 N(R)–1 及其以前各帧，暂停接收下一帧。
- 10——拒绝接收（REJ），确认序号为 N(R)–1 及其以前各帧，N(R) 以后的各帧被否认。
- 11——选择拒绝（SREJ），确认序号为 N(R)-1 及其以前的各帧，只否认序号为 N(R) 的帧。

监控帧中不包含数据部分。

3）若第 1～2 位为"11"，表示这是一个用于数据链路控制的无编号帧（U 帧），本身不带编号，即无 N(S) 和 N(R)，其第 3、4、6、7、8 位用 M（Modifier）表示，M 的取值不同表示不同功能的无编号帧。无编号帧可用于建立连接和拆除连接。可以在任何需要时刻发出，不影响带序号的信息帧的交换顺序。无编号命令和响应有多种，在此从略。

（4）信息字段 I（Information）。信息字段用来填充要传输的数据、报表等信息。HDLC 协议对其长度无限制，实际上受各方面条件（如纠错能力、误码率、接口缓冲空间大小等）限制，我国一般取 1KB～2KB。

（5）帧校验序列 FCS（Frame Check Sequence）。采用 16 位的 CRC 校验，以进行差错控制。对每个标志字段之间的 A、C 和 I 字段内容进行校验。

3. HDLC 的数据传输过程

按照 HDLC 协议，两个站点使用交换线路的通信，可以分为 5 个阶段：建立连接、建立链路、数据传输、拆除链路、拆除连接。如果通信双方采用专线连接，则不需要建立连接和拆除连接。

例 1-3 以正常响应模式、半双工通信并假定采用专线连接为例，说明两站的数据传输过程。

将帧的信息按以下方法标识：帧类型，N(S)，N(R)，P/F。帧类型中，I 表示信息帧，RR 表示监控帧等。例如，一个为 I，1，0，P 的帧信息表示信息帧，N(S)=1，N(R)=0，轮询位 P=1。

（1）建立链路。确定发收关系，主站向从站发送命令帧（SNRM），请求建立正常响应链路。若从站同意，发 U_A 响应帧，并置接收站计数器 V(R)=0，准备接收信息；若从站不同意，不发 U_A 响应帧。主站接到 U_A 响应后，置发送站计数器 V(S)=0，准备发送信息帧。

（2）数据传输。主站发送信息帧，把发送计数器 V(S) 装入信息帧的 N(S) 段中，每发完一帧，V(S) 增 1。

（3）拆除链路。主站向从站发拆除链路命令帧（DISC），从站接收。若同意拆除，向主站发 U_A 响应帧；否则无响应。主站收到从站的 U_A 后，拆除数据链路。若在规定时间内未收到 U_A 响应帧，重发 DISC 帧。当超过规定重发次数后仍未收到 U_A 响应，则开始系统恢复操作。

目前，HDLC 协议的功能已固化在大规模集成电路中。用户只要了解协议功能和集成电路的使用方法，构成一个通信系统后，就可方便地实现计算机之间的通信。

3.3.4 典型案例：点对点协议

1. PPP 的基本知识

点到点协议（Point-to-Point Protocol，PPP）是一个工作于数据链路层的广域网协议，是 TCP/IP 网络中最重要的点到点数据链路层协议。

PPP 处于 TCP/IP 参考模型的第 2 层，是为同等单元之间传输数据包的简单链路设计的链路层协议，提供全双工操作，按照顺序传递数据包。主要用来在支持全双工的同步、异步链路上进行点到点之间的数据传输。PPP 适用于通过调制解调器、点到点专线、HDLC 比特串行线路和其他物理层的多协议帧机制，支持错误监测、选项商定、头部压缩等机制，在目前的网络中得到了普遍应用。例如，利用 Modem 拨号上网就是使用 PPP 实现主机与网络连接的典型例子。

无论是同步电路还是异步电路，PPP 都能够建立路由器之间或者主机到网络之间的连接，是目前主流的一种国际标准 WAN 封装协议，可支持的连接类型有同步串行连接、异步串行连接、ISDN 连接、高速串行接口（High-Speed Serial Interface，HSSI）连接等。

2．PPP 的组成

PPP 在物理上可使用各种不同的传输介质，包括双绞线、光纤及无线传输介质，在数据链路层提供一套解决链路建立、维护、拆除，和上层协议协商，认证等问题的方案；帧的封装格式采用一种 HDLC 的变化形式；对网络层协议的支持包括了多种不同的主流协议，如 IP 和 IPX 等。PPP 协议的结构如图 1-3-15 所示。

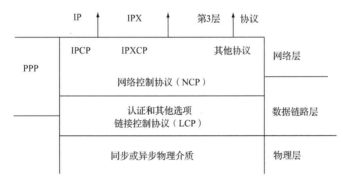

图 1-3-15　PPP 结构

PPP 主要由以下两类协议组成。

（1）链路控制协议族。链路控制协议族（Link Control Protocol，LCP）主要用于数据链路连接的建立、拆除和监控；主要完成 MTU（最大传输单元）、质量协议、验证协议、协议域压缩、地址和控制域协商等参数的协商。

（2）网络控制协议族。网络控制协议族（Network Control Protocol，NCP）主要用于协商在该链路上所传输的数据包的格式与类型，建立和配置不同网络层协议。

目前，NCP 有 IPCP 和 IPXCP 两种，IPCP 用于在 LCP 上运行 IP；IPXCP 用于在 LCP 上运行 IPX。IPCP 主要有以下两个功能。

1）协商 IP 地址：用于 PPP 通信的双方中的一端给另一端分配 IP 地址。

2）协商 IP 压缩协议：是否采用 VAN Jacobson 压缩协议。

此外，PPP 协议还提供用于安全方面的验证协议族［两次握手验证协议（Password Authentication Protocol，PAP）和三次握手验证协议（Challenge Handshake Authentication Protocol，CHAP）］。

3．PPP 的帧格式

为了通过点对点的 PPP 链路进行通信，每个端点首先要发送 LCP 数据帧，以配置和测试

PPP 数据链路。当 PPP 链路建立起来后，每个端节点发送 NCP 数据帧，以选择和配置网络层协议。当网络层协议配置完成后，网络层的数据包就可以通过 PPP 数据帧传输。

根据 PPP 协议的帧中包含的信息、格式和目的，PPP 协议的帧可以分为 3 种类型：PPP 信息帧、PPP 链路控制 LCP 帧和 PPP 网络控制 NCP 帧。

PPP 信息帧的帧格式如图 1-3-16 所示。PPP 帧格式与 HDLC 帧格式类似，由帧头、信息字段与帧尾 3 部分组成。PPP 信息帧的数据字段长度可变，包含着要传送的数据，其开始部分可以是网络层的报头。

标志字段 （01111110） 1B	地址字段 （11111111） 1B	控制字段 （00000011） 1B	协议字段 2B	信息字段 ≤1500B	帧校验序列 （FCS） 2B	标志字段 （01111110） 1B

图 1-3-16　PPP 信息帧的格式

（1）PPP 信息帧头部包括以下 4 部分。

1）标志（flag）字段：长度为 1 字节，用于比特流的同步，采用 HDLC 表示方法，其值为二进制数 01111110。

2）地址（address）字段：长度为 1 字节，其值始终为二进制数 11111111，表示网络中所有节点都能够接收帧。

3）控制（control）字段：长度为 1 字节，取值为二进制数 00000011。

4）协议（protocol）字段：长度为 2 字节，标识网络层协议数据域的类型。常用的网络层协议类型主要有：TCP/IP（0021H）、OSI（0023H）、DEC（0027H）、Novell（002BH）、Multilink（003DH）。

（2）PPP 信息帧尾部包括以下 2 部分。

1）帧校验字段（FCS）字段：长度为 2 个字节，用于保证数据的完整性。

2）标志（flag）字段：长度为 1 字节，其值为二进制数 01111110。采用 HDLC 表示方法，用于表示一个帧的结束。

4．PPP 链路控制帧

（1）计算机通过 PPP 协议连接到 Internet 需要经过以下 3 步。

1）计算机通过调制解调器拨号呼叫互联网服务提供商（Internet Service Provider，ISP）的路由器。

2）路由器端的调制解调器回答呼叫后，建立物理连接。

3）计算机向路由器发送链路控制帧，用来指定 PPP 协议的数据链路选项。

（2）PPP 协议的数据链路选项主要包括以下几项。

1）链路控制帧可以用来与对方进行协商（异步链路中将什么字符当作转义字符）。

2）为提高线路的利用率，链路控制帧可以用来与对方进行协商（是否可以不传输标志字段或地址字段，并且将协议字段从 2 字节缩短为 1 字节）。

3）在线路建立期间，如果收、发双方不使用链路控制协商，固定的数据字段长度为 1500B。

PPP 帧的协议字段值为 C021H 表示链路控制帧。PPP 链路控制帧的格式如图 1-3-17 所示。在 PPP 链路传输的数据中出现与标志字段相同的值时，也需要进行同样的转义处理。

标志字段 （01111110） 1B	地址字段 （11111111） 1B	控制字段 （00000011） 1B	协议字段 （C021H） 2B	链路控制 数据 ≤1500B	帧校验序 列（FCS） 2B	标志字段 （01111110） 1B

图 1-3-17　PPP 链路控制帧的格式

5. PPP 网络控制帧

PPP 帧的协议字段值为 8021H 表示网络控制帧，如图 1-3-18 所示。网络控制帧可以用来协商是否采用报头压缩 CSLIP 协议，也可用来动态协商确定链路每端的 IP 地址。

标志字段 （01111110） 1B	地址字段 （11111111） 1B	控制字段 （00000011） 1B	协议字段 （8021H） 2B	网络控制 数据 ≤1500B	帧校验序 列（FCS） 2B	标志字段 （01111110） 1B

图 1-3-18　PPP 网络控制帧的格式

计算机通过 TCP/IP 协议访问 Internet 需要一个 IP 地址。ISP 可以在用户登录时动态给这台计算机分配一个临时的 IP 地址。网络控制帧可以配置网络层，并获取一个临时 IP 地址。当用户要结束本次访问时，网络控制帧断开网络连接并释放 IP 地址，然后使用链路控制帧断开数据链路连接。

 习题

一、名词解释

实体、同等层实体、服务、接口、服务访问点（SAP）。

二、填空题

1. OSI 参考模型将网络分为 7 层，由下而上分别是：_____、_____、_____、_____、_____、_____、_____。

2. TCP/IP 协议只有 4 层，由下而上分别为_____、_____、_____、_____。

3. 在 TCP/IP 协议中，网络层的主要协议有_____、_____、_____和_____。

4. 在 TCP/IP 协议中，传输层的主要协议有_____和_____。

5. 在 TCP/IP 协议中，常见的应用层协议有_____、_____、_____和_____。

6. 数据链路层的主要功能包括_____、_____、_____、_____等。

7. 常用的帧同步方法有_____、_____、_____、_____ 4 种。

8. HDLC 有 3 种类型帧：_____、_____和_____。

三、简答题

1. 网络协议的三要素是什么，各有什么含义？

2. 面向连接和无连接服务有何区别？

3. 简述 OSI 模型各层的功能。

4. 简述数据发送端封装和接收端解封装的过程。

5. 简述同一台计算机之间相邻层如何通信。

6. 简述不同计算机上同等层之间如何通信。

7. 在 TCP/IP 协议中，各层有哪些主要协议？

8. 简述 TCP/IP 模型中数据封装的过程。

9. 简述物理层在 OSI 模型中的地位和作用。

10. 物理层协议包括哪些方面的内容，为什么要做出这些规定？

11. 请比较中继器和集线器作为物理层网络互连设备的异同。

12. 数据链路层的主要功能是什么？

13. 简述 HDLC 帧各字段的意义。HDLC 帧可分为哪几个大类？简述各类帧的作用。

14. 什么是 PPP 协议？有哪些特性？支持哪些连接类型？

第二篇
网络项目实施

项目 1 　组建常见的局域网

＋　学习目标

- 熟悉双绞线的特点及其应用范围。
- 掌握利用交换机组建对等网的基本特性。
- 掌握利用交换机组建局域网的基本配置命令。
- 熟悉数据交换和资源共享的目的。
- 掌握子网划分中 IP 地址计算的基本方法。

＋　项目描述

局域网是 Internet 的重要组成部分，是当今计算机网络技术应用与发展非常活跃的一个领域。政府部门、企业、公司、高校以及各种园区的计算机都可以通过通信线路及通信设备连接起来组成局域网，以达到资源共享和信息传递的目的。随着云计算、大数据、人工智能等技术的不断涌现，网络互连的需求仍持续增加，因此，理解和掌握局域网技术就显得非常重要。

本项目围绕计算机网络的资源传递和数据共享的特性，通过常用的线缆将计算机和各种网络设备连接起来，组建常见的局域网。利用双绞线制作直通线和交叉线，使用网线组建常见的局域网，同时熟悉对等网的特性，利用配置交换机组建局域网，明确子网划分的方法，合理进行 IP 地址的规划。

任务 1 　制作双绞线

一、任务背景描述

假设用户有两台计算机，一台是台式计算机，另一台为笔记本电脑，经常需要在两台计算机之间传输和共享文件。利用制作网线的基本工具和现成材料，可以制作双绞线实现设备互连。

二、相关知识

网络传输介质分为有线和无线两类。常用的有线传输介质包括同轴电缆、双绞线、光纤。同轴电缆和双绞线传输的是电信号，光纤传输的是光信号。无线传输介质通常包括红外线、微波、蓝牙和无线电波。

下面对常见的网络传输介质做一些介绍。

1. 同轴电缆

同轴电缆（coaxial cable）由 4 层介质组成。最内层的中心导体层是铜，导体层的外层是绝缘层，再向外一层是起屏蔽作用的导体网，最外一层是表面的保护皮。同轴电缆所受的干扰较小，传输的速率较快（可达到 10Mbit/s），但布线技术要求较高，成本较高。

目前，网络连接中最常用的同轴电缆有细同轴电缆和粗同轴电缆两种。细同轴电缆主要用于 10Base-2 网络中，阻抗为 50Ω，直径为 0.26cm，使用 BNC 接头，最大传输距离为 185m。粗同轴电缆主要用于 10Base-5 网络中，阻抗为 75Ω，电缆直径为 1.27cm，使用 AUI 接头，最大传输距离为 500m。

2. 双绞线

双绞线（twisted pair）由一对互相绝缘的金属导线组成。这两根绝缘的铜导线按一定密度互相绞在一起，可以降低信号干扰的程度，每一根导线在传输中辐射的电波会被另一根导线上发出的电波抵消，"双绞线"的名字也是由此而来的。双绞线一般由两根 22～26 号绝缘铜导线相互缠绕而成，实际使用时，双绞线是由多对双绞线一起包在一个绝缘电缆套管里的。典型的双绞线有 4 对，或更多对双绞线放在一个电缆套管里，称为双绞线电缆。在双绞线电缆（又称双扭线电缆）内，不同线对具有不同的扭绞长度，一般地说，扭绞长度在 38.1mm 至 14mm 之间，按逆时针方向扭绞。相邻线对的扭绞长度在 12.7mm 以上，一般扭线越密其抗干扰能力就越强。与其他传输介质相比，双绞线在传输距离、信道宽度和数据传输速度等方面均受到一定限制。双绞线可分为屏蔽双绞线（Shielded Twisted Pair，STP）和非屏蔽双绞线（Unshielded Twisted Pair，UTP）。STP 的双绞线内有一层金属隔离膜，在数据传输时可减少电磁干扰，稳定性较高。UTP 内没有这层金属膜，稳定性和抗干扰性较差，其优势是价格便宜，具有独立性和灵活性，适用于结构化综合布线。目前常用的双绞线电缆如图 2-1-1 所示。

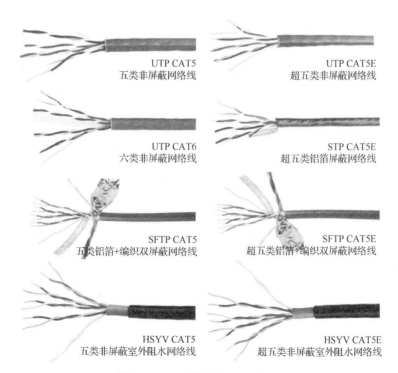

图 2-1-1　目前常用的双绞线电缆

目前组建局域网中常用的双绞线有五类线和超五类线、六类线和超六类线，以及七类线。各类型说明如下。

（1）五类线：该类电缆增加了绕线密度，外套一种高质量的绝缘材料，传输频率为100MHz，可用于语音传输和最高传输速率为 100Mbit/s 的数据传输，主要用于 100Base-T 和10Base-T 网络。这是最常用的以太网电缆。

（2）超五类线：超五类线衰减小，串扰少，并且具有更高的衰减与串扰的比值（ACR）和信噪比（structural return loss）、更小的时延误差，性能得到很大提高。超五类线的最大传输速率为 250Mbit/s。

（3）六类线：该类电缆的传输频率为 1～250MHz，六类布线系统在 200MHz 时综合衰减串扰比（PS-ACR）应该有较大的余量，它提供 2 倍于超五类的带宽。六类布线的传输性能远远高于超五类标准，最适用于传输速率高于 1Gbit/s 的应用。六类与超五类的一个重要的不同点在于：六类改善了在串扰以及回波损耗方面的性能，对于新一代全双工的高速网络应用而言，优良的回波损耗性能是极其重要的。六类标准中取消了基本链路模型，布线标准采用星形的拓扑结构，要求的布线距离为：永久链路的长度不能超过 90m，信道长度不能超过 100m。

（4）超六类线：超六类线是六类线的改进版，同样是 ANSI/EIA/TIA-568B.2 和 ISO 6 类/E 级标准中规定的一种非屏蔽双绞线电缆，主要应用于千兆位网络中。传输频率为 200～250MHz，最大传输速度可达到 1000Mbit/s，但是在串扰、衰减和信噪比等方面有较大改善。

（5）七类线：七类线是 ISO 7 类/F 级标准中最新的一种双绞线，主要适用于 10Gbit/s 以太网技术的应用和发展，是一种屏蔽双绞线，传输频率可达 500 MHz，是六类线和超六类线最高传输频率的 2 倍以上，传输速率可达 10 Gbit/s。

3．光纤

光纤（optical fiber）的全称为光导纤维，是一种能够传输光束、细而柔软的通信媒体，是由石英玻璃拉成细丝，由纤芯、包层和涂覆层构成的双层通信圆柱体。一根或多根光纤组合在一起形成光缆。光纤通信是以光波为载频，以光纤为传输介质的一种通信方式。

光线从高折射率的介质射向低折射率的介质时，折射角将大于入射角。只要射入光线的入射角大于某一临界角度，即可产生全反射。纤芯中，当光线碰到包层时，折射角大于入射角，不断重复，使光沿着光纤传输。

光纤由纤芯、包层和涂覆层 3 部分组成。最里面的是纤芯，用来传导光波；包层将纤芯包裹起来，使纤芯与外界隔离，以防止与其他相邻的光纤相互干扰。纤芯和包层的成分都是玻璃，纤芯的折射率高，包层的折射率低，可以把光封闭在光纤内不断反射传输。

包层的外面涂覆一层很薄的涂覆层，涂敷材料为硅酮树脂或聚氨甲酸乙酯。涂覆层可以保护光纤的机械强度，由一层或几层聚合物构成，在光纤受到外界震动时保护光纤的化学性能和物理性能，同时隔离外界水气的侵蚀。涂敷层有外面套塑（或称二次涂敷），套塑的原料大都为尼龙、聚乙烯或聚丙烯等塑料，提供附加保护。

为保护光纤的机械强度和刚性，通常包含有一个或几个加强元件（如芳纶砂、钢丝和纤维玻璃棒等）。当光纤被牵引时，加强元件使光纤有一定的抗拉强度，同时对光纤有一定的支持和保护作用。

光纤护套是光纤的外围部件，是非金属元件，其作用是将其他的光纤部件加固在一起，保护光纤和其他光纤部件免受损害。

光纤可分为单模光纤（single mode）和多模光纤（multipie mode）两种。

● 单模光纤：光纤的直径减小到只能传输一种模式的光波，光纤像一个波导，使光线一直向前传播，不会有多次反射。传输频带宽，传输容量大，适用于大容量、长距离的光纤通信，常用于建筑物之间布线。单模光纤色散、效率及传输距离等优于多模光纤。

● 多模光纤：许多条不同角度入射的光线在一条光纤中传输。传输性能较差，带宽较窄，传输容量较小，常用于建筑物内干线子系统、水平子系统或建筑物之间布线。

常见的光纤类型如图 2-1-2 所示。

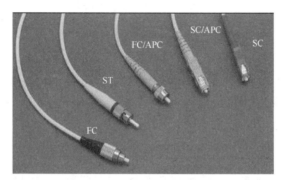

图 2-1-2　常见的光纤类型

4. 无线传输介质

无线传输的介质有无线电波、红外线、微波、卫星和激光。在局域网中，通常只使用无线电波和红外线作为传输介质。无线传输介质通常用于广域互联网的广域链路的连接。无线传输的优点在于安装、移动以及变更都较容易，不会受到环境的限制，但信号在传输过程中容易受到干扰和被窃取，且初期的安装费用较高。

三、任务实施

（一）任务分析

1. 双绞线和水晶头的接线标准

双绞线由 8 根不同颜色的铜芯线分成 4 对绞合在一起。要使用双绞线把设备连接起来，应通过 RJ-45 插头（俗称"水晶头"）插入网卡或交换机等设备的网口中。RJ-45 水晶头共有 8 个脚位（或称针脚），分别用于连接双绞线内部的 8 条线，从水晶头的正面（金属针脚朝上而塑料卡簧在下）来看，最左边的针脚编号为 1，最右边的针脚编号为 8，如图 2-1-3 所示。

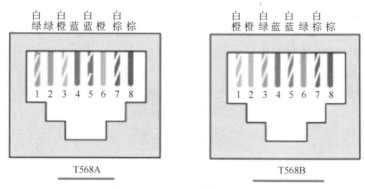

图 2-1-3　水晶头针脚编号

双绞线与水晶头的接线标准有两个：T568A 和 T568B。这两个标准的线序定义见表 2-1-1。从表中可以看出，这两种标准的差别仅在于将 1 与 3、2 与 6 芯线顺序互相对调。

表 2-1-1 双绞线的接线标准

接线标准	1	2	3	4	5	6	7	8
T568A	白绿	绿	白橙	蓝	白蓝	橙	白棕	棕
T568B	白橙	橙	白绿	蓝	白蓝	绿	白棕	棕

2. 直通线和交叉线

双绞线的两端都采用同一种标准，即同时采用 T568A 或 T568B 标准（大多数时候采用线序 T568B），称为直通线（或直连线），如图 2-1-4 所示。若一端采用 T568A 标准，另一端采用 T568B，则称为交叉线，如图 2-1-5 所示。

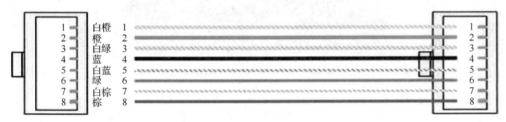

图 2-1-4 直通线（或直连线）

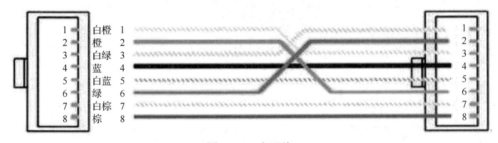

图 2-1-5 交叉线

（二）实验材料和实验工具

实验材料：两条五类或超五类 UTP 双绞线、4 个 RJ-45 水晶头。

实验工具：网线压线钳、电缆测试仪。

（1）网线压线钳：制作双绞线的主要工具，具有剥线、剪线和压制水晶头的作用。压线钳的前端是压线槽，用于压制水晶头；后端是切线口，用来剥线及切线，如图 2-1-6 所示。

图 2-1-6 网线压线钳

2）电缆测试仪：专门用来对网线进行连通性测试的工具，可以对制作好的网线进行线序

测试、交叉测试。测试仪分为主测试端和远程测试端，每端各有 8 个 LED 灯及至少一个 R-45
接口，如图 2-1-7 所示。

图 2-1-7 电缆测试仪

（三）实施步骤

（1）剥线。用双绞线网线钳把双绞线的一端剪齐，然后把剪齐的一端插入到网线钳用于
剥线的缺口中。顶住网线钳后面的挡位以后，稍微握紧网线钳慢慢旋转一圈，让刀口划开双绞
线的保护胶皮并剥除外皮，如图 2-1-8 所示。

图 2-1-8 剥线

（2）理线、剪线。剥除外包皮后会看到双绞线的 4 对芯线，用户可以看到每对芯线的颜
色各不相同。将绞在一起的芯线分开，按照白橙、橙、白绿、蓝、白蓝、绿、白棕、棕的颜色
一字排列，并用网线钳将线的顶端剪齐，如图 2-1-9 所示。

图 2-1-9 理线、剪线

（3）插线。使 RJ-45 插头的弹簧卡朝下，然后将正确排列的双绞线插入 RJ-45 插头中。
在插的时候一定要将各条芯线都插到底部，如图 2-1-10 所示。

（4）压线。将插入双绞线的 RJ-45 插头插入网线钳的压线插槽中，用力压下网线钳的手
柄，使 RJ-45 插头的针脚都能接触到双绞线的芯线，将 RJ-45 插头插入压线插槽，如图 2-1-11
所示。

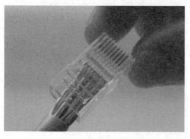

图 2-1-10　插线

图 2-1-11　压线

（5）测试。做好线后，建议用网线测试仪对网线进行测试。将双绞线的两端分别插入网线测试仪的 RJ-45 接口，并接通测试仪电源。如果测试仪上的 8 个绿色指示灯都顺利闪过，说明制作成功，如图 2-1-12 所示。完成双绞线一端的制作工作后，按照直通线或交叉线的方法制作另一端即可。

图 2-1-12　测试

任务 2　使用华为交换机组建对等网

一、任务背景描述

假设你是某小型公司的网络管理员，公司人均拥有台式计算机或笔记本电脑，你希望将所有同事的计算机连接起来组成一个局域网，以便彼此可以共享资源、互相传输文件或聊天交流等。为达此目的，你首先需要选购相关硬件设备，并将这些计算机连接到同一网络中。

二、相关知识

（一）局域网概述

1. 局域网的概念

局域网（Local Area Network，LAN）是指在一个较小范围内通过网络设备将多台计算机连接起来组成的系统。局域网内，在相关软件的支持下，可以实现数据通信和资源共享，如文件管理、软件共享、打印机共享、日程安排与工作通知、电子邮件和通信服务等。局域网一般是由某个单位或部门自行管理的网络，既可以由办公室内的两台计算机组成，也可以由一个企业的几千台计算机组成。

2. 局域网的特点

局域网通常由一个单位或组织建设和拥有，主要特点如下。

（1）地理分布范围较小（一般为几十米至数千米），只在一个相对独立的局部范围内联网，如一幢大楼、一所学校或一家企业。

（2）铺设专门的传输介质进行连接，信号传输距离相对较短、数据传输速率高且误码率低。

（3）通信延迟时间短，传输质量好，可靠性较高。

（4）可以支持多种传输介质，如同轴电缆、双绞线、光纤和无线电波等。

（5）与广域网相比，局域网管理方便、结构灵活，建网成本低、周期短，便于扩展。

3. 局域网与 OSI 参考模型

局域网技术主要对应 OSI 参考模型的物理层和数据链路层，也就是 TCP/IP 模型的网络接口层。

（1）局域网的物理层。根据 ISO 的 OSI 参考模型，物理层规定了两个设备之间的物理接口，以及该接口的电气特性、功能特性、规程特性、机械特性等，局域网的物理层与此类似，主要功能是提供一种物理层面的标准，各个厂家只要按照这个标准生产网络设备就可，即可以互通。

（2）局域网数据链路层的分层结构。局域网的物理层和数据链路层是相关的。针对不同的物理层介质，需要提供特定的数据链路层来访问，导致了数据链路层和物理层有很大的相关性，给设计和应用带来了不便。为了避免这种不便，IEEE 将局域网的数据链路层再分为两个子层：逻辑键路控制子层（Logical Link Control，LLC）和媒体访问控制子层（Medium Access Control，MAC）。

子层的划分将硬件与软件实现有效的分离。一方面，硬件制造商可以设计制造各种各样的网络接口卡（网卡），以支持不同的局域网；另一方面，可以提供接口相同的驱动程序以方便应用程序使用这些网络接口卡。软件设计商无须考虑具体的局域网技术，只需调用标准的驱动接口即可。

1）LLC 子层：位于 MAC 子层之上（靠近网络层），它实现数据链路层与硬件无关的功能，例如流量控制、差错恢复等。LLC 的主要功能之一是识别网络层协议，然后对它们进行封装。

2）MAC 子层：靠近物理层，它定义了数据包怎样在介质上进行传输，它是与物理层相关的，即使用不同访问控制技术和不同传输介质的物理层，由不同的 MAC 子层进行访问。例如工作在半双工模式的双绞线，相应的 MAC 子层为半双工 MAC，如果物理层是令牌环，则由令牌环 MAC 进行访问。MAC 子层的存在屏蔽了不同物理链路种类的差异性。

4. 局域网的分类

局域网的分类有多种方式，一般可按拓扑结构、传输介质、介质访问控制方式、信息交换方式等进行分类。

（1）按拓扑结构分类：可分为总线型局域网、环形局域网、星形局域网和混合型局域网等类型，其中星形网络是当前局域网最常用的一种结构。

（2）按传输介质分类：可分为有线局域网和无线局城网。有线局域网常用的传输介质有同轴电缆、双绞线、光纤等，其中双绞线是目前局域网最常用的有线传输介质。无线局域网的传输介质有微波、红外线、蓝牙与无线电波等，当前蓬勃发展的 WLAN（无线局域网）主要采用无线电波。

（3）按介质访问控制方式分类：可分为以太网（ethernet）、光纤分布式数据接口（FDDI）、异步传输模式（ATM）、令牌环网（token ring），其中应用最广泛的当数以太网。

（4）按信息的交换方式分类：可分为共享式局域网、交换式局域网。共享式局域网以集线器（hub）为中心，数据以广播方式在网络内传播，各节点共享公用的传输介质；交换式局域网的核心设备是交换机，交换机上的每个节点独占传输通道，不存在冲突问题，而且它的多个端口之间可以建立多个并发连接，大大提高了数据传输速度。

5. 局域网的组网模式

（1）对等网模式。对等网模式也称为工作组模式，是最简单的组网模式。在对等网络中，计算机数量较少，网络中没有专门的服务器，计算机之间地位平等，无主从之分，每台计算机既可以作为服务器也可以作为客户机。对等网一般适用于家庭和小型办公室等对安全性要求不高的环境。

对等网络有以下特点。

1）对等网络中的计算机数量比较少，也不需要专门的服务器来做网络支持，因而结构简单、组网成本低，网络配置和管理维护简单。

2）对等网络分布范围比较小，通常在一间办公室或一个家庭内。

3）对等网络的资源管理分散，每台计算机自行管理自身的用户和资源，因此网络性能较低，数据保密性差，安全性不高。

（2）客户端/服务器模式（C/S 模式）。客户端服务器（Client/ Server）模式，简称 C/S 模式。在这种模式中，客户端和服务器都是独立的计算机，但各计算机有明确的分工，少数计算机作为专门的服务器负责提供和管理网络中的各种资源，其他计算机则作为客户端来访问服务器提供的资源。服务器作为网络的核心，一般使用高性能的计算机并安装网络操作系统，而客户端从服务器上获得所需要的网络资源。

在 C/S 模式中，数据或资源集中存放在服务器上，服务器可以更好地进行访问控制和资源管理，以保证只有那些具有适当权限的用户可以访问数据和资源，因而提高了网络的安全性；同时因为服务器性能强大，可同时向多个客户端提供服务，故网络性能较好、访问效率更高。C/S 模式一般适用于大中型网络。

（二）以太网技术

在众多的局域网技术中，以太网（ethernet）技术由于其开放、简单、易于实现、便于部署等特性，被广泛使用，迅速成为局域网中占据统治地位的技术，以至于现在人们将"以太网"当作了"局域网"的代名词。

目前，以太网技术已经形成了一系列标准，从早期 10Mbit/s 的标准以太网、100Mbit/s 的快速以太网、1Gbit/s 以太网，一直到 10Gbit/s 以太网，其技术不断发展，成为局域网的主流技术。

1. 标准以太网

标准以太网最初使用同轴电缆作为传输介质，后来发展到使用双绞线以及光纤等。由于同轴电缆造价较高，且安装维护不便，已逐渐退出历史舞台。当今的以太网技术使用的主要传输介质为双绞线和光纤。

标准以太网的主要标准有 10Base-2、10Base-5、10Base-T 和 10Base-F，分别采用细同轴电缆、粗同轴电缆、双绞线和光纤作为传输介质。这些标准中前面的数字"10"表示传输速率，单位是"Mbit/s"；中间的"Base"指信号是基带传输，即电缆中传输的是数字信号；最后的数字表示单网段的最大传输距离，如 5 代表 500m，2 代表 200m；字母"T""F"则表示传输介质分别为双绞线和光纤。

10Base-2（IEEE 802.3a）：使用直径为 0.26cm、阻抗为 50Ω 的细同轴电缆作为传输介质，单网段的最大传输距离为 185m（接近于 200m，故表示为 10Base-2），拓扑结构为总线型。

10Base-5（IEEE 802.3）：使用直径为 1.27cm、阻抗为 75Ω 的粗同轴电缆作为传输介质，单网段的最大传输距离为 500m，拓扑结构为总线型。

10Base-T（IEEE 802.3i）：使用双绞线作为传输介质，单网段的最大传输距离为 100m，拓扑结构为星形，使用三类或五类非屏蔽双绞线。

10Base-F（IEEE 802.3j）：使用光纤作为传输介质。

2. 快速以太网

快速以太网仍然沿用标准以太网的机制，在双绞线或光纤上进行数据传输，但是采用了更高的传输时钟频率，可以以更快的速率传输数据。快速以太网由 IEEE 802.3u 标准所定义，它包含多种标准，最常见的是 100Base-TX 和 100Base-FX。

100Base-TX：使用 2 对五类非屏蔽双绞线（UTP）和 RJ-45 接头，拓扑结构为星形结构，单网段的最大传输距离为 100m，支持全双工和半双工模式。

100Base-FX：使用 2 对多模光纤，最大传输距离可达 2000m，支持全双工和半双工模式。

3. 吉比特以太网

吉比特以太网由 IEEE 802.32 标准所定义，支持全双工和半双工工作模式，在半双工状态下仍然使用 CSMA/CD 处理冲突，它将以太网速率提升至 1Gbit/s。吉比特以太网的主要标准包括 100Base-SX、1000Base-LX 和 1000Base-T。

1000Base-SX：适用于波长为 850nm（短波）的多模光纤。直径为 50m 的多模光纤单网段最大传输距离为 550m，直径为 62.5μm 的多模光纤单网段最大传输距离为 275m。

1000Base-LX：适用于波长为 1310nm（长波）的多模或单模光纤。采用直径为 50μm 或 62.5μm 的多模光纤单网段最大传输距离可达 550m，采用直径为 10μm 的单模光纤单网段最大传输距离为 5000m。

1000Base-T：使用 4 对五类非屏蔽双绞线（UTP），单网段最大传输距离为 100m。

4. 10 吉比特以太网

10 吉比特以太网在吉比特以太网的基础上有了进一步的升级，其传输速率提高了 10 倍，且只支持全双工工作模式。同时，为了能够在现有的传输网络中得到很好应用，其兼容设计了多种物理层实体，从而扩大了应用范围。

10 吉比特以太网由 IEEE 802.3ae 标准定义，其标准主要包括 10 GBase-X、10 GBase-R 和 10GBase-W 3 种类型。10 吉比特以太网标准不仅将以太网的带宽提高到 10Gbit/s（在使用 10 吉比特以太网信道的情况下可以达到 40Gbit/s 甚至更高的速率），同时也将传输距离提高到数十千米甚至上百千米。

（三）常见网络设备

1. 调制解调器

调制解调器（modem）是调制器（modulator）与解调器（demodulator）的合称。调制解调器可以完成数字信号和模拟信号之间的转换，以实现计算机之间通过电话线路传输数据信号。"调制"就是在发送端把数字信号转换成电话线上传输的模拟信号，而"解调"则是在接收端把模拟信号转换成数字信号。ADSL 调制解调器如图 2-1-13 所示。

2. 交换机

交换机（switch）是一个多端口设备，每个端口可以连接终端设备和其他多端口设备。与集线器不一样，交换机内部不是一条共享总线，而是一个数字交叉网络。该数字交叉网络能把各个终端进行暂时的连接，互相独立地传输数据，而且交换机还为每个端口设置了缓冲区，可以暂时缓存终端发送过来的数据，等资源空闲之后再进行交换。交换机的出现使以太网技术由原来的共享结构转变为了独占带宽结构，大大提高了数据传输的效率。

交换机工作在 OSI 参考模型的第 2 层（数据链路层），是一种基于 MAC 地址识别，能完成封装与转发数据帧功能的网络设备。交换机的中央处理器（Central Processing Unit，CPU）会在每个端口成功连接时，通过将 MAC 地址和端口对应，在内部自动生成一张 MAC 地址表（MAC 地址和端口之间的对应表），进行数据通信时，通过在发送端和接收端之间建立临时的交换路径，将数据帧直接由源地址发送到目的地址。交换机外观如图 2-1-14 所示。

图 2-1-13　ADSL 调制解调器

图 2-1-14　交换机

3. 路由器

路由器（router）又称网关（gateway），工作在 OSI 参考模型的第 3 层（网络层），其主要功能是路径选择（路由），即为经过路由器的数据包寻找一条最佳的传输路径，并转发出去。路由器和交换机的主要区别在于交换机属于数据链路层设备，在同一网段内转发数据；而路由器属于网络层设备，在不同网段之间转发数据。路由器一般都有多种网络接口，包括局域网接口和广域网接口，其外观如图 2-1-15 所示。

图 2-1-15　路由器

（四）IP 地址

1. IP 地址的结构

在 Internet 上，连接互联网的每一台主机都需要有一个全球唯一的标识符，这个标识符就是 IP 地址。IP 地址是一种在 Internet 上给主机编址的方式，它由 32 位二进制数（4 字节）组成。为提高 IP 地址的可读性，32 位二进制数被分割为 4 段，每段 8 位二进制数，段与段之间用点号隔开，再把每段的二进制数转化成十进制数，写成 a.b.c.d 的形式（a、b、c、d 均介于 0～255），这就是通常所说的"点分十进制"表示法，如图 2-1-16 所示。

32 位二进制数	10101100 00010000 01111010 11001100
分成 4 段	10101100.00010000.01111010.11001100
转换成十进制	172 . 16 . 122 . 204

图 2-1-16　IP 地址的点分十进制表示法

为了便于寻址以及层次化构造网络，IP 地址被分成网络 ID（网络位）和主机 ID（主机位）两部分，其中网络位占据 IP 地址的高位，主机位占据低位，同一网络（段）中的所有主机的网络 ID 相同，但主机 ID 不应相同。图 2-1-17 所示是一个例子。

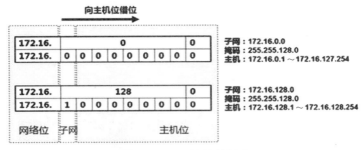

图 2-1-17　IP 地址的组成

2. IP 地址的分类

最初设计互联网络时，为了便于寻址以及层次化构造网络，每个 IP 地址包括两个标识码（ID），即网络 ID 和主机 ID。同一个物理网络上的所有主机都使用同一个网络 ID，网络上的一个主机（包括网络上的工作站、服务器和路由器等）有一个主机 ID 与其对应。Internet 委员会定义了 5 种 IP 地址类型，以适合不同容量的网络，即 A 类～E 类。各类 IP 地址的分类如图 2-1-18 所示。

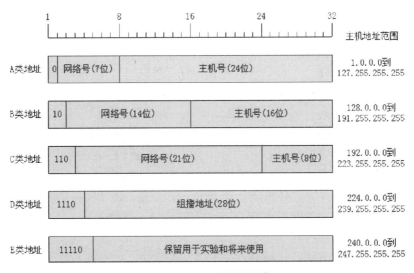

图 2-1-18　IP 地址的分类

3．私有 IP 地址

可以直接在 Internet 上使用的 IP 地址称为公有 IP 地址，公有 IP 地址全球唯一，由 Internet 的因特网信息中心（Network Information Center，NIC）负责分配，必须向该机构注册申请方可使用公有 IP。除此之外，在局域网中还有一类 IP 地址无须注册申请即可使用，这就是私有 IP 地址。私有 IP 地址可被任何组织机构随意使用，但只能用于局域网内部计算机之间的通信，不能够通过其访问 Internet。A、B、C 三类 IP 地址中各保留了一个地址段作为私有地址，其地址范围如下。

A 类：10.0.0.0～10.255.255.255

B 类：172.16.0.0～172.31.255.255

C 类：192.168.0.0～192.168.255.255

4．特殊 IP 地址

（1）网络地址。网络位数据不变，主机所在位全为"0"的 IP 地址称为网络地址（或网络号），用来代表网络本身。网络地址不能分配给主机使用。如对 B 类 IP 地址 172.20.203.123 而言，网络位和主机位各占 16 位，其网络地址为 172.20.0.0。我们常说的两个 IP 地址在或不在同一网段（网络），就是指这两个 IP 地址所在的网络号是否相同。

（2）广播地址。网络位数据不变，主机所在位全为"1"的 IP 地址称为广播地址（或称广播号），它用来代表某一网络中的所有主机。广播地址也不能分配给主机使用。例如，对 C 类 IP 地址 192.202.200.1 而言，网络位占 24 位，主机位占 8 位，其广播地址为 192.202.200.25。

（3）环回地址。以 127 开头的 IP 地址（常见的是 1270.0.1）称为环回地址，用来代表本机，一般用来测试本机的网络协议或网络服务是否配置正确。127.0.0.1 也可以用字符"localhost"来代替。

（4）0.0.0.0。IP 地址"0.0.0.0"有两层意思，一是可以用来代表所有网络，二是当设备启动时不知道自己的 IP 地址时，可用作自身的源 IP 地址。

（5）169.254.X.X。当主机被配置为自动获取 IP 地址，但因网络中断、DHCP 服务器故障或其他原因导致主机无法获取到 IP 地址时，Windows 系统便会自动为主机分配一个以"169.254 开头的临时 IP 地址，这类 IP 地址无法访问 Internet。

（五）子网掩码

1．子网掩码的定义

子网掩码（subnet mask）的形式和 IP 地址一样，长度也是 32 位，由一串连续的二进制数"1"后跟一串连续的二进制数"0"组成。子网掩码的作用是用来区分 IP 地址中的网络位和主机位，子网掩码中的值为"1"代表 IP 地址中对应的位是网络位，为"0"则代表 IP 地址中对应的位是主机位。即子网掩码中有多少个"1"，IP 地址中网络就占据多少位，有多少"0"，IP 地址中主机就占据多少位。该说法反之亦成立：IP 地址中网络占据多少位，子网掩码中就有多少个"1"，主机占据多少位，子网掩码中就有多少个"0"。

子网掩码不能单独存在，它必须结合 IP 地址一起使用。将子网掩码和 IP 地址的对应位进行二进制"与"运算，得到的便是该 IP 所在的网络地址（网络号）。

2．子网掩码的表示方法

子网掩码有两种表示方法，一种是点分十进制表示法，另一种是斜线表示法。

（1）点分十进制表示法：与 IP 地址一样，由 4 位十进制数组成，如 255.255.255.192。

（2）斜线表示法：格式为"/整数"，整数表示掩码中二进制"1"的个数，如子网掩码255.255255.192 也可以写成/26，它们两者之间是等效的。

因此，IP 地址和子网掩码结合起来有两种表示法，如 172.16.10.1/255.255.240.0，也可以写作 172.16.10.1/20。

理解了子网掩码的含义，可知：A 类 IP 地址网络占据 8 位，默认子网掩码为/8，即 255.0.0.0；B 类 IP 地址网络占据 16 位，默认子网掩码为/16，即 255.255.0.0；C 类 IP 地址网络占据 24 位，默认子网掩码为/24，即 255.255.255.0。

（六）子网划分

1．子网划分的含义

子网划分（或称划分子网）是将一个大的网络分割成多个小的网络，其目的是提高 IP 地址的利用效率，节约 IP 地址。划分子网的方法是从 IP 地址的主机位借用若干位作为子网地址（子网号），实现将原网络划分成若干个小网络的目的。借位使得 IP 地址的结构变成了 3 部分：网络位、子网位和主机位。划分子网后，网络位长度增加，相应的网络个数增加；主机位长度减少，每个网络中的可用主机数（可用 IP 地址数）也减少。

2．划分子网的步骤

- 根据需要划分的子网的数目，确定子网号至少应向主机借用的位数。
- 确定实际划分出的子网个数、每个子网的可用主机数（可用 IP 地址数）及子网掩码。确定每个子网的网络号、广播号及可用 IP 地址的范围。

例如：某单位有一个 C 类网络地址 192.168.10.0/24，现有 3 个不同的部门需要使用该网段，为确保各部门不互相干扰，要求每个部门使用不同的子网，请规划出各部门可以使用的子网的网络号、广播号、子网掩码、可用 IP 地址范围。

划分子网的过程如下。

（1）规定子网位的长度。该单位需要 3 个子网，则子网位的长度 M 必须满足 $2^M \geq 3$，很显然 $M=2$ 条件即成立，故子网至少需要向主机借 2 位作为子网地址（为简化问题，此处仅以子网长度 $M=2$ 为例进行说明，不考虑 $M=3$，4，5…的情况）。

（2）计算子网个数，子网掩码，可用 IP 地址数。因子网长度 $M=2$，则实际划分的子网个数为 4（2^2），借位后网络位的长度为 26（24+2），故各子网的掩码为/26（255.255.255.192）；原网络地址的主机位长度为 8 位，借位后的主机位长度 $N=6$（8−2），故每个子网可用 IP 地址数目为 62（2^6-2）。

（3）计算各子网的网络号、广播号和可用 IP 地址的范围。子网占据 2 位，2 位二进制数共有 4 种组合（即为 4 个子网），分别是 00、01、10、11，各个子网分别如下：

第 1 个子网：网络号为 192.168.10.00 000000（即 192.16810.0），广播号为 192.168.10.00 111111（即 192.168.10.63）。此处没有必要将 192.168.10（网络占据的前 24 位）转换成二进制数，因为无论是求网络号还是广播号，网络位数据始终是不变的。可用 IP 地址的范围：192.168.10.1～192.16810.62（可用 IP 地址介于本子网的网络号与广播号之间）。

第 2 个子网：网络号为 192.168.10.01 000000（即 192.168.10.64），广播号为 192.16810.01 111111（即 192.168.10.127）。可用 IP 地址的范围：192.168.10.65～192.168.10.126。

第 3 个子网：网络号为 192.168.10.10 000000（即 192.168.10.128），广播号为 192.16810.10111111（即 192.168.10.191）。可用 IP 地址的范围：192.168.10.129～192168.10.190。

第 4 个子网：网络号为 192.168.10.11 000000（即 192.168.10.192），广播号为 192.168.10.11111111（即 192.168.10.255）。可用 IP 地址的范围：192.168.10.193～192.168.10.254。

（七）IPv6 概述

前面介绍的 IP 地址称为 IPv4，使用 32 位的地址结构，提供 2^{32}（约 43 亿）个 IP 地址，随着互联网的快速发展和规模急剧扩张，尤其是近年来移动互联网、物联网的快速推进，IPv4 几乎被耗尽，严重制约了互联网的应用和发展，于是 IPv6 应运而生。IPv6 是 IPv4 的升级版本，其地址长度从 IPv4 的 32 位增加到 128 位。

1．IPv6 的特点

与 IPv4 相比，IPv6 的特点如下。

（1）大的地址空间。IPv6 地址的长度是 128 位，理论上可提供的地址数目是 2^{128}（约 3.4 $\times 10^{38}$）个，这个数量非常巨大。

（2）报文处理效率更高。IPv6 使用了新的协议头格式，尽管其数据报头更大，但是格式比 IPv4 报头简单，可以加快基本 IPv6 报头的处理速度，且极大地提高了数据在网络中的路由效率。

（3）良好的扩展性。IPv6 在基本报头后添加了扩展报头，可以很方便地实现功能扩展。

（4）路由选择效率更高。IPv4 地址的平面结构导致路由表变得越来越大，而 IPv6 充足的选址空间与网络前缀使得大量的连续地址块可以分配给网络服务提供商和其他组织，从而实现骨干路由器上路由条目的汇总，缩小路由表的大小，提高路由选择的效率。

（5）支持地址自动配置。在 IPv6 中，主机支持 IPv6 地址的自动配置，这种即插即用式的自动配置地址方式不需要人工干预，不需要架设 DHCP 服务器，使得网络的管理更加方便和快捷，可显著降低网络维护成本。

（6）QoS（服务质量）。服务质量指一个网络能够利用各种基础技术，为指定的网络通信提供更好的服务能力，是网络的一种安全机制，是解决网络延迟和阻塞等问题的一种技术。为满足用户对不同应用不同服务质量的要求，需要网络能根据用户的要求分配和调度资源，对不同的数据流提供不同的服务质量，能够有效地分配网络带宽，更加合理地利用网络资源。

（7）更高的安全性。IPv6 采用安全扩展报头，支持 IPv6 协议的节点可以自动支持 IPSec，使加密、验证和 VPN 的实施变得更加容易，这种嵌入式安全性配合 IPv6 的全球唯一性，使得 IPv6 能够提供端到端的安全服务。

（8）内置的移动性。IPv6 采用了路由扩展报头和目的地址扩展报头，使得 IPv6 提供了内置的移动性，IPv6 节点可任意改变在网络中的位置，但仍然保持现有的连接。

2．IPv6 的地址格式

IPv6 的地址长度为 128 位，是 IPv4 地址长度的 4 倍。IPv4 的点分十进制格式不再适用，IPv6 采用十六进制表示。

IPv6 有以下 3 种地址表示方法。

（1）冒分十六进制表示法。格式为 X:X:X:X:X:X:X:X，其中每个 X 表示地址中的 16 位，以十六进制数表示，例如：ABCD:EF01:2345:6789:ABCD:EF01:2345:6789。这种表示法中，每个 X 的前导 0 是可以省略的，例如：2001:0DB8:0000:0023:0008:0800:200C:417A →2001:DB8:0:23:8:800:200C:417A。

（2）0 位压缩表示法。在某些情况下，一个 IPv6 地址中间可能包含很长的一段 0，可以把连续的一段 0 压缩为 "::"。但为保证地址解析的唯一性，地址中 "::" 只能出现一次，例如：

FF01:0:0:0:0:0:0:1101→FF01::1101

0:0:0:0:0:0:0:1→::1

0:0:0:0:0:0:0:0→::

（3）内嵌 IPv4 地址表示法。为了实现 IPv4～IPv6 互通，IPv4 地址会嵌入 IPv6 地址中，此时地址常表示为：X:X:X:X:X:X:d.d.d.d，前 96 位地址采用冒分十六进制表示，最后 32 位地址则使用 IPv4 的点分十进制表示，例如::192.168.0.1 与::FFFF:192.168.0.1 就是两个典型的例子。

注 意

在前 96 位中，压缩 0 位的方法依旧适用。

（八）华为 eNSP 模拟器使用简介

eNSP（Enterprise Network Simulation Platform）是一款由华为提供的、免费的、可扩展的、图形化操作的网络仿真工具平台，主要对企业网络路由器、交换机进行软件仿真，完美呈现真实设备实景，支持大型网络模拟，让广大用户有机会在没有真实设备的情况下能够模拟演练，学习网络技术。

eNSP 具备以下几个特点。

- 人性化图形界面，全新的用户界面（User Interface，UI）。图形化界面不但美观，且操作时可轻松上手，包括拓扑搭建和配置设备等。
- 设备图形化直观展示，支持插拔接口卡。在设备真实的图形化视图下，可将不同的接口卡拖曳到设备空槽位，单击电源开关即可启动或关闭设备，使用户对设备的感受更直观。
- 多机互连，分布式部署。最多可在 4 台服务器上部署 200 台左右的模拟设备，并且实现互连，可以模拟大型复杂网络实验。

1. eNSP 的安装

在华为官方网站（http://enterprise.huawei.com）上可以下载最新版本的 eNSP 安装包。由于 eNSP 上每台虚拟设备都要占用一定的内存资源，所以 eNSP 对系统的最低配置要求为：CPU 双核 2.0GHz 或以上，内存 2GB，空闲磁盘空间 2GB，操作系统为 Windows XP、Windows Server 2003、Windows 7 或 Windows 10 等，在最低配置的系统环境下组网设备最大数量为 10 台。安装 eNSP 前，请先检查系统配置，确认满足最低配置后再进行安装。具体操作步骤如下。

步骤 1：双击安装程序文件，打开安装向导。

步骤 2：在"选择安装语言"对话框中选择"中文（简体）"，单击"确定"按钮，如图 2-1-19 所示。

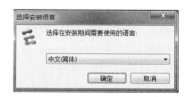

图 2-1-19　选择安装语言

步骤 3：进入欢迎界面，单击"下一步"按钮，如图 2-1-20 所示。

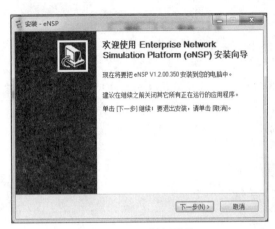

图 2-1-20　欢迎界面

步骤 4：设置安装目录（整个目录路径都不能包含非英文字符），单击"下一步"按钮，如图 2-1-21 所示。

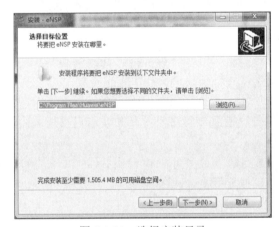

图 2-1-21　选择安装目录

步骤 5：选择需要安装的软件（注意：首次安装请选择安装全部软件），单击"下一步"按钮，如图 2-1-22 所示。

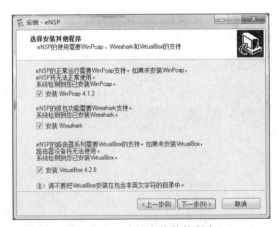

图 2-1-22　选择安装其他程序

步骤 6：确定安装信息后，单击"安装"按钮开始安装，如图 2-1-23 所示。

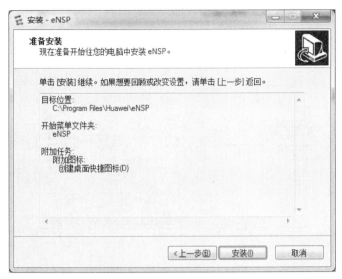

图 2-1-23　准备安装

安装完成后，单击"完成"按钮。启动 eNSP 模拟器，主界面如图 2-1-24 所示。

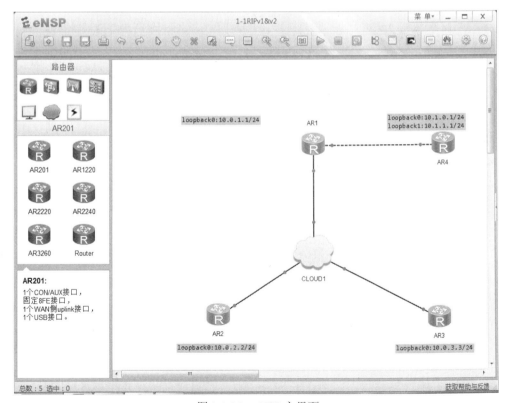

图 2-1-24　eNSP 主界面

eNSP 主界面分为五大区域，如图 2-1-25 所示。

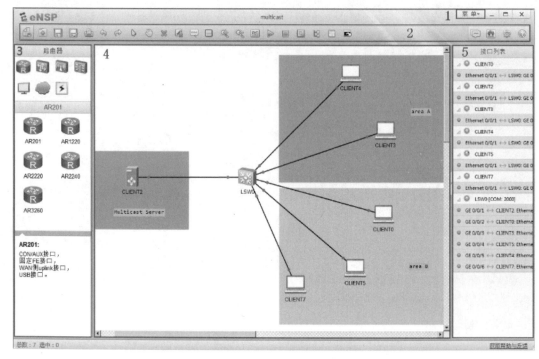

图 2-1-25   eNSP 主界面的五大区域

界面中各区域简要介绍见表 2-1-2。

表 2-1-2   各区域简介

序号	区域名	简要描述
1	主菜单	提供"文件""编辑""视图""工具""帮助"菜单
2	工具栏	提供常用的工具，如新建拓扑、打印等
3	网络设备区	提供设备和网线，供选择到工作区
4	工作区	在此区域创建网络拓扑
5	设备接口区	显示拓扑中的设备和设备已连接的接口

2．软件参数设置

在主界面中选择"菜单→工具→选项"，在弹出的界面中设置软件的参数，如图 2-1-26 所示。

（1）在"界面设置"页面可以设置拓扑中元素的显示效果，如是否显示设备标签和型号、是否显示背景图。在"工作区域大小"区域可设置工作区的宽度和长度。

（2）在"CLI 设置"页面设置命令行中的信息保存方式。当选中"记录日志"时，设置命令行的显示行数和保存位置。当命令行界面内容行数超过"显示行数"中的设置值时，系统将自动保存超过行数的内容到"保存路径"中指定的位置。

（3）在"字体设置"页面可以设置命令行界面和拓扑描述框的字体、字体颜色、背景色等参数。

（4）在"服务器设置"页面可以设置服务器端参数。

（5）在"工具设置"页面可以指定"引用工具"的具体路径。

图 2-1-26   设置软件参数

3. 设备接口区

此区域显示拓扑中的设备和设备已连接的接口。双击或者拖动标题栏时可以将其脱离主界面，增大工作区可视面积。再次双击或者拖动标题栏时，可以将其放回至原位置。

指示灯颜色含义（以图 2-1-27 为例）。

● 红色：设备未启动或接口处于物理 DOWN 状态。

● 绿色：设备已启动或接口处于物理 UP 状态。

● 蓝色：接口正在采集报文。

图 2-1-27   指示灯状态示例图

在工作区中，利用在网络设备区提供的网络设备或网络传输介质，可以灵活创建网络拓扑，如图 2-1-28 所示。

网络拓扑是进行网络实验的基础，下面以一台交换机和两台 PC 组建小型拓扑为例，介绍如何组建简单拓扑。操作步骤如下。

（1）开启 eNSP 客户端。

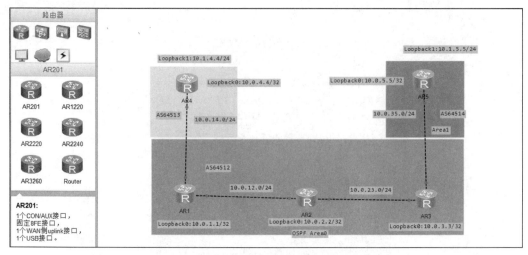

图 2-1-28　利用右侧的工作区创建网络拓扑

（2）向工作区中添加一台交换机和两台 PC。

● 在设备类别区选择路由器的图标。

● 在设备型号区选择具体的型号"S5700"。

● 在工作区单击左键即完成，或者直接将设备拖至工作区。

参考以上步骤添加两台 PC 至工作区。

说 明

　　每台设备带有默认描述，通过单击可以进行修改。也可为拓扑中的任意对象添加相应的描述，或向拓扑中的网络对象添加图形标识。

（3）向工作区中添加两条网线，使两台 PC 分别与交换机相连。在设备类别区选择双绞线传输介质，在设备型号区选择具体的型号"Auto"，最后在工作区依次单击交换机和一台 PC。再次连接交换机和另一台 PC。当网线仅一端连接了设备后希望取消连接时，在工作区右击或者按 Esc 键即可，如图 2-1-29 所示。

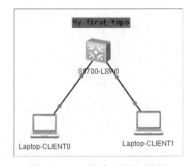

图 2-1-29　构建网络拓扑图

4．启动工作区的设备

右击设备，选择"启动"。注意观察连线指示灯颜色的变化，红色表示设备间未连通，绿色表示设备间已连通。

双击工作区交换机图标，直接进入命令行界面即可进行网络配置，如图 2-1-30 所示。操作完毕及时保存网络拓扑文件。

图 2-1-30　配置交换机命令

三、任务实施

（一）任务分析

1. 确定组网模式

对一般小型公司而言，公司分布范围小且人员不多，组网的目的是共享打印机及文件、聊天交流及共享上网等，一般不需要专门的服务器来做网络管理，安全性要求也不高。选择对等网模式结构简单、投资小，网络管理工作量也较小。

2. 网络中心设备选择

组建对等网可以使用交换机，也可以使用集线器。集线器虽然价格较低，但由于其有共享带宽、半双工操作、广播数据等缺点，已基本被淘汰；交换机独占带宽，全双工通信，且价格越来越便宜，已成为当前局域网组网最常用的设备。本次选用交换机作为网络的中心设备。

（二）网络拓扑

局域网的拓扑结构有总线型、环形、星形、树形和混合型等，最常用的是总线型和星形拓扑结构。总线型拓扑结构是将所有计算机连接到一条公共线路（总线）上，使用的传输介质是同轴电缆，线路上任一处发生故障将导致整个网络瘫痪。星形拓扑结构是网络中的所有计算机都连接到一个中心设备上，由中心设备实现数据的传送及信息的交换。星形拓扑结构是当前局域网中最常见的一种结构，它使用双绞线呈放射状连接到各计算机，其结构简单、连接方便、扩展性强且不会发生单点故障。本次组网采用星形拓扑结构，其结构如图 2-1-31 所示。

（三）实验设备

（1）已安装 Windows 7 或 Windows Server 2008 系统的台式计算机或笔记本电脑数台。

（2）交换机 1 台。

（3）普通网线（双绞线）多条。

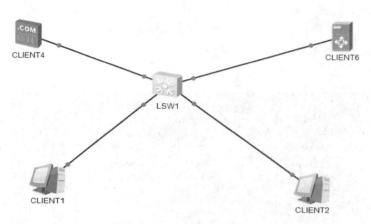

图 2-1-31　星形拓扑结构

（四）实施步骤

实施前要确保台式计算机或笔记本电脑的有线网卡已经安装驱动程序并能正常工作。操作步骤：右击桌面上的"计算机"图标，在弹出的菜单中选择"属性"选项，在打开的系统窗口左侧单击"设备管理器"，在设备管理器中展开"网络适配器"，查看网卡前面是否有黄色感叹号或"×"，若有，则表明网卡驱动程序没有正确安装，需要在随机光盘或网络上找到对应型号的网卡驱动程序并重新安装。

1. 测试线缆

准备好的网线在使用前必须使用电缆测试仪进行测试，以保证其连通良好。

2. 连接计算机

使用网线连接计算机和交换机时，网线的两端分别插入计算机的网卡和交换机的网络接口。连接完成后计算机网卡和交换机对应端口的指示灯均会亮起，如果不亮表示没有连通，分析查找原因，有可能是网线有问题、水晶头没有插好或网卡本身故障。

3. 测试连通性

修改各台计算机的主机名称，并为其配置 IP 地址及子网掩码，然后从任意一台计算机上 ping 其他计算机，看能否顺利 ping 通。同时注意以下几点。

- 同一网络中的计算机名称不能相同，在修改主机名称后需要重启计算机方可生效。
- 各计算机的 IP 地址不能重复且必须在同一网段。
- 两台主机之间 ping 不通，除了硬件故障或线路不通外，还有可能是软件原因。

目前，最常见的一种情况是两台主机之间本来是连通的，但由于主机上安装了杀毒软件或启用了防火墙，其默认设置会过滤 ICMP 数据包，告知主机无法到达或请求超时。出现这种情况时可以暂时关闭杀毒软件和防火墙再进行测试。

任务 3　华为交换网基础配置

一、任务背景描述

假设你是某小型公司的网络管理员，公司由多个部门组成，每部门均拥有台式计算机或笔记本电脑，公司希望为各部门划分 VLAN 并合理管理，在组建公司网络通信的同时，有效实现数据管理和网络自身的流量管理，以便彼此可以合理实现共享资源、互相传输文件或聊天交流等。为达此目的，需要通过二层交换机配置 VLAN，实现网络的实际需求。

二、相关知识

（一）交换机概述

传统华为交换机从网桥发展而来，属于 OSI 第 2 层（即数据链路层）设备。它根据 MAC 地址寻址，由于交换机只须识别帧中的 MAC 地址，直接根据 MAC 地址选择转发端口，算法简单，便于 ASIC 实现，因此转发速度极高。但交换机的工作机制也带来一些问题。

（1）回路。根据华为交换机地址学习和站表建立算法，交换机之间不允许存在回路。一旦存在回路，必须启动生成树算法，阻塞掉产生回路的端口。路由器的路由协议没有这个问题，路由器之间可以有多条通路来平衡负载，提高可靠性。

（2）负载集中。华为交换机之间只能有一条通路，使得信息集中在一条通信链路上，不能进行动态分配，以平衡负载。路由器的路由协议算法可以避免这一点，OSPF 路由协议算法不但能产生多条路由，而且能为不同的网络应用选择各自不同的最佳路由。

（3）广播控制。华为交换机只能缩小冲突域，不能缩小广播域。整个交换式网络就是一个大的广播域，广播报文散到整个交换式网络。路由器可以隔离广播域，广播报文不能通过路由器继续进行广播。

（4）子网划分。华为交换机只能识别 MAC 地址。MAC 地址是物理地址，而且采用平坦的地址结构，因此不能根据 MAC 地址来划分子网。路由器识别 IP 地址，IP 地址由网络管理员分配，是逻辑地址，且 IP 地址具有层次结构，被划分成网络号和主机号，可以非常方便地用于划分子网。路由器的主要功能就是用于连接不同的网络。

（5）保密问题。虽说华为交换机也可以根据帧的源 MAC 地址、目的 MAC 地址和其他帧中内容对帧实施过滤，但路由器根据报文的源 IP 地址、目的 IP 地址、TCP 端口地址等内容对报文实施过滤，更加直观方便。

（6）介质相关。华为交换机作为桥接设备也能完成不同链路层和物理层之间的转换，但这种转换过程比较复杂，不适合ASIC实现，势必降低交换机的转发速度。目前交换机主要完成相同或相似物理介质和链路协议的网络互连,而不会用来在物理介质和链路层协议相差甚远的网络之间进行互连。路由器则不同，它主要用于不同网络之间的互连，因此能连接不同物理介质、链路层协议和网络层协议的网络。路由器在功能上虽然占据了优势，但价格昂贵，报文转发速度低。

（二）交换机的工作原理

交换机工作于 OSI 参考模型的第 2 层，即数据链路层。交换机每个端口成功连接时，内部的 CPU 将 MAC 地址和端口对应，形成一张 MAC 表。在网络通信中，发往该 MAC 地址的数据包将仅送往其对应的端口，而不是所有的端口。因此，交换机可用于划分数据链路层广播，即冲突域；但它不能划分网络层广播，即广播域。

交换机拥有一条很高带宽的背部总线和内部交换矩阵。交换机的所有端口都挂接在这条背部总线上,控制电路收到数据包以后,处理端口会查找内存中的地址对照表以确定目的 MAC（网卡的硬件地址）的 NIC（网卡）挂接在哪个端口上，通过内部交换矩阵迅速将数据包传送到目的端口，目的 MAC 若不存在，则广播到所有的端口，接收端口回应后，交换机会"学习"

新的 MAC 地址，并把它添加到内部 MAC 地址表中。使用交换机也可以把网络划分为 VLAN。

交换机的传输模式有全双工、半双工，全双工/半双工自适应。交换机都支持全双工。全双工的好处在于延迟小、速度快。

（三）虚拟局域网

虚拟局域网（VLAN）是一组逻辑上的设备和用户，这些设备和用户不受物理位置的限制，可以根据功能、部门及应用等因素将它们组织起来，相互之间的通信就好像在同一个网段中一样，由此称为虚拟局域网。VLAN 工作在 OSI 参考模型的第 2 层和第 3 层，一个 VLAN 就是一个广播域，VLAN 之间的通信通过第 3 层的网络设备来完成。

与传统的局域网技术相比较，VLAN 技术更加灵活，其优点为：网络设备的移动、添加和修改的管理开销减少；可以控制广播活动；可提高网络的安全性。在计算机网络中，一个 2 层网络可以被划分为多个不同的广播域，一个广播域对应一个特定的 VLAN，默认情况下，这些不同的广播域是相互隔离的。不同的广播域之间要通信，需要通过 3 层网络设备。

划分 VLAN 的常见方法如下。

1. 按端口划分 VLAN

这是最常用的一种 VLAN 划分方法，应用也最为广泛、最有效，目前绝大多数 VLAN 协议的交换机都提供这种 VLAN 配置方法。这种划分 VLAN 的方法是根据以太网交换机的交换端口来划分，将 VLAN 交换机上的物理端口和 VLAN 交换机内部的 PVC（永久虚电路）端口分成若干个组，每个组构成一个虚拟网，相当于一个独立的 VLAN 交换机。

不同部门需要互访时，可通过路由器转发，并配合基于 MAC 地址的端口过滤。在某站点的访问路径上最靠近该站点的交换机、路由交换机或路由器的相应端口上，设定可通过的 MAC 地址集，从而防止非法入侵者从内部盗用 IP 地址从其他可接入点入侵。

这种划分方法的优点是定义 VLAN 成员时非常简单，只要将所有的端口都定义为相应的 VLAN 组即可，适用于任何大小的网络。缺点是如果某用户离开了原来的端口到了一个新的交换机的某个端口，必须重新定义。

2. 按 MAC 地址划分 VLAN

这种方法是根据每个主机的 MAC 地址来划分的，即对每个 MAC 地址的主机都配置其属于哪个组，实现的机制是每一块网卡都对应唯一的 MAC 地址，VLAN 交换机跟踪属于 VLAN 的 MAC 地址。这种方式的 VLAN 允许网络用户从一个物理位置移动到另一个物理位置时，自动保留其所属 VLAN 的成员身份。

由划分的机制可以看出，这种 VLAN 划分方法的最大优点是当用户的物理位置移动时，即从一个交换机换到其他的交换机时，VLAN 不用重新配置，因为它是基于用户，而不是基于交换机的端口。缺点是初始化时，所有的用户都必须进行配置，如果有几百个甚至上千个用户，配置非常烦琐，通常适用于小型局域网。这种划分方法也导致交换机执行效率的降低，因为在每一个交换机的端口都可能存在很多个 VLAN 组的成员，保存了许多用户的 MAC 地址，查询起来相当不容易。另外，对于使用笔记本电脑的用户来说，他们的网卡可能经常更换，使得 VLAN 必须经常配置。

3. 按网络层划分

VLAN 按网络层协议来划分，可分为 IP、IPX、DECnet、AppleTalk、Banyan 等 VLAN 网络。这种按网络层协议来组成的 VLAN，可使广播域跨越多个 VLAN 交换机。这对于希望针对具体应用和服务来组织用户的网络管理员来说是非常具有吸引力的。用户可以在网络内部自由移动，但其 VLAN 成员身份仍然保留不变。

这种方法的优点是用户的物理位置改变了，不需要重新配置所属的 VLAN，而且可以根据协议类型来划分 VLAN，这对网络管理者来说很重要。这种方法不需要附加的帧标签来识别 VLAN，可以减少网络的通信量。缺点是效率低，因为检查每一个数据包的网络层地址是需要消耗处理时间的（相对于前面两种方法），一般的交换机芯片都可以自动检查网络上数据包的以太网帧头，但要让芯片能检查 IP 帧头，需要更高的技术，也更费时。这与各个厂商的实现方法有关。

4. 按 IP 组播划分

IP 组播实际上也是一种 VLAN 的定义，即认为一个 IP 组播组就是一个 VLAN。这种划分方法将 VLAN 扩大到了广域网，因而具有更大的灵活性，而且很容易通过路由器进行扩展，主要适用于不在同一地理范围的局域网用户组成一个 VLAN，不适用于局域网，主要原因是效率不高。

三、任务实施

（一）任务分析

假设公司内网是一个大的局域网，二层交换机 S1 放置在一楼，在一楼办公的部门有 IT 部和人事部；二层交换机 S2 放置在二楼，在二楼办公的部门有市场部和研发部。由于利用交换机组成了一个广播网，交换机连接的所有主机都能互相通信。

公司策略：不同部门之间的主机不能互相通信，同一部门内的主机才可以互相访问。因此，需要在交换机上划分不同的 VLAN，并将连接主机的交换机接口配置成 Access 接口，并划分到相应 VLAN 内。

（二）网络拓扑

VLAN 基础配置及 Access 接口拓扑如图 2-1-32 所示。

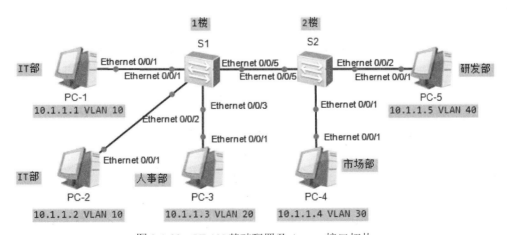

图 2-1-32 VLAN 基础配置及 Access 接口拓扑

（三）网络编址

网络拓扑图编址见表 2-1-3。

表 2-1-3　网络拓扑图编址

设备	接口	IP 地址	子网掩码	默认网关
PC- 1	Ethernet0/0/1	10.1.1.1	255.255.255.0	N/A
PC- 2	Ethernet0/0/1	10.1.1.2	255.255.255.0	N/A
PC- 3	Ethernet0/0/1	10.1.1.3	255.255.255.0	N/A
PC- 4	Ethernet0/0/1	10.1.1.4	255.255.255.0	N/A
PC- 5	Ethernet0/0/1	10.1.1.5	255.255.255.0	N/A

（四）实验步骤

1. 基本配置

根据实验编址进行相应的基本 IP 地址配置，该步骤中不为交换机创建任何的 VLAN。然后用 ping 命令检测各直连链路的连通性，所有的 PC 都能相互通信。

其他主机间相互通信测试与下述类似，不再重复描述。

```
[PC]ping -c 10.1.1.2
PING 10.1.1.2:56　data bytes，press CTRL_C to break
Reply from 10. 1. 1.2: bytes 56 Sequence=1 ttl=255 time=50 ms
--10.1.1.2　ping statistics ---
1packet）s）　transmitted
1packet）s）　received
0.00% packet loss
round-trip min/avg/max = 50/50/50 ms
```

2. 创建 VLAN

除默认 VLAN1 外，其余 VLAN 需要通过命令手工创建。创建 VLAN 有两种方式，一种是使用 vlan 命令一次创建单个 VLAN，另一种方式是使用 vlan batch 命令一次创建多个 VLAN。

在 S1 上使用两条命令分别创建 VLAN 10 和 VLAN20，命令如下：

```
[S1]vlan 10
[S1-vlan10]vlan 20
```

在 S2 上使用一条 vlan batch 命令创建 VLAN30 和 VLAN40，命令如下：

```
[S2]vlan batch 30 40
```

配置完成后，在 S1 和 S2 上使用 display vlan 命令查看 VLAN 的相关信息：

```
[S1] display vlan
The total number of vlans is: 3
-------------------------------------------------------------
U: Up;      D: Down;      TG: Tagged    UT: Untagged;
MP:Vlan-mapping;      ST: vlan-stacking;
#:Protocol Transparent-vlan    *:management-vlan;
-------------------------------------------------------------

VID        Type        Ports
-------------------------------------------------------------
1   common   UT: Eth0/0/1(D)       Eth0/0/2(D)       Eth0/0/3(D)       Eth0/0/4(D)
                 Eth0/0/5(D)       Eth0/0/6(D)       Eth0/0/7(D)       Eth0/0/8(D)
                 Eth0/0/9(D)       Eth0/0/10(D)      Eth0/0/11(D)      Eth0/0/12(D)
                 Eth0/0/13(D)      Eth0/0/14(D)      Eth0/0/15(D)      Eth0/0/16(D)
```

| | | Eth0/0/17(D) | Eth0/0/18(D) | Eth0/0/19(D) | Eth0/0/20(D) |
| | | Eth0/0/21(D) | Eth0/0/22(D) | GE0/0/1(D) | GE0/0/2(D) |

```
10   common
20   common
[S2] display vlan
The total number of vlans is: 3
--------------------------------------------------------------------------
U: Up;      D: Down;      TG: Tagged    UT: Untagged;
MP:Vlan-mapping;        ST: vlan-stacking;
#:Protocol Transparent-vlan    *:management-vlan;
--------------------------------------------------------------------------

VID      Type      Ports
--------------------------------------------------------------------------
1     common    UT: Eth0/0/1(D）    Etho0/0/2(D)    Eth0/0/3(D)    Eth0/0/4(D)
                     Eth0/0/5(D)     Eth0/0/6(D)     Eth0/0/7(D)    Eth0/0/8(D)
                     Eth0/0/9(D)     Eth0/0/10(D)    Eth0/0/11(D)   Eth0/0/12(D)
                     Eth0/0/13(D)    Eth0/0/14(D)    Eth0/0/15(D)   Eth0/0/16(D)
                     Eth0/0/17(D)    Eth0/0/18(D)    Eth0/0/19(D)   Eth0/0/20(D)
                     Eth0/0/21(D)    Eth0/0/22(D)    GE0/0/1(D)     GE0/0/2(D)
30   common
40   common
```

可以观察到，S1 和 S2 都已经成功创建了相应 VLAN，但目前没有任何接口加入所创建的 VLAN10 与 VLAN20 中，默认情况下交换机上所有接口都属于 VLAN1。

3．配置 Access 接口

按照拓扑，使用 port link-type access 命令配置所有 S1 和 S2 交换机上连接 PC 的接口为 Access 类型接口，并使用 port default vlan 命令配置接口的默认 VLAN 并同时加入相应 VLAN 中。默认情况下，所有接口的默认 VLAN ID 为 1。

```
[S1] Interface ethernet0/0/1
[s1-ethernet0/0/1]port link-type access
[s1-ethernet0/0/I1]port default vlan 10
[s1-ethernet0/0/1] Interface ethernet0/0/2
[s1-ethernet0/0/2]port link-type access
[s1-ethernet0/0/2]port default vlan 10
[s1-ethernet0/0/2] Interface ethernet0/0/3
[s1-ethernet0/0/3]port link-type access
[s1-ethernet0/0/2]port default vlan 20
[S2] Interface ethernet0/0/1
[s2-ethernet0/0/1]port link-type access
[s2-ethernet0/0/1]port default vlan 30
[s2-ethernet0/0/1] Interface ethernet0/0/2
[s2-ethernet0/0/1]port link-type access
[s2-ethernet0/0/1]port default vlan 40
```

配置完成后，查看 S1 和 S2 上的 VLAN 信息。

```
[S1] display vlan
The total number of vlans is: 3
--------------------------------------------------------------------------
U: Up;      D: Down;      TG: Tagged    UT: Untagged;
MP:Vlan-mapping;        ST: vlan-stacking;
```

```
#:Protocol Transparent-vlan    *:management-vlan;
-------------------------------------------------------------------
VID      Type      Ports
-------------------------------------------------------------------
1    common    UT:      Eth0/0/4(D)      Eth0/0/5(D)      Eth0/0/6(D)      Eth0/0/7(D)
                        Eth0/0/8(D)      Eth0/0/9(D)      Eth0/0/10(D)     Eth0/0/11(D)
                        Eth0/0/12(D)     Eth0/0/13(D)     Eth0/0/14(D)     Eth0/0/15(D)
                        Eth0/0/16(D)     Eth0/0/17(D)     Eth0/0/18(D)     Eth0/0/19(D)
        Eth0/0/20(D) Eth0/0/21(D)        Eth0/0/22(D)     GE0/0/1(D)       GE0/0/2(D)
10   common    UT: Eth0/0/1(D)           Eth0/0/2(D)
20   common    UT: Eth0/0/3(D)
[S2] display vlan
The total number of vlans is: 3
-------------------------------------------------------------------
U: Up;       D: Down;        TG: Tagged     UT: Untagged;
MP:Vlan-mapping;        ST: vlan-stacking;
#:Protocol Transparent-vlan    *:management-vlan;
-------------------------------------------------------------------
VID      Type      Ports
-------------------------------------------------------------------
1    common    UT: Eth0/0/3(D)          Eth0/0/4(D)      Eth0/0/5(D)      Eth0/0/6(D)
                    Eth0/0/7(D)          Eth0/0/8(D)      Eth0/0/9(D)      Eth0/0/10(D)
                    Eth0/0/11(D)         Eth0/0/12(D)     Eth0/0/13(D)     Eth0/0/14(D)
                    Eth0/0/15(D)         Eth0/0/16(D)     Eth0/0/17(D)     Eth0/0/18(D)
                    Eth0/0/19(D)         Eth0/0/20(D)     Eth0/0/21(D)     Eth0/0/22(D)
                    GE0/0/1(D)           GE0/0/2(D)
30   common    UT: Eth0/0/1(D)
40   common    UT: Eth0/0/2(D)
```

可以观察到，目前两台交换机上连接 PC 的接口都已经加入到相应所属部门的 VLAN 当中。

4. 检查配置结果

在交换机上将不同接口加入各自不同的 VLAN 中后，属于相同 VLAN 的接口处于同一个广播域，相互之间 VLAN 的接口处于不同的广播域，相互之间不可以直接通信。

在本任务中，只有同属于 IT 部门 VLAN 10 的两台主机 PC-1 和 PC-2 之间可相互通信。其他不同部门间的 PC 之间将无法通信。

在 IT 部门的终端 PC-1 上分别测试与相同部门的终端 PC-2、HR 部门的 PC-3 之间的连通性。

```
[PC]ping -c 10.1.1.2
PING 10.1.1.2:56    data bytes，press CTRL_C to break
Reply from 10. 1. 1.2: bytes 56 Sequence=1 ttl=255 time=50 ms
--10.1.1.2    ping statistics ---
1packet（s）  transmitted
1packet（s）  received
0.00% packet loss
round-trip min/avg/max = 50/50/50 ms
PC>ping 10.1.1.3
Reply From 0.0.0.0:Destination host unreachable
Reply From 0.0.0.0:Destination host unreachable
Reply From 0.0.0.0:Destination host unreachable
Reply From 0.0.0.0:Destination host unreachable
Reply From 0.0.0.0:Destination host unreachable
```

可以观察到，相同 VLAN 内的 PC 可以相互通信，不同 VLAN 间的 PC 不可以直接通信。

四、拓展知识

VXLAN 技术介绍如下所述。

VXLAN（Virtual eXtensible Local Area Network，虚拟可扩展的局域网）是一种 Overlay 技术（一种网络架构上叠加的虚拟化技术模式），通过三层的网络来搭建虚拟的二层网络。Overlay 技术是在现有的物理网络之上构建一个虚拟网络，上层应用只与虚拟网络相关，其大体框架是对基础网络不进行大规模修改的条件下，实现应用在网络上的承载，并能与其他网络业务分离，并且以基于 IP 的基础网络技术为主。

随着大数据、云计算的兴起以及虚拟化技术的普及，VLAN 技术的弊端逐渐显现出来，具体表现为如下 3 个方面。

（1）许多大数据、云计算公司采用单个物理设备虚拟多台虚拟机的方式来进行组网，随着应用模块的增加，对于支持 VLAN 数目的要求也在提升，802.1Q 标准中的最多支持 4094 个 VLAN 的能力已经无法满足需求。

（2）公有云提供商的业务要求将实体网络租借给多个不同的用户，这些用户对于网络的要求有所不同，不同用户租借的网络有很大的可能会出现 IP 地址、MAC 地址的重叠，传统的 VLAN 仅仅解决了同一链路层网络广播域隔离的问题，并没有涉及网络地址重叠的问题，因而需要一种新的技术来保证在多个租户网络中存在地址重叠的情况下依旧能有效通信的技术。

（3）虚拟化技术的出现增加了交换机的负担，对于大型的数据中心，单台交换机必须支持数十台以上主机的通信连接才能满足应用需求，虚拟化技术使得单台主机可以虚拟化出多台虚拟机同时运行，每台虚拟机都会有唯一的 MAC 地址。因此，为保证集群中所有虚机可以正常通信，交换机必须保存每台虚拟机的 MAC 地址，从而导致交换机中的 MAC 表异常庞大，影响了交换机的转发性能。

VXLAN 是解决这些问题的一种方案。目前 VXLAN 的报文头部有 24bit，可以支持 2^{24} 个 VNI（VXLAN 中通过 VNI 来识别，相当于 VLAN ID）。VXLAN 提供和 VLAN 相同的 2 层网络服务，但相比 VLAN 有更大的扩展性和灵活性。

思考与练习

当一台主机从交换机的一个端口移动到同一交换机的另一个端口时，该交换机的 MAC 地址表会发生怎样的变化？

项目 2　配置和管理互联网络

学习目标

- 了解路由器的工作原理。
- 掌握利用华为路由器配置静态路由的过程。
- 掌握利用华为路由器配置路由信息协议（Routing Information Protocol，RIP）的常规过程。
- 掌握利用华为路由器配置开放式最短路径优先（Open Shortest Path First，OSPF）协议的常规过程。
- 掌握使用华为路由器配置标准访问控制列表（Access Control List，ACL）的方法。

项目描述

　　路由（routing）是指分组从源到目的地时，决定端到端路径的网络范围的进程。路由器是工作在 OSI 参考模型第 3 层（网络层）的数据包转发设备，通过转发数据包来实现网络互连。虽然路由器可以支持多种协议（如 TCP/IP、IPX/SPX、AppleTalk 等），但是我国绝大多数路由器运行 TCP/IP 协议。路由器通常连接两个或多个由 IP 子网或点到点协议标识的逻辑端口，至少拥有 1 个物理端口。路由器根据收到数据包中的网络层地址以及路由器内部维护的路由表决定输出端口以及下一跳地址，并且重写链路层数据包头实现数据包转发。路由器通过动态维护路由表来反映当前的网络拓扑，并通过网络上其他路由器交换路由和链路信息来维护路由表。

　　本项目以某集团公司的网络拓扑为例，该集团公司有两个分公司，通过 RT2、RT3 两台路由器，实现双边界相互引入方式互通，左边 OSPF 区域部分模拟总部 A，右边 RIP 区域部分模拟分公司 B。总部 A 采用双核心组网，增加两台防火墙以双机负载分担方式透明接入网络，如图 2-2-1 所示。本项目以拓扑中涉及的 OSPF、RIP 协议配置为主线，展开描述和说明与之相关联的网络基础知识。

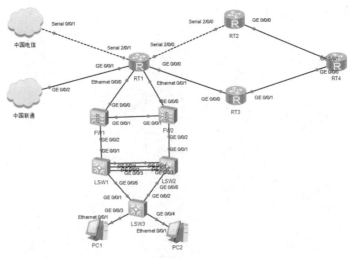

图 2-2-1　某集团公司网络拓扑图

任务 1　使用华为路由器配置静态路由

一、任务背景描述

假设分公司内网的技术部由 3 台路由器组成网络，R1 和 R3 各自连接一台主机，现在要求能够实现主机 PC-1 和 PC-2 之间的正常通信。由于属于部门内网，通过配置基本的静态路由来实现部门 3 台路由的互连互通。

二、相关知识

（一）路由器概述

路由器工作于 OSI 七层协议中的第 3 层，其主要任务是接收来自一个网络接口的数据包，根据其中所含的目的 IP 地址，转发到下一个目的地址。因此，路由器首先需要在转发路由表中查找其目的地址，若找到目的地址，则在数据包的帧格前添加下一个 MAC 地址，同时 IP 数据包头的 TTL（Time To Live）域也开始减数，并重新计算校验和。当数据包被送到输出端口时，需要按顺序等待，以便传送到输出链路上。

路由器工作时，能够按照某种路由通信协议查找设备中的路由表。如果到某一特定节点有一条以上的路径，则预先确定的路由准则是选择最优（或最经济）的传输路径。由于各种网络段和其相互连接情况可能会因环境变化而变化，因而路由情况的信息一般也按所使用的路由信息协议规定而定时更新。网络中，每个路由器的基本功能都是按照一定的规则来动态地更新其保持的路由表，以保持路由信息的有效性。为便于在网络间传送报文，路由器总是先按照预定的规则把较大的数据分解成适当大小的数据包，再将这些数据包分别通过相同或不同的路径发送出去。当这些数据包按先后次序到达目的地后，再把分解的数据包按照一定顺序包装成原有的报文形式。

路由器的分层寻址功能是路由器的重要功能之一，该功能可以帮助具有很多节点站的网络存储寻址信息，还能在网络间截获发送到远地网段的报文，起转发作用；选择最合理的路由引导通信也是路由器的基本功能；多协议路由器还可以连接使用不同通信协议的网络段，成为不同通信协议网络段之间的通信平台。

路由器是互联网的主要节点设备，路由器通过路由决定数据的转发，其中的转发策略称为路由选择（routing），这也是路由器（router，转发者）名称的由来。作为不同网络之间互相连接的枢纽，路由器系统构成了基于 TCP/IP 的国际互联网络 Internet 的主体脉络，也可以说路由器构成了 Internet 的骨架。路由器的处理速度是网络通信的主要瓶颈之一，其可靠性直接影响到网络互连的质量。因此，在园区网、地区网乃至整个 Internet 研究领域中，路由器技术始终处于核心地位。

路由器使用专门的软件协议从逻辑上对整个网络进行划分。例如，一台支持 IP 协议的路由器可以把网络划分成多个子网段，只有指向特殊 IP 地址的网络流量才可以通过路由器。对于每一个接收到的数据包，路由器都会重新计算其校验值，并写入新的物理地址。因此，使用路由器转发和过滤数据的速度往往要比只查看数据包物理地址的交换机慢。但是，对于那些结构复杂的网络，使用路由器可以提高网络的整体效率。路由器的另外一个明显优势就是可以自动过滤网络广播。

（二）静态路由

静态路由是指由用户或网络管理员手工配置的路由信息。当网络的拓扑结构或链路的状态发生变化时，网络管理员需要手工去修改路由表中相关的静态路由信息。静态路由信息在默认情况下是私有的，不会传递给其他的路由器。当然，网络管理员也可以通过对路由器进行设置使之成为共享的。静态路由一般适用于比较简单的网络环境，在这样的环境中，网络管理员能清楚地了解网络的拓扑结构，便于设置正确的路由信息。

静态路由的优缺点都非常明显，使用静态路由的优点是网络安全保密性高。动态路由因为需要路由器之间频繁地交换各自的路由表，而对路由表的分析可以揭示网络的拓扑结构和网络地址等信息，因此，网络出于安全方面的考虑也可以采用静态路由。静态路由不会产生更新流量，不占用网络带宽。

大型和复杂的网络环境通常不宜采用静态路由。一方面，网络管理员难以全面地了解整个网络的拓扑结构；另一方面，当网络的拓扑结构和链路状态发生变化时，路由器中的静态路由信息需要大范围地调整，这一工作的难度和复杂程度非常高。当网络发生变化或网络发生故障时，不能重选路由，很可能使得路由转发失败。

（三）Ping 命令和 Tracert 命令简要介绍

1. Ping 命令

Ping 是 Windows、UNIX 和 Linux 系统下的一个命令。Ping 也属于一个通信协议，是 TCP/IP 协议的一部分。利用 Ping 命令可以检查网络是否连通，可以很好地帮助我们分析和判定网络故障。

命令格式：Ping 空格 IP 地址。

该命令可以加入许多参数使用，键入 Ping 按回车，即可看到这些参数的详细说明。图 2-2-2 所示是 Ping 命令的常见参数。

图 2-2-2　Ping 命令的常见参数

Ping 是对一个网址发送测试数据包，看对方网址是否有响应并统计响应时间，以此测试网络。具体方法：在操作系统中找到“开始→运行→cmd”选项，在 MS-DOS 窗口输入“Ping+相应的网址”，单击回车键。

例如：Ping　XXX 网址。屏幕显示类似以下的信息：

```
Ping XXX 网址[61.135.169.105] with 32 bytes of data:
Reply from 61.135.169.105: bytes=32 time=1244ms TTL=46
Reply from 61.135.169.105: bytes=32 time=1150ms TTL=46
Reply from 61.135.169.105: bytes=32 time=960ms TTL=46
Reply from 61.135.169.105: bytes=32 time=1091ms TTL=46
```

其中，time=1 244ms 是响应时间，这个时间越小，说明所连接的这个地址速度越快。

又例如本机 IP 地址为 172.168.200.2，执行命令 Ping 172.168.200.2。如果网卡安装配置没有问题，则应有类似以下显示：

```
Reply from 172.168.200.2 bytes=32 time<10ms
Ping statistics for 172.168.200.2
Packets Sent=4 Received=4 Lost=0 0% loss
Approximate round trip times in milli-seconds
Minimum=0ms Maximum=1ms Average=0ms
```

如果在 MS-DOS 方式下执行此命令，显示内容为 Request timed out，则表明网卡安装或配置有问题。将网线断开重新连接后再次执行此命令，如果显示正常，则说明本机使用的 IP 地址可能与另一台正在使用的机器 IP 地址重复了。如果仍然不正常，则表明本机网卡安装或配置有问题，需继续检查相关网络配置。

2. Tracert 命令

Tracert（跟踪路由）是路由跟踪实用程序，用于确定 IP 数据包访问目标所采取的路径。Tracert 命令用 IP 生存时间（TTL）字段和 ICMP 错误消息来确定从一个主机到网络上其他主机的路由。通过向目标发送不同 IP 生存时间（TTL）值的“Internet 控制消息协议（ICMP）”回应数据包，Tracert 诊断程序确定到目标所采取的路由。要求路径上的每个路由器在转发数据包之前至少将数据包上的 TTL 递减 1。数据包上的 TTL 减为 0 时，路由器应该将“ICMP 已超时”的消息发回源系统。图 2-2-3 所示为使用 Tracert 命令查看本地主机到对应的百度主页服务器之间的网络链路信息。

```
C:\Users\cxkj>tracert www.baidu.com

通过最多 30 个跃点跟踪
到 www.a.shifen.com [163.177.151.109] 的路由:

  1     1 ms     1 ms     1 ms  bogon [10.2.9.253]
  2     1 ms     1 ms     1 ms  bogon [10.0.254.254]
  3     6 ms     4 ms     4 ms  120.86.68.222
  4     6 ms     6 ms     3 ms  120.80.150.9
  5     4 ms     3 ms     4 ms  120.80.237.97
  6     9 ms    10 ms     7 ms  112.92.0.129
  7    18 ms     5 ms     7 ms  221.4.0.214
  8     7 ms     7 ms     6 ms  58.254.135.62
  9     *        *        *     请求超时。
 10     *        *        *     请求超时。
 11     7 ms     8 ms     8 ms  163.177.151.109

跟踪完成。
```

图 2-2-3　使用 Tracert 命令示例

通过递减"存在时间（TTL）"字段的值将"Internet 控制消息协议（ICMP）回显请求"或 ICMPv6 消息发送给目标可确定到达目标的路径。路径将以列表形式显示，其中包含源主机与目标主机之间路径中路由器的近侧路由器接口。近侧接口是距离路径中的发送主机最近的路由器的接口。如果使用时不带参数，Tracert 会显示帮助。

该诊断工具通过向目标发送具有变化的"生存时间（TTL）"值的"ICMP 回响请求"消息来确定到达目标的路径。Tracert 发送 TTL 为 1 的第一条"回响请求"消息，并在随后的每次发送过程将 TTL 递增 1，直到目标响应或跃点达到最大值，从而确定路径。默认情况下跃点的最大数量是 30，可使用-h 参数指定。检查中间路由器返回的"ICMP 超时"消息与目标返回的"回显答复"消息可确定路径。但是，某些路由器不会为其 TTL 值已过期的数据包返回"已超时"消息，而且这些路由器对于 Tracert 命令不可见。在这种情况下，将为该跃点显示一行星号（*）。

三、任务实施

（一）任务分析

如前所述，集团分公司内网的技术部由 3 台路由器组成网络，R1 和 R3 各自连接着一台主机，要求实现主机 PC-1 和 PC-2 之间能正常通信，由于属于部门内网，通过配置基本的静态路由实现部门 3 台路由的互连互通，以简化网络管理员对网络管理的工作量，提高网络管理的效率。

（二）网络拓扑

网络拓扑如图 2-2-4 所示。

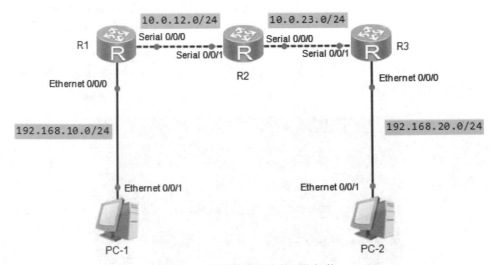

图 2-2-4　配置静态路由的网络拓扑

（三）网络编址

网络拓扑图编址见表 2-2-1。

表 2-2-1　网络拓扑图编址

设备	接口	IP 地址	子网掩码	默认网关
PC-1	Ethernet0/0/1	192.168.10.10	255.255.255.0	192.168.10.1
R1（AR2220）	Ethernet0/0/0	192.168.10.1	255.255.255.0	N/A
	Serial 0/0/0	10.0.12.1	255.255.255.0	N/A
R2（AR2220）	Serial 0/0/1	10.0.12.2	255.255.255.0	N/A
	Serial 0/0/0	10.0.23.2	255.255.255.0	N/A
R3（AR2220）	Serial 0/0/1	10.0.23.3	255.255.255.0	N/A
	Ethernet0/0/0	192.168.20.3	255.255.255.0	N/A
PC-2	Ethernet0/0/1	192.168.20.20	255.255.255.0	192.168.20.3

（四）实验步骤

主机 PC-1 与 PC-2 之间跨越了若干个不同网段，要实现它们之间的通信，只通过简单的 IP 地址等基本配置是无法实现的，必须在 3 台路由器上添加相应的路由信息，可以通过配置静态路由来实现。

配置静态路由有两种方式：一种是在配置中指定下一跳 IP 地址的方式，另一种是指定出接口的方式。本例采用指定下一跳 IP 地址的方式。

首先配置 R1 路由器：

```
[R1]ip route-static 192.168.20.0 255.255.255.0 10.0.12.2
[R1]ip route-static 192.168.23.0 255.255.255.0 10.0.12.2
```

在 R1 路由器上用 display ip routing-table 命令查看该路由器的路由表：

```
<R1>display ip routing-table
Route Flags: R- relay，  D- download to fib
--------------------------------------------------------------------------------
Routing Tables: Public
Destinations: 8    Router:8
Destination/Mask    Proto    Pre    Cost    Flags    NextHop        Interface
192.168.20.0/24     static    60     0       RD       10.0.12.2      serial0/0/0
192.168.23.0/24     static    60     0       RD       10.0.12.2      serial0/0/0
10.0.12.0/24        Direct    0      0       D        10.0.12.1      serial0/0/0
10.0.12.1/32        Direct    0      0       D        127.0.0.1      serial0/0/0
10.0.12.2/32        Direct    0      0       D        10.0.12.2      serial0/0/0
127.0.0.0/8         Direct    0      0       D        127.0.0.1      InLoopBack0
127.0.0.1/32        Direct    0      0       D        127.0.0.1      InLoopBack0
192.168.10.0/24     Direct    0      0       D        192.168.10.1   Ethernet0/0/0
192.168.10.1/32     Direct    0      0       D        172.0.0.1      Ethernet0/0/0
```

采用同样的方式在 R2 上配置静态路由：

```
[R2]ip route-static 192.168.20.0 255.255.255.0 10.0.23.3
[R2]ip route-static 192.168.10.0 255.255.255.0 10.0.12.1
```

接下来在 R2 路由器上，使用 display ip routing-table 命令查看该路由器的路由表：

```
<R2>display ip routing-table
Route Flags: R- relay, D- download to fib
--------------------------------------------------------------------------------
Routing Tables: Public
```

Destinations: 8	Router:8					
Destination/Mask	Proto	Pre	Cost	Flags	NextHop	Interface
192.168.20.0/24	static	60	0	RD	10.0.23.3	serial0/0/1
192.168.10.0/24	static	60	0	RD	10.0.12.1	serial0/0/0
10.0.12.0/24	Direct	0	0	D	10.0.12.2	serial0/0/1
10.0.12.1/32	Direct	0	0	D	10.0.12.1	serial0/0/1
10.0.12.2/32	Direct	0	0	D	127.0.0.1	serial0/0/1
10.0.23.0/24	Direct	0	0	D	10.0.23.2	serial0/0/0
10.0.23.2/32	Direct	0	0	D	127.0.0.1	serial0/0/0
10.0.23.3/32	Direct	0	0	D	10.0.23.3	serial0/0/0
127.0.0.0/8	Direct	0	0	D	127.0.0.1	InLoopBack0
127.0.0.1/32	Direct	0	0	D	127.0.0.1	InLoopBack0

最后在 R3 上配置静态路由，此处可以采用默认路由的方式进行路由配置：

[R3] ip route-static 0.0.0.0　0.0.0.0 10.0.23.2

接下来，在 R3 路由器上用 display ip routing-table 命令查看该路由器的路由表：

```
<R3>display ip routing-table
Route Flags: R- relay, D- download to fib
------------------------------------------------------------------------
Routing Tables: Public
```

Destinations: 8	Router:8					
Destination/Mask	Proto	Pre	Cost	Flags	NextHop	Interface
0.0.0.0/0	static	60	0	RD	10.0.23.2	serial0/0/1
10.0.12.0/24	Direct	0	0	D	10.0.12.2	serial0/0/1
10.0.12.1/32	Direct	0	0	D	10.0.12.1	serial0/0/1
10.0.12.2/32	Direct	0	0	D	127.0.0.1	serial0/0/1
10.0.23.0/24	Direct	0	0	D	10.0.23.2	serial0/0/0
10.0.23.2/32	Direct	0	0	D	127.0.0.1	serial0/0/0
10.0.23.3/32	Direct	0	0	D	10.0.23.3	serial0/0/0
127.0.0.0/8	Direct	0	0	D	127.0.0.1	InLoopBack0
127.0.0.1/32	Direct	0	0	D	127.0.0.1	InLoopBack0

通过对静态路由的配置，可以看到每台路由器上都拥有了主机 PC-1 与 PC-2 所在网段的相应路由。

在主机 PC-1 上 ping 主机 PC-2：

```
PC>ping 192.168.20.20
Ping 192.168.20.20:32 data bytes，press Ctrl-C to break
Reply From 192.168.20.20:bytes=32 seq=1 ttl=125 time=78ms
Reply From 192.168.20.20:bytes=32 seq=2 ttl=125 time=47ms
Reply From 192.168.20.20:bytes=32 seq=3 ttl=125 time=47ms
Reply From 192.168.20.20:bytes=32 seq=4 ttl=125 time=62ms
Reply From 192.168.20.20:bytes=32 seq=5 ttl=125 time=63ms
---192.168.20.20 ping statistics---
    5 packet(s) transmitted
    5 packet(s) received
  0.00% packet loss
    Round-trip min/avg/max=47/59/78 ms
```

即实现了主机 PC-1 与 PC-2 之间的正常通信。在 R3 的配置过程中，如果同时配置了默认路由和静态路由，其中，先配置默认路由，后配置静态路由，则先删除静态路由的配置，保留默认路由的配置，这样可以避免网络出现通信中断，同时要注意配置过程中操作的规范性和合理性。

任务 2　使用华为路由器配置 RIP 协议

一、任务背景描述

某集团公司分公司的财务部内部组网拓扑相对简单，只拥有两台路由器，因此可以采用 RIP 路由协议来完成网络的部署。通过模拟简单的企业网络场景来描述 RIP 路由协议的基本配置，并介绍基本的查看 RIP 信息的命令使用方法。

二、相关知识

RIP 协议是一种内部网关协议（Interior Gateway Protocol，IGP），是一种动态路由选择协议，用于自治系统（Autonomous System，AS）内的路由信息的传递。RIP 协议基于距离矢量算法（distance vector algorithms），使用"跳数"（metric）来衡量到达目标地址的路由距离。这种协议的路由器只关心自己周围的世界，只与自己相邻的路由器交换信息，范围限制在 15 跳（15 度）之内，再远，它就不关心了。RIP 应用于 OSI 网络 7 层模型的网络层。华为定义的管理距离（Administrative Distanse，AD，即优先级）是 100。

RIP 通过广播 UDP 报文交换路由信息，每 30 秒发送一次路由信息更新。RIP 提供跳跃计数（hopcount）作为尺度来衡量路由距离，跳跃计数是一个包到达目标所必须经过的路由器的数目。如果到相同目标有两个不等速或不同带宽的路由器，但跳跃计数相同，则 RIP 认为两个路由是等距离的。RIP 最多支持的跳数为 15，即在源和目的网间所要经过的最多路由器的数目为 15。

RIP 协议也有以下一些局限性。

（1）协议中规定，一条有效的路由其"跳数"（metric）的范围不能超过 15，这就使得该协议不能应用于很大型的网络，正是由于设计者考虑到该协议只适合小型网络，才有了这个限制。对于 metric 为 16 的目标网络，认为其不可到达。

（2）RIP 路由协议应用到实际中时，容易出现"计数到无穷大"的现象，这使得路由收敛很慢，在网络拓扑结构变化后需要很长时间才能稳定路由信息。

（3）RIP 协议以跳数，即报文经过的路由器个数为衡量标准，并以此选择路由，这个措施欠合理，没有考虑网络延时、可靠性、线路负荷等因素对传输质量和速度的影响。

目前 RIP 协议有两个版本：RIPv1 和 RIPv2。RIPv2 是对 RIPv1 的扩充，能够携带更多的信息，并增强了安全性能。两个版本的协议都是基于 UDP 协议，使用 520 端口进行收发数据包。

三、任务实施

（一）任务分析

某集团公司分公司的财务部内部组网拓扑相对简单，只拥有两台路由器，可以采用 RIP 路由协议完成网络的部署。RIP 协议只与相邻的路由器交换信息，范围限制在 15 跳（15 度）之内，使用 RIP 协议时，一定要注意组建网络的规模和需求。本任务只在两台路由器上配置 RIPv2 协议。

（二）网络拓扑

网络拓扑如图 2-2-5 所示。

图 2-2-5 配置 RIP 路由协议的网络拓扑

（三）网络编址

网络编址见表 2-2-2。

表 2-2-2 网络拓扑图编址

设备	接口	IP 地址	子网掩码	默认网关
R1（AR1220）	Ethernet0/0/0	10.0.12.1	255.255.255.0	N/A
	Loopback 0	10.0.1.1	255.255.255.0	N/A
R2（AR1220）	Serial 0/0/1	10.0.12.2	255.255.255.0	N/A
	Loopback 0	10.0.2.2	255.255.255.0	N/A

（四）实施步骤

首先对 R1 和 R2 进行 RIP 协议的配置。

```
[R1]rip
[R1]version 2
[R1-rip -2]network 10.0.1.0
[R1-rip -2]network 10.0.12.0

[R2]rip
[R2]version 2
[R2-rip -2]network 10.0.2.0
[R2-rip -2]network 10.0.12.0
```

接着在 R1 路由器上用 display ip routing-table 命令查看该路由器的路由表：

```
[R1]display ip routing-table
Route Flags: R- relay，  D- download to fib
------------------------------------------------------------------------------
Routing Tables: Public
Destinations: 7    Router:7
Destination/Mask   Proto    Pre   Cost   Flags   NextHop      Interface
10.0.2.0/24        RIP      100   1      D       10.0.12.2    Ethernet0/0/0
10.0.1.0/24        Direct   0     0      D       10.0.1.1     Loopback 0
10.0.1.1/32        Direct   0     0      D       127.0.0.1    Loopback 0
10.0.12.0/24       Direct   0     0      D       10.0.12.1    Ethernet0/0/0
10.0.12.1/32       Direct   0     0      D       127.0.0.1    Ethernet0/0/0
127.0.0.0/8        Direct   0     0      D       127.0.0.1    InLoopBack0
127.0.0.1/32       Direct   0     0      D       127.0.0.1    InLoopBack0
```

接着在 R2 路由器上用 display ip routing-table 命令查看该路由器的路由表：

```
[R2]display ip routing-table
Route Flags: R- relay, D- download to fib
```

```
---------------------------------------------------------------------
Routing Tables: Public
Destinations: 8      Router:8
Destination/Mask    Proto    Pre    Cost    Flags    NextHop      Interface
10.0.1.0/24         RIP      100    0       D        10.0.12.1    Ethernet0/0/0
10.0.2.0/24         Direct   0      0       D        10.0.2.2     LoopBack0
10.0.2.2/32         Direct   0      0       D        127.0.0.1    LoopBack0
10.0.12.0/24        Direct   0      0       D        10.0.12.2    Ethernet0/0/0
10.0.12.2/32        Direct   0      0       D        127.0.0.1    Ethernet0/0/0
10.0.23.2/32        Direct   0      0       D        127.0.0.1    serial0/0/0
127.0.0.0/8         Direct   0      0       D        127.0.0.1    InLoopBack0
127.0.0.1/32        Direct   0      0       D        127.0.0.1    InLoopBack0
```

查看路由表可以看到，两台路由器已经通过 RIP 协议学习到了对方环回接口所在网段的路由条目。最后用 Ping 命令检查 R1 和 R2 之间直连链路的 IP 连通性。

```
[R1]ping   10.0.2.2
Ping 10.0.2.2:56 data bytes, press Ctrl-C to break
Reply From 10.0.2.2:bytes=56    seq=1 ttl=125 time=50ms
Reply From 10.0.2.2:bytes=56    seq=2 ttl=125 time=10ms
Reply From 10.0.2.2:bytes=56    seq=3 ttl=125 time=40ms
Reply From 10.0.2.2:bytes=56    seq=4 ttl=125 time=30ms
Reply From 10.0.2.2:bytes=56    seq=5 ttl=125 time=10ms
---10.0.2.2 ping statistics---
    5 packet(s) transmitted
    5 packet(s) received
 0.00% packet loss
    Round-trip min/avg/max=10/28/50 ms
```

从而实现了主机 PC-1 与 PC-2 之间的正常通信。利用 RIP 协议配置网络的路由成功。

任务 3　使用华为路由器配置 OSPF 协议

一、任务背景描述

某集团公司的一个分公司有三大办公区，每个办公区放置一台路由器，R1 放在办公区 A，A 区经理的 PC-1 直接连接 R1；R2 放在办公区 B，B 区经理的 PC-2 直接连接到 R2；R3 放在办公区 C，C 区经理的 PC-3 直接连接到 R3；3 台路由器互相直连。为使整个公司网络能互相通信，需要在所有路由器上部署路由协议。为适应公司不断扩展的网络需求，在所有路由器上部署 OSPF 协议，且所有路由器都属于骨干区域。

二、相关知识

开放式最短路径优先（Open Shortest Path First，OSPF）是一个内部网关协议（Interior Gateway Protocol，IGP），用于在单一自治系统（Autonomous System，AS）内决策路由，是对链路状态路由协议的一种实现，隶属于内部网关协议（IGP），故运作于自治系统内部。著名的迪克斯加算法（Dijkstra）被用来计算最短路径树。OSPF 分为 OSPFv2 和 OSPFv3 两个版本，其中，OSPFv2 用在 IPv4 网络，OSPFv3 用在 IPv6 网络。OSPFv2 是由 RFC 2328 定义的，OSPFv3 是由 RFC 5340

定义的。与 RIP 相比，OSPF 是链路状态协议，而 RIP 是距离矢量协议。

OSPF 突出 LSA 的作用。链路状态（LSA）就是 OSPF 接口上的描述信息，例如接口上的 IP 地址、子网掩码、网络类型、Cost 值等，OSPF 路由器之间交换的并不是路由表，而是链路状态（LSA），OSPF 通过获得网络中所有的链路状态信息，计算出到达每个目标精确的网络路径。OSPF 路由器会将自己所有的链路状态毫不保留地全部发给邻居，邻居将收到的链路状态全部放入链路状态数据库（link-state database），再发给自己的所有邻居，并且在传递过程中不会有任何更改。通过这样的过程，最终，网络中所有的 OSPF 路由器都拥有网络中所有的链路状态，并且所有路由器的链路状态应该能描绘出相同的网络拓扑。

由于 OSPF 路由器之间会将所有的链路状态（LSA）相互交换，毫不保留，当网络规模达到一定程度时，LSA 将形成一个庞大的数据库，势必会给 OSPF 计算带来巨大的压力。为了能够降低 OSPF 计算的复杂程度，减小计算压力，OSPF 采用分区域计算的方式，将网络中所有 OSPF 路由器划分成不同的区域，每个区域负责各自区域精确的 LSA 传递与路由计算，然后再将一个区域的 LSA 简化和汇总之后转发到另外一个区域，这样一来，在区域内部，拥有网络精确的 LSA；而在不同区域，则传递简化的 LSA。区域的命名可以采用整数数字，如 1、2、3、4，也可以采用 IP 地址的形式，如 0.0.0.1、0.0.0.2。由于采用了 Hub-Spoke 的架构，所以必须定义一个核心，然后其他部分都与核心相连，OSPF 的区域 0 就是所有区域的核心，称为 BackBone 区域（骨干区域），而其他区域称为 Normal 区域（常规区域）。理论上，所有的常规区域应该直接和骨干区域相连，常规区域只能和骨干区域交换 LSA，常规区域与常规区域之间即使直连也无法互换 LSA。例如，常规区域 Area 1、Area 2、Area 3、Area 4 只能和骨干区域 Area 0 互换 LSA，然后再由 Area 0 转发，Area 0 就像是一个中转站。两个常规区域需要交换 LSA 时，只能先交给 Area 0，再由 Area 0 转发，而常规区域之间无法互相转发。

三、任务实施

（一）网络拓扑

网络拓扑如图 2-2-6 所示。

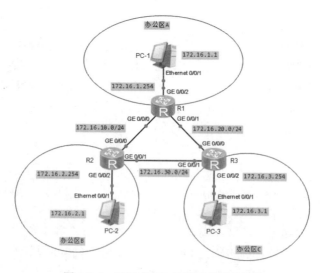

图 2-2-6　配置 OSPF 单区域的网络拓扑

（二）网络编址

网络编址见表 2-2-3。

表 2-2-3 网络拓扑图编址

设备	接口	IP 地址	子网掩码	默认网关
R1（AR2220）	GE0/0/0	172.16.10.1	255.255.255.0	N/A
	GE0/0/1	172.16.20.1	255.255.255.0	N/A
	GE0/0/2	172.16.1.254	255.255.255.0	N/A
R2（AR2220）	GE0/0/0	172.16.10.2	255.255.255.0	N/A
	GE0/0/1	172.16.30.2	255.255.255.0	N/A
	GE0/0/2	172.16.2.254	255.255.255.0	N/A
R3（AR2220）	GE0/0/0	172.16.20.3	255.255.255.0	N/A
	GE0/0/1	172.16.30.3	255.255.255.0	N/A
	GE0/0/2	172.16.3.254	255.255.255.0	N/A
PC-1	Ethernet0/0/1	172.16.1.1	255.255.255.0	172.16.1.254
PC-2	Ethernet0/0/1	172.16.2.1	255.255.255.0	172.16.2.254
PC-3	Ethernet0/0/1	172.16.3.1	255.255.255.0	172.16.3.254

（三）实施步骤

依据网络拓扑结构，部署单区域 OSPF 网络。首先配置 R1 路由器：

```
<R1>system  view
[R1]ospf  1
```

其中，1 代表的是进程号，如果没写这项参数，系统默认是 1。然后用 area 命令创建区域并进入 OSPF 区域视图，输入要创建的区域 ID。由于本任务为 OSPF 单区域配置，所以使用骨干区域，即区域 0 即可。

```
[R1-ospf-1]area 0
```

用 network 命令指定运行 OSPF 协议的接口和接口所属的区域。配置尽量精确匹配所通告的网段。

```
[R1-ospf-1-area-0.0.0.0]network 172.16.10.0  0.0.0.255
[R1-ospf-1-area-0.0.0.0]network 172.16.20.0  0.0.0.255
[R1-ospf-1-area-0.0.0.0]network 172.16.1.0  0.0.0.255
```

配置完成后，用 display ospf interface 命令检查 OSPF 接口通告是否是正确的。

```
[R1]display  ospf  interface
OSPF Process 1with Router-ID 172.16.1.254
Interfaces
Area:0.0.0.0    (MPLS TE not enabled)
IP Address  Type  State  Cost  Pri   DR    BDR
172.16.1.254  Broadcast  DR  1  1  172.16.1.254  0.0.0.0
172.16.10.1   Broadcast  DR  1  1  172.16.10.1  0.0.0.0
172.16.20.1   Broadcast  DR  1  1  172.16.20.1  0.0.0.0
```

可以观察到本地 OSPF 进程使用的 Router-ID 是 172.16.1.254。该进程下，有 3 个接口加入了 OSPF 进程。Type 表示以太网默认的广播网络类型。State 为当前接口的状态，显示为 DR

状态，即表示为这 3 个接口在它们所在的网段中都被选举为 DR。

继续配置 R2 和 R3 路由器：

```
<R2>system   view
[R2]ospf 1
[R2-ospf-1]area 0
[R2-ospf-1-area-0.0.0.0]network 172.16.10.0   0.0.0.255
[R2-ospf-1-area-0.0.0.0]network 172.16.30.0   0.0.0.255
[R2-ospf-1-area-0.0.0.0]network 172.16.2.0   0.0.0.255


<R3>system   view
[R3]ospf 1
[R3-ospf-1]area 0
[R3-ospf-1-area-0.0.0.0]network 172.16.20.0   0.0.0.255
[R3-ospf-1-area-0.0.0.0]network 172.16.30.0   0.0.0.255
[R3-ospf-1-area-0.0.0.0]network 172.16.3.0   0.0.0.255
```

用 display ip routing- table protocol ospf 命令查看 R1 上的 OSPF 路由表：

```
<R1>display ip routing-table protocol ospf
Route Flags: R- relay，   D- download to fib
----------------------------------------------------------------------------
Public routing table: OSPF
Destinations. 3      Routes: 4
OSPF routing table status: <Actives>
Destinations :3      Routers:4
Destination/Mask  Proto    Pre   Cost   Flags      Nexthop        Interface
172.16.2.0/24     OSPF     10    2      D          172.16.10.2    Gigabitethernet0/0/0
172.16.3.0/24     OSPF     10    2      D          172.16.20.3    Gigabitethernet0/0/0
172.16.30.0/24    OSPF     10    2      D          172.16.10.2    Gigabitethernet0/0/0
                  OSPF     10    2      D          172.16.20.3    Gigabitethernet0/0/0
OSPF routing table status <Inactive>
Destination:0            Routes: 0
```

通过该路由表可以观察到，"Destination/Mask" 标识了目的网段的前缀及掩码，"Proto" 标识了此路由信息是通过 OSPF 协议获取的，"Pre" 标识了路由优先级，"Cost" 标识了开销值，"Nexthop" 标识了下一跳地址，"Interface" 标识了此前缀的出接口。

此时 R1 的路由表中已经拥有了去往网络中所有其他网段的路由条目。用同样方法查看 R2 和 R3 的 OSPF 路由表即可，此处不再赘述。

在 PC1 上用 Ping 命令测试与 PC-3 间的连通性：

```
PC>ping 172.16.3.1
Ping 172.16.3.1:32 data bytes，press Ctrl-C to break
Reply From 172.16.3.1:bytes=32 seq=1 ttl=125 time=31ms
Reply From 172.16.3.1:bytes=32 seq=2 ttl=125 time=32ms
Reply From 172.16.3.1:bytes=32 seq=3 ttl=125 time=15ms
Reply From 172.16.3.1:bytes=32 seq=4 ttl=125 time=16ms
Reply From 172.16.3.1:bytes=32 seq=5 ttl=125 time=16ms
---172.16.3.1 ping statistics---
    5 packet(s) transmitted
    5 packet(s) received
  0.00% packet loss
    Round-trip min/avg/max=15/22/32 ms
```

测试成功，实现了通过配置 OSPF 路由协议实现该办公区域间的网络通信。

任务 4　使用华为路由器配置基本的 ACL

一、任务背景描述

依据集团企业网络环境，R 为分支机构 A 管理员所在 IT 部门的网关，R2 为分支机构 A 用户部门的网关，R3 为分支机构 A 去往总部出口的网关设备，R4 为总部核心路由器设备。整网运行 OSPF 协议，并在区域 0 内。企业设计通过远程方式管理核心网络路由器 R4，要求只能由 R 所连的 PC 访问 R4，其他设备均不能访问。

二、相关知识

访问控制列表（Access Control List，ACL）是路由器和交换机接口的指令列表，用来控制端口进出的数据包。ACL 适用于所有的路由协议，如 IP、IPX、AppleTalk 等。信息点间通信和内外网络的通信都是企业网络中必不可少的业务需求，为了保证内网的安全性，需要通过安全策略来保障非授权用户只能访问特定的网络资源，从而达到对访问进行控制的目的。简而言之，ACL 可以过滤网络中的流量，是控制访问的一种网络技术手段。

配置 ACL 后，可以限制网络流量，允许特定设备访问，指定转发特定端口数据包等。如可以配置 ACL，禁止局域网内的设备访问外部公共网络，或者只能使用 FTP 服务。ACL 既可以在路由器上配置，也可以在具有 ACL 功能的业务软件上进行配置。ACL 是物联网中保障系统安全性的重要技术，在设备硬件层安全的基础上，通过在软件层面对设备间通信进行访问控制，使用可编程方法指定访问规则，防止非法设备破坏系统安全及非法获取系统数据。

目前有 3 种主要的 ACL：标准 ACL、扩展 ACL 及命名 ACL。其他的还有标准 MAC ACL、时间控制 ACL、以太协议 ACL、IPv6 ACL 等。

标准的 ACL 使用 1～99 以及 1300～1999 之间的数字作为表号，扩展的 ACL 使用 100～199 以及 2000～2699 之间的数字作为表号。标准 ACL 可以阻止来自某一网络的所有通信流量，或者允许来自某一特定网络的所有通信流量，或者拒绝某一协议簇（比如 IP）的所有通信流量。

扩展 ACL 比标准 ACL 提供了更广泛的控制范围。例如，网络管理员如果希望做到"允许外来的 Web 通信流量通过，拒绝外来的 FTP 和 Telnet 等通信流量"，那么，他可以使用扩展 ACL 来达到目的，标准 ACL 不能控制得这么精确。在标准与扩展访问控制列表中均要使用表号，而在命名访问控制列表中使用一个字母或数字组合的字符串来代替前面所使用的数字。使用命名访问控制列表可以用来删除某一条特定的控制条目，这样可以让我们在使用过程中方便地进行修改。在使用命名访问控制列表时，要求路由器的 IOS 为 11.2 以上的版本，并且不能以同一名字命名多个 ACL，不同类型的 ACL 也不能使用相同的名字。

三、任务实施

（一）网络拓扑

网络拓扑如图 2-2-7 所示。

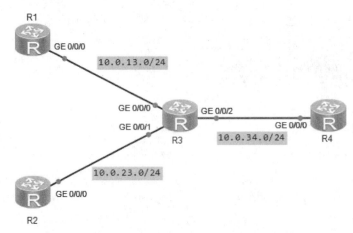

图 2-2-7　配置基本的访问控制列表的网络拓扑

（二）网络编址

网络编址见表 2-2-4。

表 2-2-4　网络拓扑图编址

设备	接口	IP 地址	子网掩码	默认网关
R1 （AR2220）	GE0/0/0	10.0.13.1	255.255.255.0	N/A
	Loopback0	1.1.1.1	255.255.255.255	N/A
R2 （AR2220）	GE0/0/0	10.0.23.2	255.255.255.0	N/A
R3 （AR2220）	GE0/0/0	10.0.13.3	255.255.255.0	N/A
	GE0/0/1	10.0.23.3	255.255.255.0	N/A
	GE0/0/2	10.0.34.3	255.255.255.0	N/A
	Loopback0	3.3.3.3	255.255.255.255	N/A
R4 （AR2220）	GE0/0/0	10.0.34.4	255.255.255.0	N/A
	Loopback0	4.4.4.4	255.255.255.255	N/A

（三）实施步骤

1．基本配置

首先在所有路由器上配置相应的路由协议，是整个网络达到互连互通的基本条件。可配置 OSPF 路由协议（参照本项目任务 3 中配置 OSPF 路由协议展开配置）。接下来开始本任务配置标准 ACL 的相关操作。

在总部核心路由器 R4 上配置 Telnet 相关配置，配置用户密码为 huawei。

```
[R4]user-interfacevty 0 4
[R4-ui-vty0-4] authentication-mode password
Please configure the login password (maximum length 16):huawei
```

配置完成后，尝试在 IT 部门网关设备 R1 上建立 Telnet 连接：

```
<R1>telnet   4.4.4.4
Press CTRL... ] to quit telnet mode
Trying   4.4.4.4
```

```
Connected to 4.4.4.4
Login authentication
Password:
<R4>
```

可以观察到，R1 可以成功登录 R4。再尝试在普通员工部门网关设备 R2 上建立连接：

```
<R2>telnet  4.4.4.4
Press CTRL... ] to quit telnet mode
Trying   4.4.4.4
Connected to 4.4.4.4
Login authentication
Password:
<R4>
```

这时发现，只要是路由可达的设备，并且拥有 Telnet 的密码，都可以成功访问核心设备 R4，显然这是极为不安全的。网络管理员可以通过配置标准 ACL 来实现访问过滤，禁止普通员工设备登录。基本的 ACL 可以针对数据包的源 IP 地址进行过滤，在 R4 上使用 acl 命令创建一个编号型 ACL，基本 ACL 的范围是 2000～2999：

```
[R4]acl 2000
```

接下来在 ACL 视图中，使用 rule 命令配置 ACL 规则，指定规则 ID 为 5，允许数据包源地址为 1.1.1.1 的报文通过，反掩码为全 0，即精确匹配。

```
[R4-acl-basic-2000]rule   5 permit   source 1.1.1.1 0
```

使用 rule 命令配置第 2 条规则，指定规则 ID 为 10，拒绝任意源地址的数据包通过。

```
[R4-acl-basic-2000] rule  10 deny   source   any
```

在上面的 ACL 配置中，第 1 条规则的规则 ID 定义为 5，并不是 1；第 2 条定义为 10，也不与 5 连续，这样配置的好处是能够方便后续的修改或插入新的条目。并且在配置的时候也可以不采用手工方式指定规则 ID，ACL 会自动分配规则 ID，第 1 条为 5，第 2 条为 10，第 3 条为 15，依此类推，即默认步长为 5，该步长参数也是可以修改的。

ACL 配置完成后，在 VTY 中调用。使用 inbound 参数，即在 R4 的数据入方向调用：

```
[R4]user-interface   vty   0  4
[R4-ui-vty0-4] acl   2000   inbound
```

配置完成后，使用 R1 的环回口地址 1.1.1.1 测试访问 4.4.4.4 的连通性：

```
<R1>telnet –a 1.1.1.1   4.4.4.4
Press CTRL... ] to quit telnet mode
Trying   4.4.4.4
Connected to 4.4.4.4
Login authentication
Password:
<R4>
```

发现没有问题后，尝试在 R2 上访问 R4：

```
<R2>telnet   4.4.4.4
Press CTRL... ] to quit telnet mode
Trying   4.4.4.4
Error:Can't connect to the remote host
<R2>
```

可以观察到，此时 R2 已经无法访问 4.4.4.4，即上述 ACL 配置已经生效。

2. 基本 ACL 的语法规则

ACL 的执行是有顺序性的，如果规则 ID 小的规则已经被命中，并且执行了允许或者拒绝的动作，那么后续的规则就不再继续匹配。

在 R4 上使用 display acl all 命令查看设备上所有的访问控制列表：

```
 [R4] display acl all
    Total quantity of nonempty ACL number is 1
Basic   ACL 2000, 2 rules
ACL's step is 5
rule 5 permit source 1.1.1.1 0
rule 10 deny
```

以上是目前 ACL 的所有配置信息。根据上一步骤中的配置，R4 中存在一个基本 ACL，有两个规则 rule 5 permit source 1.1.1.1 0 和 rule 10 deny source any，且根据这个规则已经将 R2 的访问拒绝。现出现新的需求，需要 R3 能够使用其环回口 3.3.3.3 访问 R4。

首先尝试使用规则 D15 来添加允许 3.3.3.3 访问的规则：

```
[R4]acl 2000
[R4-acl-basic-2000] rule 15 permit source   3.3.3.3   0
```

配置完成后，尝试使用 R3 的 3.3.3.3 访问 R4：

```
<R3>telnet –a 3.3.3.3   4.4.4.4
Press CTRL... ] to quit telnet mode
Trying   4.4.4.4
Error:Can't   connect to the remote host
<R3>
```

发现无法访问。按照 ACL 匹配顺序，这是由于规则为 10 的条目是拒绝所有行为的，后续所有的允许规则都不会被匹配。若要此规则生效，必须添加在拒绝所有的规则 ID 之前。

在 R4 上修改 ACL 2000，将规则 ID 修改为 8：

```
[R4]acl 2000
[R4-acl-basic-2000] undo rule 15
[R4-acl-basic-2000] rule 8 permit source   3.3.3.3   0
```

配置完成后，再次尝试使用 R3 的环回口访问 R4：

```
<R3>telnet –a 3.3.3.3   4.4.4.4
Press CTRL... ] to quit telnet mode
Trying   4.4.4.4
Login authentication
Password:
<R3>
```

此时访问成功，证明配置已经生效，至此完成了该案例中涉及的全部 ACL 配置和验证。此时符合本案例的需求，配置成功。

思考与练习

1. 在静态路由配置过程中，可以采用指定下一跳 IP 地址的方式，也可以采取指定出接口的方式，这两种方式有什么区别？

2. 列举 OSPF 与 RIP 协议之间的相同点和不同点。

项目 3 配置 Internet 接入

- 了解 xDSL 技术的工作原理。
- 了解各种常用宽带接入技术的特点。
- 能够正确设置 ADSL 宽带账号并接入 Internet 上网。

随着科学技术的快速发展，网络技术的不断普及，互联网已经成为我们工作和生活中不可或缺的一部分。小至一个家庭，大到一个企业，都需要通过网络进行交流、沟通和事务处理，Internet 接入技术要解决的问题是如何将用户连接到各种网络上去。当前，通信网络正在发生深刻的变化，电信业务已从传统的以语音业务为主的窄带业务向集语音、高速数据、视频和图像为一体的多媒体宽带业务快速发展，故在 Internet 接入技术中，宽带接入是目前应用和发展的重点技术之一。

一、项目背景描述

假设家里有一台计算机需要上网，为保证上网与座机通话两不误，向电信运营商申请了 ADSL 宽带接入，运营商提供 ADSL Modem，安排工作人员上门进行设备安装，并在计算机上设置宽带账号，计算机已可以正常上网。后来，计算机系统出现故障，重新安装操作系统后，必须在计算机上重新设置 ADSL 宽带账号才能够上网。

二、相关知识

（一）网络接入技术的分类

从接入业务的角度来看，网络接入技术可以分为窄带接入和宽带接入；从用户入网方式的角度来分，又可以分为有线接入和无线接入。

1. 窄带接入和宽带接入

"窄带"和"宽带"是一个相对和动态的概念，并无严格的数值界限。传统上一般将网络接入速度 56kbit/s 作为分界，将 56kbit/s 及其以下的接入称为"窄带"，56kbit/s 之上的接入则称为"宽带"。从 2010 年 5 月 17 日开始，4Mbit/s 被定义为宽窄带的分界点，带宽不到 4Mbit/s 的网络一概称为窄带网络，只有 4 Mbit/s 及以上的网络才能被称为宽带网络。电话拨号上网、ISDN 等是比较常见的窄带接入技术，已经很少使用，当前使用的 ADSL 等技术几乎都属于宽带接入。

2. 有线接入和无线接入

有线接入技术主要包括基于电话线的数字用户线路（xDSL）、基于光纤的光宽带接入、基于光纤同轴混合的 HFC 和基于五类双绞线的 LAN。无线宽带接入技术以 LMDS、MMDS、Wi-Fi、WiMAX 等技术为代表，其中发展最为迅速的是 Wi-Fi 和 WiMAX。

（二）常见的宽带接入技术

目前，宽带接入技术主要包括 xDSL 接入（主要是 ADSL）、以太网接入（局域网接入）、光纤接入、基于光纤同轴混合（HFC）的 Cable Modem 接入、电力线载波接入及无线接入等。从全球范围来看，xDSL 依然是世界上应用最广泛的宽带接入技术。

1. xDSL 接入

xDSL 中"x"表示任意字符或字符串，根据采取调制方式的不同，获得的信号传输速率和距离不同以及上行信道和下行信道的对称性不同。xDSL 是一种新的传输技术，在现有的铜质电话线路上采用较高的频率及相应调制技术，即利用在模拟线路中加入或获取更多的数字数据的信号处理技术来获得高传输速率（理论值可达到 52Mbit/s）。各种 DSL 技术最大的区别体现在信号传输速率和距离的不同，以及上行信道和下行信道的对称性不同两个方面。

在 xDSL 技术体系中，基于电话双绞线的第一代 ADSL 技术曾在我国得到广泛的应用。随着运营商网络覆盖的逐步扩大以及用户业务量的逐渐增加，第一代 ADSL 技术逐渐暴露出一些难以克服的弱点，例如：较低的下行传输速率难以满足一些高速业务的开展，如流媒体业务；支持的线路诊断能力较弱，随着用户的不断增多，在线路开通前如何快速确定线路质量成为运营商十分头疼的问题；难以解决设备的散热问题等。为更好地迎合网络运营和信息消费的需求，ADSL 2、ADSL 2+、VDSL 等技术应运而生，这里称它们为新一代 xDSL 技术。

（1）ADSL 2 的主要性能指标。ADSL 2 在速率、覆盖范围上拥有比第一代 ADSL 更优的性能。ADSL 2 下行最高速率可达 12 Mbit/s，上行最高速率可达 1 Mbit/s。ADSL 2 通过减少帧的开销，提高初始化状态机的性能，采用了更有效的调制方式、更高的编码增益以及增强性的信号处理算法来实现。

与第一代 ADSL 相比，在长距离电话线路上，ADSL 2 在上行和下行线路上提供了比第一代 ADSL 多 50 kbit/s 的速率增量。而在相同速率的条件下，ADSL 2 增加了传输距离（约为 180 m），相当于增加了 6%的覆盖面积。对于 ADSL 业务，如何实现故障的快速定位是一个巨大的挑战。为解决这个问题，ADSL 2+传送器配置了增强的诊断工具，这些工具提供了安装阶段解决问题的手段、服务阶段的监听手段和工具的更新升级。

为了能够诊断和定位故障，ADSL 2 传送器在线路的两端提供了测量线路噪声、环路衰减和 SNR（信噪比）的手段，这些测量手段可以通过一种特殊的诊断测试模块来完成数据的采集。这种测试在线路质量很差，甚至在 ADSL 无法完成连接的情况下也能够完成。此外，ADSL 2 提供了实时的性能监测，能够检测线路两端质量和噪声状况的信息，运营商可以利用这些通过软件处理后的信息来诊断 ADSL 2 连接的质量，预防进一步服务的失败，也可以用来确定是否可以提供给用户一个更高速率的服务。

（2）VDSL 的主要性能指标。甚高速数字用户线（Very-high-speed Digital Subscriber Line，VDSL）是目前传输带宽最高的一种 xDSL 接入技术。VDSL 技术具有下列特点。

1）传输速率高，提供上下行对称和不对称两种传输模式。在不对称模式下，VDSL 最高下行速率能够达到 52Mbit/s（在 300m 范围内），在对称模式下最高速率可以达到 34Mbit/s（在 300m 范围内）。VDSL 克服了 ADSL 在上行方向提供带宽不足的缺陷。

2）传输距离受限。带宽和传输距离成反比关系是 DSL 技术的普遍规律，VDSL 是利用高至 12MHz 的信道频带（远远超过了 ADSL 的 1MHz 的信道频带）来换取高传输速率的。由于高频信号在市话线上会大幅衰减，因此其传输距离是非常有限的，而且随着距离的增加其速率也大幅降低，目前 VDSL 线路收发器一般能支持最远不超过 1.5 km 的信号传输。

3）能较好地支持各种应用。VDSL 是一个基于传输媒介的物理层技术，但 VDSL 从标准化工作一开始，就在协议栈、帧映射等方面进行了详细的规定，从而为基于 STM、ATM 和 PTM（Packet Transfer Mode，即 Ethernet 和 IP 应用）各种数据流的 VDSL 应用奠定了基础，避免了 ADSL 因标准化的相对滞后而导致的，其主要支持 Ethernet 和 IP 应用但需要和 ATM 绑定的尴尬局面。

4）具有较好的频谱兼容性。频谱兼容性是 DSL 技术中一个非常重要的课题，因为电缆中不同线路之间的信号串扰是不可避免的，通过频谱的安排，VDSL 所占用的频带可以在 900 kHz 之上，其产生的串音不在 HDSL/SHDSL /ADSL 信号的频带之内，这样，VDSL 不仅可以在同一根用户线上与 POTS/ISDN 共存互不影响，而且也不会影响同一电缆中其他线对上的 HDSL/SHDSL/ADSL 业务，这也是其他 DSL 技术无法比拟的。

（3）HDSL 的主要性能指标。高速率数字用户线路（High-speed Digital Subscriber Line，HDSL）是 ADSL 的对称式产品，其上行和下行数据带宽相同。它的编码技术和 ISDN 标准兼容，在电话局侧可以和 ISDN 交换机连接。HDSL 采用多对双绞线进行并行传输，即将 1.5～2Mbit/s 的数据流分开在两对或三对双绞线上传输，降低每对双绞线上的传信率，增加传输距离。在每对双绞线上通过回声抵消技术实现全双工传输。由于 HDSL 在 2 对或 3 对双绞线的传输率和 T1 或 E1 线传输率相同，所以一般用来作为中继 T1/E1 的替代方案。HDSL 实现起来较简单，成本也较低，大约为 ADSL 的 1/5。

HDSL 是 xDSL 家族中开发比较早，应用比较广泛的一种，采用回波抑制、自适应滤波和高速数字处理技术，使用 2B1Q 编码，利用两对双绞线实现数据的双向对称传输，传输速率为 2048kbit/s 及 1544kbit/s（E1/T1），每对电话线传输速率为 1168kbit/s，使用 24AWG（American Wire Gauge，美国线缆规程）双绞线（相当于 0.51mm）时传输距离可以达到 3.4km，可以提供标准 E1/T1 接口和 V.35 接口。

2. Cable Modem 接入

Cable Modem 接入是在混合光纤同轴电缆（Hybrid Fiber Coaxial，HFC）网上实现的宽带接入技术。这种技术将现有的单向模拟 CATV 网改造为双向的 HFC 网络，利用频分复用技术和 Cable Modem 实现语音、数据和视频等业务的接入。Cable Modem 是专门为在 CATV 上进行数据通信而设计的线缆调制解调器。Cable Modem 本身不单纯是调制解调器，而是集 Modem、调谐器、加/解密设备、桥接器、网络接口卡、虚拟专网代理和以太网集线器的功能于一身。

局端将电信业务和视频业务综合起来，从前端通过光载波经光纤传送到用户侧的光网络单元（ONU）进行光/电转换，然后经同轴电缆传送至网络接口单元（NIU），每个 NIU 为一个家庭服务，其作用是将信号分解为电话、数据、电视等，并送到各个相应的设备。Cable Modem 的调制信号不占用电视频道，也就是说，用户直接连接电视机而不需要另加机顶盒就可以接收模拟电视节目。它无须拨号上网，不占用电话线，可提供随时在线的永久连接。服务商的设备与用户的 Cable Modem 之间建立了一个虚拟专网连接，Cable Modem 提供一个标准的 10Base-T 或 10/100Base-T 以太网接口同用户的 PC 设备或以太网集线器相连。

3. 光纤接入

光纤接入是指以光纤为传输介质的网络环境。光纤接入从技术上可分为两大类：有源光网络（Active Optical Network，AON）和无源光网络（Passive Optical Network，PON）。有源光网络又可分为基于 SDH 的 AON 和基于 PDH 的 AON；无源光网络可分为窄带 PON 和宽带 PON。由于光纤接入使用的传输媒介是光纤，因此根据光纤深入用户群的程度，可将光纤接入分为 FTTC（光纤到路边）、FTTZ（光纤到小区）、FTTB（光纤到大楼）、FTTO（光纤到办公室）和 FTTH（光纤到户），它们统称为 FTTx。FTTx 不是具体的接入技术，而是光纤在接入网中的推进程度或使用策略。

4. 无线接入

无线接入可以在普通局域网的基础上通过无线 Hub、无线接入站（Access Point，AP，亦译作网络桥通器）、无线网桥、无线 Modem 及无线网卡等来实现。在业内无线局域网有多种标准并存，太多的 IEEE 802.11 标准极易引起混乱，应当减少标准。除了完整定义 WLAN 系统的 3 类主要规范（802.11a、802.11b 及 802.11g）外，IEEE 目前正设法制定增强型标准，以减少现行协议存在的缺陷。这并非开发新的无线 LAN 系统，而是对原标准进行扩展。

三、项目实施

（一）项目分析

在网线或光纤接入环境下，使用 ADSL 无线路由一体机可以实现网络共享，为局域网内的 PC、手机、笔记本电脑等终端提供有线、无线网络。项目可根据接入对象，分为网线接入的网络拓扑和通过光纤接入的网络拓扑，虽然接入的传输介质不同，但依据 ADSL 的工作原理是一致的。

（二）网络拓扑

网线接入和光纤接入网络拓扑分别如图 2-3-1 和图 2-3-2 所示。

图 2-3-1　网线入户连接图

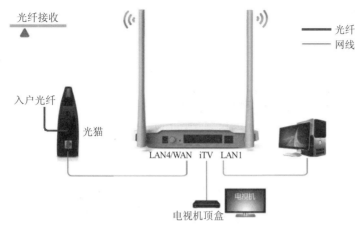

图 2-3-2 光纤入户连接图

（三）实施准备

（1）连接线路。按照拓扑结构将 ADSL 无线路由一体机接入网络环境中，接通电源后，确认指示灯正常。

（2）设置操作电脑。设置路由器之前，需要将操作电脑设置为自动获取 IP 地址。

（四）实施步骤

（1）输入管理地址。打开浏览器，清空地址栏并输入 192.168.1.1（一体机的管理 IP 地址），按回车键弹出登录框，如图 2-3-3 所示。

图 2-3-3 输入管理 IP 登录 ADSL

（2）登录管理界面。需要注意，部分一体机默认使用 admin 的用户名和密码登录，具体以弹出的登录框为准。如果是第一次登录，需要设置路由器的管理密码。如果已经设置好管理密码，可直接输入密码进入管理界面，如图 2-3-4 所示。

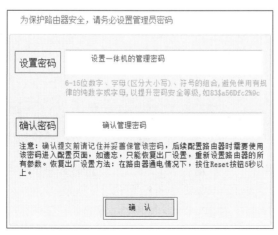

图 2-3-4 设置密码

（3）开始设置向导。进入路由器的管理界面，在"设置向导"对话框中单击"下一步"按钮，如图 2-3-5 所示。

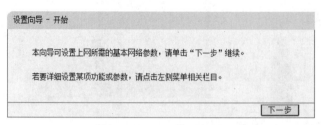

图 2-3-5　进入设置向导

（4）选择系统模式为"无线路由模式"，单击"下一步"按钮，如图 2-3-6 所示。

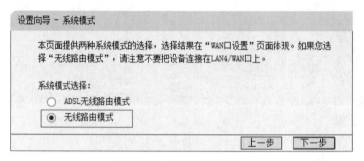

图 2-3-6　选择系统模式

（5）选择上网方式。这里是通过宽带拨号，则上网方式选择"PPPoE（DSL 虚拟拨号）"单选按钮，单击"下一步"按钮，如图 2-3-7 所示。

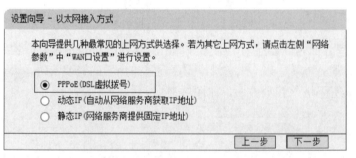

图 2-3-7　选择以太网接入方式

注意

如果是其他上网方式，选择相应的上网方式后继续下一步操作。

（6）输入宽带账户和密码。在对应设置框填入运营商提供的宽带账号和密码，并确定该账号密码输入正确（区分大小写），如图 2-3-8 所示。

（7）设置无线参数。修改 SSID（即无线网络名称），在密码的位置设置不少于 8 位的无线密码，单击"下一步"按钮，如图 2-3-9 所示。

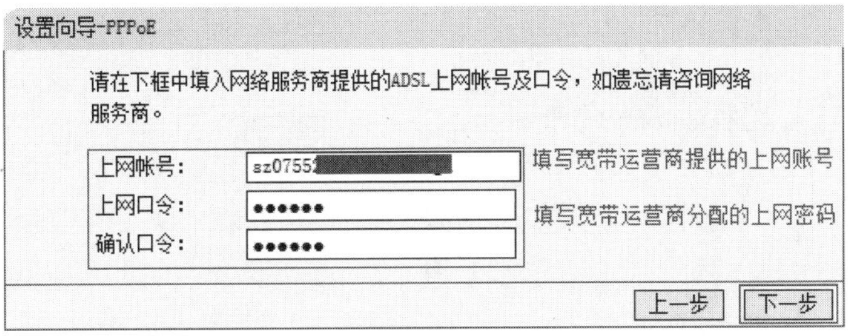

图 2-3-8　输入运营商提供的账号信息

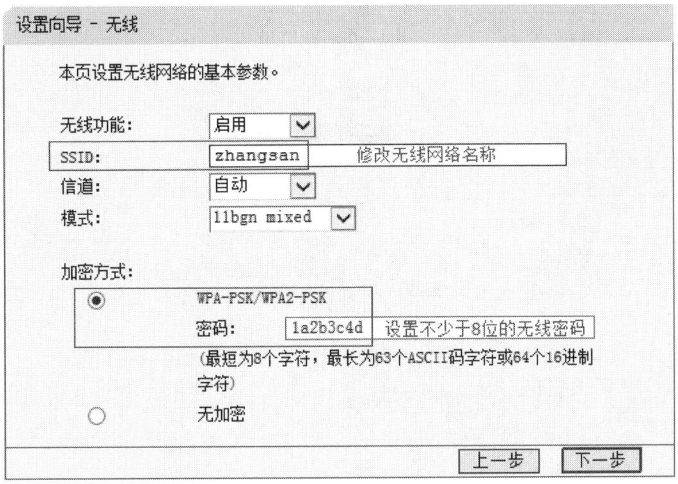

图 2-3-9　设置无线连接的基本参数

（8）设置 IPTV 功能。勾选"启用 IPTV 功能"复选框，选择用于 IPTV 的有线 LAN 口。如需要填写 Tag 值，则勾选"设置 Vlan Tag"复选框，输入 IPTV 服务商提供的 Tag 值，单击"下一步"按钮，如图 2-3-10 所示。

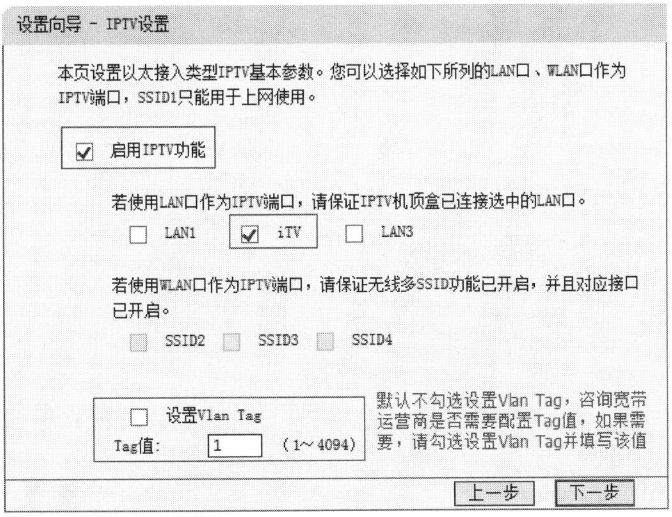

图 2-3-10　设置 IPTV 功能

注 意

若需使用 IPTV 无线网络，则需开启多 SSID 功能。

（9）确认参数，保存配置。在"参数摘要"中确定参数无误后，单击"保存"按钮，如图 2-3-11 所示。

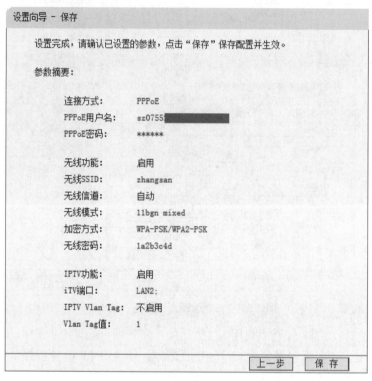

设置向导 - 保存

设置完成，请确认已设置的参数，点击"保存"保存配置并生效。

参数摘要：

连接方式：	PPPoE
PPPoE用户名：	sz0755
PPPoE密码：	******
无线功能：	启用
无线SSID：	zhangsan
无线信道：	自动
无线模式：	11bgn mixed
加密方式：	WPA-PSK/WPA2-PSK
无线密码：	1a2b3c4d
IPTV功能：	启用
iTV端口：	LAN2:
IPTV Vlan Tag：	不启用
Vlan Tag值：	1

上一步　保 存

图 2-3-11　确认参数

（10）设置完成。等待配置完成，单击"重启"按钮，如图 2-3-12 所示。

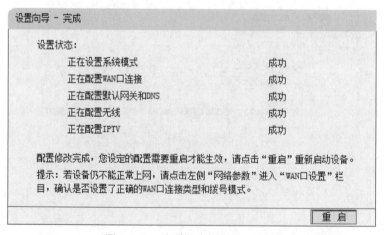

设置向导 - 完成

设置状态：

正在设置系统模式	成功
正在配置WAN口连接	成功
正在配置默认网关和DNS	成功
正在配置无线	成功
正在配置IPTV	成功

配置修改完成，您设定的配置需要重启才能生效，请点击"重启"重新启动设备。

提示：若设备仍不能正常上网，请点击左侧"网络参数"进入"WAN口设置"栏目，确认是否设置了正确的WAN口连接类型和拨号模式。

重启

图 2-3-12　查看状态后重启 ADSL

注意

部分情况会提示"完成",按照提示操作即可。

设置完成后,进入路由器管理界面,在"运行状态"对话框查看 WAN 口状态中类型为
"PPPoE"的条目,若 IP 地址不为 0.0.0.0,则表示设置成功,如图 2-3-13 所示。

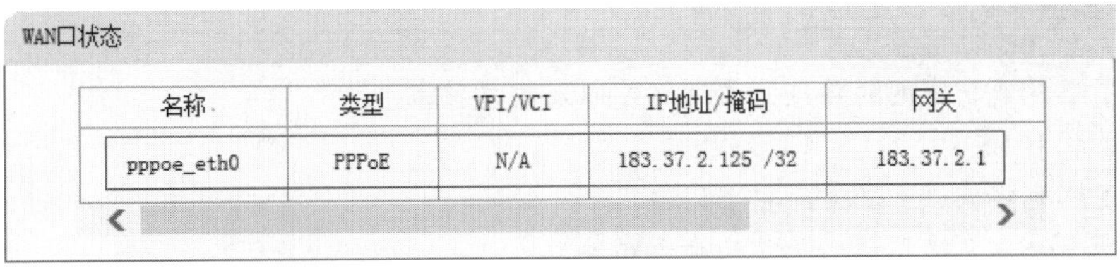

WAN口状态

名称	类型	VPI/VCI	IP地址/掩码	网关
pppoe_eth0	PPPoE	N/A	183.37.2.125 /32	183.37.2.1

图 2-3-13　获取 IP 参数信息

至此,网络连接成功,路由器设置完成。计算机连接一体机后,无须进行宽带连接拨号,
可以直接打开网页上网。如果还有其他计算机需要上网,用网线直接将这些计算机连接 1/3/4
接口,即可尝试上网,不需要再配置路由器。如果是笔记本电脑、手机等无线终端,无线连接
到一体机,直接上网即可。

思考与练习

1. 思考各种宽带接入技术适合使用的场景。
2. 对比总结各种宽带技术的优缺点。

项目 4　组建小型无线局域网

○ 学习目标

- 了解无线局域网的特点、应用环境以及主要技术。
- 了解 IEEE 802.11 各种标准的特点。
- 了解无线局域网的常用安全措施。
- 熟悉组建无线局域网所需的主要组件。
- 掌握无线局域网的基本组网技术。

○ 项目描述

随着通信技术的发展，智能手机、平板电脑等移动终端得到了普及。与此同时，人们的生活和工作方式也逐渐发生改变，对移动访问互联网的需求也变得越来越强烈。人们希望打破地域的限制，在任何时间、任何地点都可以轻松上网，无线局域网由此得到了快速发展，在家庭、办公、教育、生产、服务和休闲娱乐等领域得到了广泛应用。近年来，无线局域网技术在带宽和覆盖面上的进步，使得车载无线、无线视频、无线校园、无线医疗、无线城市、无线定位等诸多应用得到极大发展。在各种无线应用中，首先应解决的问题是如何构建无线局域网。

一、项目背景描述

某公司规模不大，只有 10 余人，现临时搬迁至新办公室，需要连接 Internet 以便和外界联系。考虑到有线网络需要穿墙凿洞，工程量较大，而公司绝大多数同事使用的是笔记本电脑，网络管理员打算搭建无线局域网来满足上网要求。无线网络无须布设网线，不影响办公室整体设计及美观，且扩展性较强。考虑到无线信号的开放性，需要采取必要的加密及接入控制措施，以保证无线网络的安全。

二、相关知识

（一）无线局域网概述

1. 无线局域网的定义

无线局域网（Wireless Local Area Network，WLAN）是指以无线信号作为传输介质，在一定区域范围内建立的计算机网络。它是计算机网络与无线通信技术相结合的产物，以无线多址信道作为传输介质，提供传统有线局域网的功能，使用户真正实现随时、随地接入网络。无线局域网的本质特点是不再使用通信电缆将计算机与物理网络连接起来，而是通过无线的方式连接，从而使网络的构建和终端的移动更加灵活。

2. 无线局域网的特点

（1）无线局域网是当前整个数据通信领域发展最快的产业之一，与传统的有线局域网相比较，无线局域网具有以下优点。

1）移动性。在有线网络中，网络设备的安放位置受布线节点位置的限制，而无线局域网在无线信号覆盖区域内的任何一个位置都可以接入网络。更重要的是，连接到无线局域网的用户可以随意移动且能同时与网络保持连接。

2）便捷快速。传统的有线网络要受到布线的限制，如果建筑物中没有预留线路，布线及调试的工程量将非常大，无线局域网可以免去或最大程度地减少网络布线的工作量，只要安装一个或多个接入点设备，就可建立覆盖整个区域的局域网络。

3）网络规划和调整方便。对于有线网络来说，办公地点或网络拓扑的改变通常意味着要重新构建网络。重新布线是一个昂贵、费时、浪费和琐碎的过程，无线局域网可以避免或减少以上情况的发生。

4）定位容易。有线网络一旦出现物理故障，尤其是由于线路连接不良而造成的网络中断，往往很难查明，而且检修线路需要付出很大的代价。无线网络则很容易定位故障，只需更换故障设备即可恢复网络连接。

5）易于扩展。无线局域网扩容方便，可以很快从只有几个用户的小型局域网扩展到上千用户的大型网络，并且能够提供漫游功能来拓展终端设备的移动范围。

（2）与有线网络相比，无线局域网的缺点主要体现在以下几个方面。

1）性能不稳定。无线局域网依靠无线电波进行传输，容易受到外界环境的干扰，如建筑物、墙壁、树木和其他障碍物都可能阻碍电磁波的传输，所以无线网络一般具有延时长、连接稳定性差、可用性较难预测等特点。

2）传输速度较慢。无线网络的传输速度与有线网络相比要低得多，且信号衰减也比较快。

3）安全性较弱。无线局域网不要求建立物理的连接通道，而是采用公共的无线电波作为载体，无线信号是发散的。从理论上讲，任何人都有条件监听到无线网络覆盖范围内的信号，因此容易造成信息泄露，形成安全隐患。

3. 无线局域网的应用环境

作为有线网络的无线延伸，无线局域网具有安装便捷、使用灵活、经济节约和易于扩容等诸多优点，被广泛应用在交通运输、金融、零售、医疗、教育等行业，以及企业、家庭等不同场合。

WLAN 的应用场合包括以下几种。

（1）难以布线的地方：古代建筑物、大型露天区域、城市建筑群、校园和工厂等，这些地方有线网络架设受限制、布线破坏性很大、难以布线或布线费用昂贵。

（2）频繁变动地点的机构：零售商、野外勘测、军事、公安等经常更换工作地点的机构。

（3）临时设置和安排通信的地方：商业展览、会议中心等人员流动较频繁的地方；重大事件的现场实况报道。

（4）使用者流动或不固定的场所：学校、医院、超市或办公大楼等人员流动时也需及时获取信息的区域。

（5）服务性场所：酒店、机场、车站、餐厅、咖啡馆等。

（6）应急区域：由于受灾或其他原因使有线网络遭到破坏，而短时间内无法修复有线网络，这时通过无线网络可以迅速建立应急通信。

（二）无线局域网的标准

IEEE 802.11x 是无线局域网技术的一系列标准，此标准由电气电子工程师学会（IEEE）制定，它包括 802.11a、802.11b、802.11g、802.11n。802.11 是 IEEE 在 1997 年为无线局域网（Wireless LAN）定义的一个无线网络通信的工业标准。此后该标准不断得到补充和完善，形成 802.11x 的标准系列。802.11x 标准是现在无线局域网的主流标准，也是 Wi-Fi 的技术基础。目前，WLAN 领域主要是 IEEE 802.11x 系列与 HiperLAN/x（欧洲无线局域网）系列两种标准。

（1）802.11a。它的物理层速率可达 54Mbit/s，传输层速率可达 25Mbit/s。可提供 25Mbit/s 的无线 ATM 接口和 10Mbit/s 的以太网无线帧结构接口，以及 TDD/TDMA 的空中接口；支持语音、数据、图像业务；一个扇区可接入多个用户，每个用户可带多个用户终端。

（2）802.11b。802.11b 即 Wi-Fi，它利用 2.4GHz 的频段，最大数据传输速率为 11Mbit/s，在室外支持的范围是 300m。802.11b 使用与以太网类似的连接协议和数据包确认，提供可靠的数据传送和网络带宽的有效使用。

（3）802.11g。802.11g 是为了获得更高的传输速率而制定的标准，采用 2.4GHz 频段，使用 CCK 技术与 802.11b（Wi-Fi）后向兼容，同时通过采用 OFDM 技术支持高达 54Mbit/s 的数据流。

（4）802.11n。IEEE 802.11n 工作小组由高吞吐量研究小组发展而来，并计划将 WLAN 的传输速率从 802.11a 和 802.11g 的 54Mbit/s 增加至 108Mbit/s 以上，最高速率可达 320Mbit/s，成为 802.11b、802.11a、802.11g 之后的另一个重要标准。和以往的 802.11 标准不同，802.11n 协议为双频工作模式（包含 2.4GHz 和 5GHz 两个工作频段），保障了与以往的 802.11a/b/g 标准兼容。

（5）802.11ac。它采用 5GHz 频带，是下一代无线局域网的标准之一。核心技术源于 802.11a，理论速率为 1Gbit/s，实际可达 300～400Mbit/s。

（三）无线局域网的组件

1. 无线网卡

无线网卡是终端无线网络的设备，是不通过有线连接，采用无线信号进行数据传输的终端。

无线网卡根据接口不同，主要有 PCMCIA 无线网卡、PCI 无线网卡、MiniPCI 无线网卡、USB 无线网卡、CF/SD 无线网卡等。

无线网卡也可用来连接到无线局域网。它只是一个信号收发的设备，只有在匹配到无线连接信号时才能实现与互联网的连接，无线上网卡主流的传输速率有 54Mbit/s、108Mbit/s、150Mbit/s、300Mbit/s、450Mbit/s 等，该性能和环境有很大的关系。

（1）54Mbit/s：其 WLAN 传输速率一般在 16～30Mbit/s 之间。

（2）108Mbit/s：其 WLAN 传输速率一般在 24～50Mbit/s 之间。

图 2-4-1 所示为无线网卡示例。

2. 无线接入点（AP）

无线接入点是一个无线网络的接入点，俗称"热点"。主要有路由交换接入一体设备和纯接入点设备，一体设备执行接入和路由工作，纯接入设备只负责无线客户端的接入。纯接入设备通常作为无线网络扩展使用，与其他AP或者主AP连接，以扩大无线覆盖范围，

图 2-4-1　无线网卡

而一体设备一般是无线网络的核心。无线 AP 是使用无线设备（手机等移动设备及笔记本电脑等无线设备）的用户进入有线网络的接入点，主要用于宽带家庭、大楼内部、校园内部、园区内部以及仓库、工厂等场所，典型距离覆盖几十米至上百米，也有可以用于远距离传送的无线 AP，目前最远的可以达到 30km 左右，主要技术为 IEEE 802.11 系列。大多数无线 AP 还带有接入点客户端模式（AP client），可以和其他 AP 进行无线连接，延展网络的覆盖范围。

无线 AP 也可用于小型无线局域网的连接，从而达到拓展无线连接范围的目的。当无线网络用户足够多时，应当在有线网络中接入一个无线 AP，从而将无线网络连接至有线网络主干。AP 在无线工作站和有线主干网之间起网桥的作用，实现了无线与有线的无缝集成。AP 既允许无线工作站访问网络资源，同时又为有线网络增加了可用资源。华为的无线 AP 如图 2-4-2 所示。

3. 无线路由器

无线路由器（wireless router）好比是将单纯性无线 AP 和宽带路由器合二为一的扩展型产品，不仅具备单纯性无线 AP 的所有功能，如支持DHCP客户端，支持 VPN 与防火墙，支持 WEP 加密等，还包括网络地址转换（NAT）功能，可支持局域网用户的网络连接共享，可实现家庭无线网络中的 Internet 连接共享，实现 ADSL、Cable Modem 和小区宽带的无线共享接入。无线路由器可以与所有以太网连接的 ADSL Modem 或 Cable Modem 直接相连，也可以在使用时通过交换机、宽带路由器等局域网方式再接入。其内置简单的虚拟拨号软件，可以存储用户名和密码拨号上网，可以实现为拨号接入 Internet 的 ADSL、CM 等以提供自动拨号功能，而无须手动拨号或占用一台计算机做服务器使用。此外，无线路由器一般还具备相对更完善的安全防护功能。

无线路由器与支持加密功能的无线网卡相互配合，可加密传输数据，使他人很难中途窃取信息。WEP 加密等级有 64 比特和 128 比特两种，使用 128 比特加密较为安全。WEP 密钥可以是一组随机生成的十六进制数字，或是由用户自行选择的 ASC II 字符。一般情况我们选用后者，由人工输入。每个无线宽带路由器及无线工作站必须使用相同的密钥才能通信。但加密是可选的，大部分无线路由器默认值为禁用加密。加密可能会影响传输效率。典型的无线路由器如图 2-4-3 所示。

图 2-4-2　华为无线 AP

图 2-4-3　无线路由器

（四）无线局域网的安全措施

1. 常见无线接入认证方式说明

（1）有线等效保护协议（Wired Equivalent Privacy，WEP）。无线接入点设定有 WEP 密

钥（WEP Key），无线网卡在要接入到无线网络时必须设定相同的 WEP Key，否则无法连接到无线网络。WEP 可以用于认证或是加密，例如认证使用开放式系统（open system），而加密使用 WEP；或者认证和加密都使用 WEP。WEP 加密现在已经有软件可以轻易破解，因此不是很安全。

对于开放系统认证，在设置时也可以启用 WEP，此时，WEP 用于在传输数据时加密，对认证没有任何作用。对于共享密钥认证，必须启用 WEP，WEP 不仅用于认证，也用于在传输数据时加密。WEP 使用对称加密算法（即发送方和接收方的密钥是一致的），WEP 使用 40 位或 104 位密钥和 24 位初始化向量（Initialization Vector，IV，即随机数）来加密数据。由于 WEP 有一些严重缺陷，如初始化向量的范围有限，而且是使用明文传送，802.11 使用 802.1X 来进行认证、授权和密钥管理。另外，IEEE 开始制订 802.11i 标准，用于增强无线网络的安全性。同时，Wi-Fi 联盟与 IEEE 一起开发了 Wi-Fi 受保护的访问（Wi-Fi Protected Access，WPA）协议以解决 WEP 的缺陷。

（2）WPA 及 WPA2。不同于 WEP，WPA 同时提供认证（基于 802.1X 可扩展认证协议 EAP 的认证）和加密（临时密钥完整性协议，Temporal Key Integrity Protocol，TKIP）。可扩展认证协议（Extensible Authentication Protocol，EAP）是一个认证框架，而不是一种特定的认证机制，EAP 提供一些公共的功能，并且允许协商认证机制（EAP 方法）。EAP 规定如何传输和使用由 EAP 方法产生的密钥材料（如密钥、证书等）及参数。

（3）WAPI。无线局域网鉴别和保密基础结构（WLAN Authentication and Privacy Infrastructure）是我国提出的无线局域网安全标准。WAPI 包括无线局域网鉴别基础结构（WLAN Authentication Infrastructure，WAI）和无线局域网保密基础结构（WLAN Privacy Infrastructure，WPI）。WAI 提供认证功能，WPI 提供加密功能。

（4）MAC ACL（Access Control List）。MAC ACL 只是一种认证方式。在无线 AP 中输入允许被连入的无线网卡 MAC 地址，不在该清单的无线网卡无法连入无线网络。

（5）常见的认证和加密方式组合。WPA 是一个中间过渡标准，最终的安全解决标准是 802.11i，WPA 的认证方式是 802.1X，加密方法是 WEP、TKIP；WPA2 的认证方式是 802.1X，加密方法是 WEP、TKIP 和 CCMP。

WAPI 是中国无线局域网强制性标准中的安全机制，已获得 ISO 认可，将成为国际标准。实际上 WAPI 和 802.11i 的物理层是一样的，只是协议和 MAC 层不一样，因此很容易在一个芯片上支持两种标准。WPA、WPA2、802.11i 的 802.1X/EAP 认证都要使用认证服务器（authentication server）。对于大型企业环境来说，构建一台认证服务器没有问题，但对于家庭环境和小型办公室环境来说，构建一台认证服务器不太现实。为解决这个问题，802.11i 提供了一种简单的认证方法——PSK。预共享密钥（PSK）需要事先在无线访问点（AP）和所有要访问无线网络的计算机上手动输入一个相同的 passphrase，使用一种算法将 passphrase 转换为认证时使用的 Pairwise Master Key（PMK）。另外，在验证过程中，还要产生用于加密的动态密钥。这种进行认证（不使用认证服务器）/加密的方法称为 WPA/WPA2-Personal 或 WPA/WPA2 Pre-Shared Key 或 WPA/WPA2-PSK；使用认证服务器进行认证/加密的方法称为 WPA/WPA2-Enterprise。

2. 解决无线接入安全问题的措施

（1）加强网络访问控制。容易访问不等于容易受到攻击。一种极端的手段是通过房屋的电磁屏蔽来防止电磁波的泄露，当然通过强大的网络访问控制可以减少无线网络配置的风险。如果将 AP 安置在像防火墙这样的网络安全设备的外面，最好考虑通过 VPN 技术连接到主干网络，更好的办法是使用基于 IEEE 802.1X 的新的无线网络产品。IEEE 802.1X 定义了用户级认证的新的帧类型，借助于企业网已经存在的用户数据库，将前端基于 IEEE 802.1X 无线网络的认证转换到后端基于有线网络的 RASIUS 认证。

（2）定期进行站点审查。像其他许多网络一样，无线网络在安全管理方面也有相应的要求。在入侵者使用网络之前通过接收天线找到未被授权的网络，通过物理站点的监测应当尽可能地频繁进行，频繁的监测可增加发现非法配置站点存在的概率，但是这样会花费很多的时间并且移动性很差。一种折中的办法是选择小型的手持式检测设备。管理员可以通过手持扫描设备随时到网络的任何位置进行检测。

（3）加强安全认证。最好的防御方法就是阻止未被认证的用户进入网络。由于访问特权是基于用户身份的，所以通过加密办法对认证过程进行加密是进行认证的前提，通过 VPN 技术能够有效地保护通过电波传输的网络流量。一旦网络配置成功，严格的认证方式和认证策略将是至关重要的。另外还需要定期对无线网络进行测试，以确保网络设备使用了安全认证机制，并确保网络设备的配置正常。

（4）网络检测。定位性能故障应当从监测和发现问题入手，很多 AP 可以通过 SNMP 报告统计信息，但是信息十分有限，不能反映用户的实际问题。而无线网络测试仪则能够如实反映当前位置信号的质量和网络健康情况。测试仪可以有效识别网络速率、帧的类型，帮助进行故障定位。

（5）采用可靠的协议进行加密。如果用户的无线网络用于传输比较敏感的数据，那么仅用 WEP 加密方式是远远不够的，需要进一步采用像 SSH、SSL、IPSec 等加密技术来加强数据的安全性。

（6）隔离无线网络和核心网络。由于无线网络非常容易受到攻击，因此被认为是一种不可靠的网络。很多公司把无线网络布置在诸如休息室、培训教室等公共区域，作为提供给客人的互联网接入方式。应将网络布置在核心网络防护外壳的外面，如防火墙的外面，接入并访问核心网络则采用 VPN 方式。

三、项目实施

（一）项目分析

公司技术部准备组建无线局域网办公，基础结构网络（Infrastructure 模式）是最常见的一种无线网络部署方式，以 AP（或无线路由器）为中心，终端以无线方式通过 AP 接入网络，并由 AP 实现无线网络和有线网络的互连。基础结构网络中，以无线 AP 或无线路由器为接入设备，实现无线通信。

WLAN 安全认证需配置实现 WLAN 业务的相关命令，如果想自己搭建组网并实现其他相关业务，需要在无线设备上配置相关的命令。

（二）网络拓扑

网络拓扑如图 2-4-4 所示。

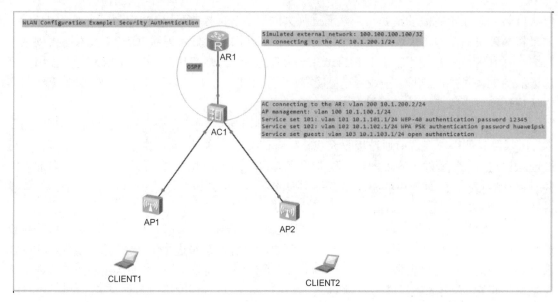

图 2-4-4　部门部署的无线局域网的网络拓扑

（三）实施步骤

（1）开启 eNSP 客户端。

（2）在 eNSP 中启动全部设备。使 CLIENT1 分别连接上 3 种不同认证的 Wi-Fi。先使 CLIENT1 连接上 WEP-40 认证的 Wi-Fi。双击 CLIENT1，弹出"CLIENT1"窗口。在"Vap 列表"区域选择"SSID"为"vlan101"的 Wi-Fi，单击"连接"按钮，如图 2-4-5 所示。

图 2-4-5　CLIENT1 连接 vlan101 的 Wi-Fi

（3）在弹出的窗口中输入 vlan101 的密码，单击"确定"按钮，如图 2-4-6 所示。从图上可以看出，CLIENT1 成功连接了 Wi-Fi。

图 2-4-6　CLIENT1 成功连接上 WEP-40 认证的 Wi-Fi

（4）使 CLIENT1 连接上 WPA PSK 认证的 Wi-Fi。双击 CLIENT1，弹出"CLIENT1"窗口。在"Vap 列表"区域选择"SSID"为"vlan102"的 Wi-Fi，单击"连接"按钮，如图 2-4-7所示。

图 2-4-7　CLIENT1 连接上 vlan102 的 Wi-Fi

（5）在弹出的对话框中输入 vlan102 的密码，单击"确定"按钮，如图 2-4-8 所示。从右侧的拓扑图上可以看出，CLIENT1 成功连接 Wi-Fi。

（6）使 CLIENT1 连接开放认证的 Wi-Fi。双击 CLIENT1，弹出"CLIENT1"窗口。在"Vap 列表"区域选择"SSID"为"guest103"的 Wi-Fi，单击"连接"按钮，如图 2-4-9 所示。

（7）从拓扑图上可以看出，CLIENT1 成功连接 Wi-Fi，如图 2-4-10 所示。

图 2-4-8　CLIENT1 成功连接上 WPA PSK 认证的 Wi-Fi

图 2-4-9　CLIENT1 连接上 guest103 的 Wi-Fi

图 2-4-10　CLIENT1 成功连接上 open system 认证方式的 Wi-Fi

四、拓展知识

第五代移动通信技术标准的英文简写为 5G。5G 是 4G 的延伸，目前正在研究和逐步实施中。5G 网络的理论下行速度为 10Gbit/s（相当于下载速度 1.25GB/s）。未来 5G 网络将朝着网络多元化、宽带化、综合化、智能化的方向发展。随着各种智能终端的普及，预计在 2020 年以后，移动数据流量将呈现爆炸式增长。在未来的 5G 网络中，减小小区半径，增加低功率节点数量，是保证 5G 网络支持 1000 倍流量增长的核心技术之一。因此，超密集异构网络将成为 5G 网络提高数据流量的关键技术。

根据目前各国的研究，5G 技术相比 4G 技术，其峰值速率将增长数十倍，从 4G 的 100Mbit/s 提高到几十 Gbit/s。同时，端到端延时将从 4G 的十几毫秒减少到 5G 的几毫秒。正因为有了强大的通信和带宽能力，5G 网络一旦应用，目前仍停留在构想阶段的车联网、物联网、智慧城市、无人机网络等概念将变为现实。此外，5G 还将进一步应用到工业、医疗、安全等领域，能够极大地促进这些领域的生产效率，以及创造出新的生产方式。

标志性能力指标为"Gbit/s 用户体验速率"，一组关键技术包括大规模天线阵列、超密集组网、新型多址、全频谱接入和新型网络架构。大规模天线阵列是提升系统频谱效率的最重要技术手段之一，对满足 5G 系统容量和速率需求将起到重要的支撑作用；超密集组网通过增加基站部署密度，可实现百倍量级的容量提升，是满足 5G 千倍容量增长需求的最主要手段之一；新型多址技术通过发送信号的叠加传输来提升系统的接入能力，可有效支撑 5G 网络千亿设备连接需求；全频谱接入技术通过有效利用各类频谱资源，可有效缓解 5G 网络对频谱资源的巨大需求；新型网络架构基于 SDN、NFV 和云计算等先进技术可实现以用户为中心的，更灵活、智能、高效和开放的 5G 新型网络。

思考与练习

1. WLAN 与有线局域网相比有哪些优势和劣势，以具体应用环境说明。
2. 展望 WLAN 与未来 5G 网络的关联性。

项目 5　广域网技术

学习目标

- 了解广域网协议。
- 了解广域网的一些基本特性。
- 了解广域网的线路类型。
- 掌握 HDLC 协议的基本原理及配置。
- 掌握 PPP 协议的基本原理及配置。
- 掌握帧中继协议的基本原理及配置。

项目描述

计算机网络根据其覆盖距离分成 3 类：局域网（LAN）、城域网（MAN）和广域网（WAN）。其中广域网（Wide Area Network，WAN）是影响广泛的复杂网络系统。WAN 由两个以上的 LAN 构成，大型的 WAN 可以由各大洲的许多 LAN 和 MAN 组成。最广为人知的 WAN 就是 Internet，它由全球成千上万的 LAN 和 WAN 组成。实现多个远程局域网的互连，或局域网接入 Internet，都涉及广域网技术的使用。

任务 1　广域网协议

一、任务背景描述

广域网是一种跨地区的数据通信网络，使用电信运营商提供的设备作为信息传输平台。广域网通常跨接很大的物理范围，覆盖的范围从几千米到几千千米，连接多个城市或国家，或横跨几个洲，并能提供远距离通信。ISO 的 OSI 参考模型同样适用于广域网，对照 OSI 参考模型，广域网协议主要位于低 3 层，分别是物理层、数据链路层和网络层。

二、相关知识

广域网协议是在 OSI 参考模型的最下面 3 层操作，定义了在不同的广域网介质上的通信。主要用于广域网的通信协议比较多，如高级数据链路控制协议、点到点协议、X.25 协议等。

1. HDLC 协议

HDLC（High-level Data Link Control）即高级数据链路控制，是一个面向比特的数据链路层的协议，详见前导知识 3.3。HDLC 的特点是以位的方式来定位各个字段，而不用控制字符。各字段内均由位的各种组合组成，不必来自规定字符集。1974 年，IBM 公司推出了著名的体系统构 SNA，在 SNA 的数据链路层规程采用了面向比特的同步数据链路控制（Synchronous Data Link Control，SDLC）。国际标准化组织把 SDLC 修改后称为 HDLC，作为国际标准 ISO 3309（data communication-high-level data link control procedure-frame structure）。SDLC 虽然最早提出，但它后来成为 HDLC 的一个子集。HDLC 协议主要定义了在链路上传送的帧结构、链路的基本配置和数据传送方式，成为用于建立和关闭连接、数据传送、流量控制、差错控制等的协议规程。

HDLC 基本命令描述见表 2-5-1。

表 2-5-1　HDLC 基本命令

命令	描述	配置模式
encapsulation hdlc	接口链路层协议封装 HDLC	config- if-××
keepalive [seconds]	设置保活检测的时间间隔	config- if-××
peer ip addr ipaddress	指定对端 IP 地址	config- if-××
ip tcp header- compression [passive]	设置 TCP/IP 首部压缩	config- if-××
ip tcp compression- connections number	设置 TCP/IP 首部压缩连接数	config- if-××
ip rtp header- compression [passive]	设置 RTP 首部压缩	config- if-××
compress stac	设置 Stacker 压缩	config- if-××
bridge- group number	把接口添加到一个桥接组中	config- if-××
bridge ip ipaddress port {client | server}	配置 HDLC 桥接	config- if-××

2．PPP 协议

PPP 协议是提供在点到点线路上传送网络层数据包的一种数据链路层协议，是目前使用得最为广泛的数据链路层协议，详见前导知识 3.3。PPP 协议主要被设计用来在支持全双工的同/异步链路上进行点到点之间的数据传输。物理层可以是同步电路或异步电路。

PPP 包括链路控制协议（LCP）、网络层控制协议（NCP）、认证协议（PAP 和 CHAP），它可以支持同/异步线路。PPP 适用于不同特性的串行系统，可传输多种网络层协议数据，是一种用于连接各种类型的主机、网桥和路由器的通用方法。

PPP 主要由以下 3 部分组成：①封装多种网络层协议数据报的方法；②用于建立、配置和测试数据链路连接的链路控制协议（LCP）；③一组用于建立、配置不同网络层协议的网络控制协议（NCP）。

因特网用户通常都要连接到某个 ISP 才能接入到因特网，而 PPP 协议就是用户计算机和 ISP 进行通信时所使用的数据链路层协议。

PPP 协议主要特点如下。

● 点对点协议，既支持异步链路，也支持同步链路。

● PPP 是面向字节的，因而所有的 PPP 帧的长度都是整数个字节。

PPP 协议组成如下。

● 一个将 IP 数据报封装到串行链路的方法。PPP 既支持异步链路（无奇偶校验的 8 比特数据），也支持面向比特的同步链路。

● 一个用来建立、配置和测试数据链路连接的链路控制协议（LCP）。

- 一套网络控制协议（NCP），其中的每一个协议支持不同的网络层协议，如 IP、OSI 的网络层、DECNet 以及 AppleTalk 等。

PPP 协议基本指令描述见表 2-5-2。

表 2-5-2　PPP 协议基本指令

命令	描述	配置模式
encapsulation ppp	封装 PPP 协议	config- if- ××
ppp ac	设置 PPP 帧的地址和控制字段压缩	config- if- ××
ppp pc	设置 PPP 帧协议压缩	config- if- ××
ppp accounting aaa- name	设置 PPP 连接时的统计方法	config- if- ××
ppp authentication chap [aaa- name] ppp authentication ms- chap [aaa- name] ppp authentication pap [aaa- name]	设置 PPP 连接时的认证方法（CHAP/PAP/MS- CHAP）	config- if- ××
ppp authorization aaa- name	设置 PPP 授权	config- if- ××
ppp bridge ip	使能 PPP 桥接	config- if- ××
ppp chap hostname host- name ppp chap password password ppp chap send- hostname	设置 CHAP 认证本端用户名 设置 CHAP 空用户名认证时的密码 设置是否发送 CHAP 认证用户名（no 形式发送空用户名）	config- if- ××
ppp compression {predictor	stacker}	设置 PPP 数据压缩	config- if- ××
ppp encrypt des keys	设置 PPP 数据加密	config- if- ××
ppp ipcp dns PrimaryDNS [SecondaryDNS] ppp ipcp wins PrimaryWINS [SecondaryWINS] ppp ipcp dns request ppp ipcp wins requst	为对端设备分配 DNS、WINS 地址 设置本端设备主动请求分配 DNS 地址 设置本端设备主动请求分配 WINS 地址	config- if- ××
ppp multilink ppp multilink fragment- delay milliseconds ppp multilink interleave ppp multilink input- order ppp multilink endpoint string string	设置接口的多链路捆绑 设置多链路分片延迟 设置多链路分片插入 设置多链路按序接收 设置多链路端点标识符	config- if- ××
ppp pap sent- username user- name password password	设置 PAP 认证时发送的用户名和密码	config- if- ××
ppp timeout authentication number ppp timeout ipcp number ppp timeout retry number	设置 PPP 超时间隔	config- if- ××
ip local pool pool- name A.B.C.D E.F.G.H ip local pool default A.B.C.D E.F.G.H	定义一个地址池，pool- name 是地址池的名字。起始地址为.B.C.D，结尾地址为 E.F.G.H 定义一个默认地址池，起始地址为 A.B.C.D，结尾地址为 E.F.G.H	config
ip address- pool local	在所有接口上启用默认地址池	config

续表

命令	描述	配置模式
peer default ip address A.B.C.D peer default ip address pool peer default ip address pool pool- name	给对端分配一个固定的 IP 地址 A.B.C.D 启用默认地址池 启用名字为 pool- name 的地址池	config- if- ××
ip address negotiated	启用地址协商	config- if- ××
ppp callback {accept | initiate | request}	设置回拨为接收方、直接回拨、请求方	config- if- ××
ppp ipcp ignore- map	设置通过 DDR MAP 来否认地址	config- if- ××
ppp bap number default phone- number	设置 BAP 呼叫号码	config- if- ××
ppp bap call { accept | request }	设置 BAP 呼叫类型	config- if- ××
ppp bap call timer seconds	设置 BAP 呼叫间隔	config- if- ××
ppp bap callback { accept | request }	设置 BAP 回呼类型	config- if- ××
ppp bap callback timer seconds	设置 BAP 回呼间隔	config- if- ××
ppp bap drop { accept | request }	设置 BAP 断开类型	config- if- ××
ppp bap drop after- retries	指定 BAP 断开条件	config- if- ××
ppp bap drop timer seconds	设置 BAP 断开间隔	config- if- ××
ppp bap link types {analog | isdn }	设置 BAP 链路类型	config- if- ××
ppp bap max dial- attempts number	设置 BAP 最大尝试次数	config- if- ××
ppp bap max dialers number	设置 BAP 最大呼叫次数	config- if- ××
ppp bap number default phone- number	设置主呼叫号码	config- if- ××
ppp bap number secondary phone- number	设置从呼叫号码	config- if- ××
ppp quality { percent | reject }	设置链路质量监控功能	config- if- ××
test aaa ppp chap username username password password list aaa- list test aaa ppp ms- chap username username password password list aaa- list test aaa ppp pap username username password password list aaa- list	通过向 AAA 服务器发送 PPP 连接的用户名和密码，以验证其正确性	enable

3．帧中继协议

制定帧中继标准的国际组织主要有国际电信联盟（ITU-T，原 CCITT）、美国国家标准委员会（ANSI）和帧中继论坛（frame relay forum），这 3 个组织目前已制定了一系列帧中继标准。帧中继协议是在 X.25 分组交换技术的基础上发展起来的一种快速分组交换技术，是改进了的 X.25 协议。

帧中继仅仅完成物理层和链路层核心层的功能，将流量控制、差错控制等留给智能终端去完成，大大简化了节点机之间的协议，它是一种快速分组交换技术。同时，帧中继采用虚电路技术，能充分利用网络资源，因而帧中继具有吞吐量高、时延低、适合突发性业务等特点，成为提供数据通信业务的有效技术手段。

目前比较常用的是帧中继的 PVC 业务。网络服务商为用户提供固定的虚电路连接，用户可以申请许多虚电路，通过帧中继网络交换到不同的远端用户。

数据链路连接标识符（Data Link Connection Identifiers，DLCI）用于标识每一个 PVC。通过帧中继地址字段的 DLCI，可以区分出该帧属于哪一条虚电路。本地管理接口（Local Management Interface，LMI）用于建立和维护路由器和交换机之间的连接。LMI 协议还用于维护虚电路，包括虚电路的建立、删除和状态改变。

帧中继的特点如下。

（1）帧中继协议以帧的形式传递数据信息，帧中继传送数据使用的传输链路是逻辑连接，而不是物理连接。

（2）采用物理层和链路层两级结构。

（3）在链路层完成统计复用、帧透明传输和错误检测，但不提供发现错误后的重传操作。

（4）预约的最大帧长度至少要达到 1600 字节/帧，适合封装局域网的数据单元。

（5）提供一套合理的带宽管理和防止拥塞的机制。

（6）帧中继采用面向连接的交换技术。

（7）帧中继功能的核心部分对应 OSI 参考模型的下两层，因此帧中继只有两层结构，分别是物理层和帧中继层。

（8）帧中继采用现代的物理层设施，例如光纤和数字传输线路，可以为终端站提供高速的广域网连接。

配置帧中继的基本命令描述见表 2-5-3。

表 2-5-3　配置帧中继的基本命令

命令	描述	配置模式
frame- relay switching	配置路由器在帧中继网络中执行交换功能	config
encapsulation frame- relay [mfr|cisco]	接口链路层协议封装帧中继	config- if- ××
frame- relay intf- type {dce | dte }	配置帧中继接口类型	config- if- ××
frame- relay lmi- type {ansi | lmi | q933a}	设置本地管理接口（LMI）类型	config- if- ××
keepalive [seconds]	设置保活检测的时间间隔	config- if- ××
frame- relay lmi- n391dte keep- exchanges	设置全状态轮询间隔	config- if- ××
frame- relay lmi- n392dte threshold	设置 DTE 错误门限值	config- if- ××
frame- relay lmi- n393dte events	设置 DTE 监视事件计数器	config- if- ××
frame- relay lmi- t392dce seconds	设置 DCE 的轮询确认定时器	config- if- ××
frame- relay lmi- n392dce threshold	设置 DCE 错误门限值	config- if- ××
frame- relay lmi- n393dce events	设置 DCE 监视事件计数器	config- if- ××
frame- relay interface- dlci dlci [switched]	给接口或者子接口分配 DLCI	config- if- ××
frame- relay map ip ipaddress dlci [cisco | ietf] [broadcast] [compress [passive] | nocompress | rtp header- compress [passive] | tcp header- compress [passive]]	设置本地 PVC 与远端 IP 地址的静态映射	config- if- ××

续表

命令	描述	配置模式
frame- relay map clns dlci [cisco	ietf] [broadcast]	设置接口上 CLNS 广播要转发的 DLCI 号码	config- if- ××
frame- relay map ipv6 ipv6address dlci [cisco	ietf] [broadcast]	设置本地 PVC 与远端 IPv6 地址的静态映射	config- if- ××
frame- relay map ipv6 link- local ipv6address dlci [cisco	ietf] [broadcast]	设置本地 PVC 与对端接口的 Link- Local 地址的静态映射	config- if- ××
frame- relay inverse- arp [interval time	ip dlci	update]	配置帧中继逆向地址解析协议	config- if- ××
clear frame- relay- inarp	清除帧中继逆向地址解析协议表	Enable
frame- relay ip tcp header- compression [passive]	设置 TCP/IP 头压缩	config- if- ××
frame- relay ip rtp header- compression [passive]	设置 RTP 头压缩	config- if- ××
map- class frame- relay map- class- name	对某 PVC 指定映射类型来定义服务质量（QoS）	config
frame- relay traffic- rate average [peak]	为映射类关联的 PVC 指定出口流量的速率	config- map- class
frame- relay cir bps	设置映射类关联的 PVC 的输入和输出承诺信息速率（CIR）	config- map- class
frame- relay priority- group list- number	为映射类关联的 PVC 指定优先级队列	config- map- class
service- policy output policy- name	为映射类关联的 PVC 指定 QoS 服务策略	config- map- class
frame- relay traffic- shaping	在接口启用流量整形功能	config- if- ××
frame- relay class name	将一个映射类型与接口或子接口相关联	config- if- ××
class name	设置一个映射类型与某 PVC 相关联	config- fr- dlci
frame- relay congestion- management	在接口上启用拥塞管理机制	config- if- ××
frame- relay de- goup de- list- number dlci	在 DLCI 上启用 DE bit 丢弃规则	config- if- ××
frame- relay de- list list- number protocol ip {fragments	gt size	list access- list- number	lt size	tcp port	udp port}	定义可丢弃指示（DE）表	Config
frame- relay fragment {bytes end- to- end- format	must- encap- mulproto}	设置帧中继报文分片大小	config- map- class

4. ATM 协议

ATM（Asynchronous Transfer Mode）是一种异步传输方式。在这种方式中，信息被组织成信元。说它是异步的，是因为包含来自一个特定用户的信息的信元的重复出现不必具有周期性。ATM 与一些分组交换网络不同，因为它提供面向连接的服务。

ATM 基本指令描述见表 2-5-4。

表 2-5-4　ATM 基本指令

命令	描述	配置模式
pvc vpi/vci	创建 ATM PVC 连接	config- if- ××
inarp minute	设置 ATM InARP 超时定时器的定时时间，只用于 IP 网络	config- if- ×× - atm- vc
protocol ip A.B.C.D [broadcast] protocol ip inarp protocol ppp virtual- template number protocol vpls protocol ipv6 ipv6addr [broadcast | ipv6- linklocal- addr[broadcast]]	在 LLC/SNAP 协议封装的 PVC 上配置不同的服务器类型，可以配置 IP、IPv6、InARP、PPP 等服务类型	config- if- ×× - atm- vc
encapsulation aal5mux ip A.B.C.D encapsulation aal5mux ppp virtual- template number encapsulation aal5mux frame- relay encapsulation aal5mux fr- atm- srv encapsulation aal5- l2transport encapsulation aal5mux ipv6 ipv6addr [ipv6- linklocal- addr]	在 AAL5MUX 协议封装的 PVC 上配置不同的服务类型，可以配置 IP、PPP、frame- relay、fr- atm- srv 等服务类型	config- if- ×× - atm- vc
shutdown	接口模式下该命令设定接口协议信号为 down；PVC 模式下该命令设置特定的 PVC 的状态为去激活状态；ATM- FR 互连模式下该命令停止数据传输	config- if- ×× config- if- ×× - atm- vc config- atm- frf- ××
broadcast	设置特定的 PVC 允许传输广播或组播报文	config- if- ×× - atm- vc
bridge- group number	在 LLC/SNAP 协议封装的 PVC 上启用桥接功能	config- if- ×× - atm- vc
vc- group name	设置基于 vc 组的 FR- ATM 互连	config
connect connection- name {vc- group group- name | fr- itnerface DLCI} atm- interface VPI/VCI {network- interworking | service- interworking}	设置 ATM- FR 互连的数据转换模式	Config
clp- bit { 0 | 1| map- de }	设置 ATM 接口的 CLP 规则	config- atm- frf- ××
de- bit map- clp	根据 ATM 接口的 CLP 来设置 frame- relay 方向的数据的 DE 位	config- atm- frf- ××
efci- bit { 0| map- fecn }	设置 ATM 接口的 EFCI 规则	config- atm- frf- ××
service translation	设置在 FRF.8 环境下使用翻译模式	config- atm- frf- ××
cbr number	设置在特定 VC 上使用 CBR 进行流控	config- if- ×× - atm- vc
vbr- rt output- PCR output- SCR {output- MBS}	设置在特定 VC 上使用 VBR- RT 进行流控	config- if- ×× - atm- vc
vbr- nrt output- PCR output- SCR {output- MBS}	设置在特定 VC 上使用 VBR- NRT 进行流控	config- if- ×× - atm- vc

续表

命令	描述	配置模式
oam- pvc manage [loop- detection | frequency]	设置在特定 PVC 上启用 OAM 功能	config- if- ×× - atm- vc
oam retry up- count down- count frquency	设置特定 PVC 上的 OAM 参数	config- if- ×× - atm- vc

5. 桥接协议

桥接实现了以太网二层的功能,对以太网报文进行透明的转发。一个桥接组相当于一个以太网二层交换机,配置到桥接组内的接口相当于交换机的一个端口。当一个接口收到报文时,桥接组根据该报文的源 MAC 地址来创建 MAC 地址表,根据报文的目的 MAC 地址进行转发,如果目的 MAC 地址是广播或者多播,则向组内的所有接口转发。桥接组维护自己的 MAC 地址表项,会进行老化和更新。桥接组还能在输入和输出时按照指定的方式对报文进行过滤。当多个以太网通过广域网互连时,可以在以太网接口和广域网接口之间进行桥接,以便在以太网之间直接进行二层通信,对这些以太网来说,这是透明的,就好像它们之间是直接相连的。

桥接协议命令描述见表 2-5-5。

表 2-5-5　桥接协议命令

命令	描述	配置模式
bridge- group group- number	将网络接口添加到一个桥接组中	config- if- ××
bridge- group group- number input- address- list list_no	将网络接口添加到一个桥接组中,并设置入口源 MAC 地址过滤	config- if- ××
bridge- group group- number output- address- list list_no	将网络接口添加到一个桥接组中,并设置出口目的 MAC 地址过滤	config- if- ××
bridge- group group- number input- type- list list_no	将网络接口添加到一个桥接组中,并设置入口以太类型过滤	config- if- ××
bridge- group group- number output- type- list list_no	将网络接口添加到一个桥接组中,并设置出口以太类型过滤	config- if- ××
bridge- group group- number input- lsap- list list_no	将网络接口添加到一个桥接组中,并设置入口 802.3 的 SAP 字段过滤	config- if- ××
bridge- group group- number output- lsap- list list_no	将网络接口添加到一个桥接组中,并设置出口 802.3 的 SAP 字段过滤	config- if- ××
no bridge- group group- number	将网络接口从一个桥接组中删除	config- if- ××
interface bvi number	创建 BVI 接口	config- if- ××
no interface bvi number	删除 BVI 接口	config
bridge group- number aging- time second	配置桥接组 MAC 表项老化时间	config
bridge- group group- number address update	设置桥接组中的网络接口进行 MAC 表项的更新	config- if- ××
bridge group- number cpu- channel enable	使能桥接组内的组播/广播上到 CPU 处理	config
bridge group- number drop unknown	丢弃桥接组内的未知单播报文	config

6. SLIP 协议

SLIP（Serial Line Internet Protocol）是目前广泛用于在串行线路上传输 IP 数据报的一种协议，它只是一个事实上的标准，而不是 Internet 标准；它只是一个用来封装 IP 报文的协议，只定义了在串行线路上发送封装成链路层帧格式的 IP 报文中字符的顺序，没有提供动态 IP 地址分配、报文类型标识、检错纠错、数据压缩等功能。

SLIP 协议基本指令描述见表 2-5-6。

表 2-5-6　SLIP 协议基本指令

命令	描述	配置模式
encapsulation slip	配置链路层为 SLIP 封装	config- if- ××

三、任务实施

（一）任务分析

对照 OSI 参考模型，广域网技术主要位于低三层：物理层、数据链路层、网络层。各层支持的 WAN 技术见表 2-5-7。

表 2-5-7　低三层支持的 WAN 技术

OSI 参考模型	WAN 技术
网络层	X.25
数据链路层	LAP- B、FR、HDLC、PPP、SDLC
物理层	V.24、V.35、EIA/TIA- 232

（二）广域网技术的比较

当前广域网连接的主要技术有两种：点到点连接和分组交换方式。

（1）点到点连接：被两个连接设备独占，中间不存在分叉或者交叉点。特点是比较稳定，但线路相对利用率较低。常见的点到点连接主要形式有拨号电话线路、ISDN 拨号线路、DDN 专线、E1 线路等。点到点连接的线路上链路层封装的协议主要有 PPP 和 HDLC 两种。

（2）分组交换方式：多个网络设备在传输数据时共享一个点到点的连接，也就是说这条连接不是被某个设备独占，而是由多个设备共享使用。通常这种连接要经过分组交换网络，而这种网络一般都由电信运营商来提供。分组交换设备将用户信息封装在分组或数据帧中进行传输，在分组头或帧头中包含用于路由选择、差错控制和流量控制的信息。常见的分组交换方式有 X.25、帧中继、ATM 等。

- 公共交换电话网络（Public Switched Telephone Network，PSTN）是采用电路交换技术的模拟电话网，当 PSTN 用于计算机之间的数据通信时，其最高速率不会超过 56kbit/s。
- X.25 是一种较老的面向连接的网络技术，它允许用户以 64kbit/s 的速率发送可变长的短报文分组。
- 数字数据网（Digital Data Network，DDN）是一种采用数字交叉连接的全透明传输网，它不具备交换功能。

- 帧中继是一种可提供 2Mbit/s 数据传输率的虚拟专线网络。
- 交换式多兆位数据服务（Switched Multimegabit Data Service，SMDS）是一种交换式数据报技术，它的数据传输率为 45Mbit/s。
- 设计 ATM 的目的是代替整个采用电路交换技术的电话系统，它采用信元交换技术。

表 2-5-8 给出各种广域网的比较。

表 2-5-8　各种广域网的比较

比较项	PSTN	X.25	DDN	FR	SMDS	ATM
面向连接	是	是	否	是	否	是
采用交换技术	否	是	否	否	是	是
分组长度固定	否	否	否	否	否	否
是否支持 PVC	否	是	否	是	否	是
是否支持组播	否	否	否	否	是	是
数据字段的长度（字节）	—	128	—	1600	9188	可变

任务 2　广域网配置

一、任务背景描述

用户访问广域网接入的方式较多，目前普遍使用 PON 光纤接入的方式。因模拟器操作受限，本案例以 ADSL 接入方式在模拟器中进行实践，ADSL 接入方式是较为常见的连接上网方式，ADSL 属于 DSL 技术的一种，全称 Asymmetric Digital Subscriber Line（非对称数字用户线路）。若使用 ADSL 连接上网方式，用户需要向电信服务提供商申请 ADSL 业务，需要将每条开通 ADSL 业务的电话线路连接在数字用户线路访问多路复用器（Digital Subscriber Line Access Multiplexer，DSLAM）上。用户需要使用一个 ADSL 终端（因为和传统的调制解调器 Modem 类似）来连接电话线路。由于 ADSL 使用高频信号，所以在两端都要使用 ADSL 信号分离器将 ADSL 数据信号和普通音频电话信号分离出来，避免打电话的时候出现噪声干扰。通常的 ADSL 终端有一个电话 Line-In，一个以太网口，有些终端集成了 ADSL 信号分离器，还提供一个连接的 Phone 接口。某些 ADSL 调制解调器使用 USB 接口与计算机相连，需要在计算机上安装指定的软件以添加虚拟网卡来进行通信。

二、相关知识

ADSL 是一种非对称的 DSL 技术，非对称是指用户线的上行速率与下行速率不同，上行速率低，下行速率高，特别适合传输多媒体信息业务，如视频点播（VOD）、多媒体信息检索和其他交互式业务。以 ITU-T G.992.1 标准为例，ADSL 在一对铜线上支持上行速率为 512kbit/s～1Mbit/s，下行速率为 1～8Mbit/s，有效传输距离在 3～5km 范围以内。

ADSL 通常提供 3 种网络登录方式：桥接、PPPoA（PPP over ATM，基于 ATM 的端对端协议）、PPPoE（PPP over Ethernet，基于以太网的端对端协议）。桥接是直接提供静态 IP，而后两种通常不提供静态 IP，是动态地给用户分配网络地址，其接入方式有专线接入和虚拟拨号两种。

三、任务实施

（一）ADSL 接入配置

1. 任务分析

（1）配置 AAA 认证服务器的 Radius 认证服务，创建 ADSL_Server 网络配置，密码为 cisco；为家庭用户提供服务，创建 admin 和 user 的用户，密码同用户名一样。

（2）配置 DNS+WEB 服务器，测试域名为：www.aaa.com。

（3）配置 ADSL 云，建立 modem 和以太网接口的对应关系。

（4）配置 ADSL_Server 路由器。

2. 网络拓扑

网络拓扑如图 2-5-1 所示。

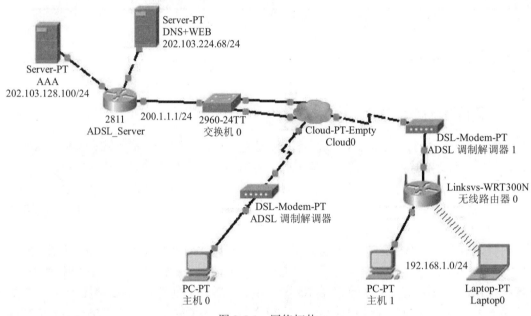

图 2-5-1　网络拓扑

3. 实施设备

（1）PC 3 台、服务器 2 台。

（2）思科 2811 路由器 1 台、无线路由器 1 台、ADSL 设备 2 台、思科 2960 交换机 1 台。

（3）软件工具：Cisco Packet Tracer 5.3 虚拟软件、Windows 操作系统。

4. 实施步骤

（1）基本配置。

```
ADSL_Server(config)#interface FastEthernet0/0
ADSL_Server(config-if)# ip address 202.103.128.1 255.255.255.0
ADSL_Server(config-if)#no shutdown
ADSL_Server(config)#interface FastEthernet0/1
```

```
ADSL_Server(config-if)# ip address 202.103.224.1 255.255.255.0
ADSL_Server(config-if)#no shutdown
ADSL_Server(config)#interface FastEthernet1/0
ADSL_Server(config-if)# ip address 200.1.1.1 255.255.255.0
ADSL_Server(config-if)#no shutdown
```

（2）启用 AAA Radius 认证。

```
ADSL_Server(config)#aaa new-model                                    //启用 AAA 认证服务
ADSL_Server(config)#aaa authentication ppp default group radius      //PPP 认证使用 AAA
ADSL_Server(config)#aaa authentication login default group radius    //设登录认证使用 AAA
ADSL_Server(config)#aaa authorization network default group radius   //授权使用 AAA
ADSL_Server(config)# radius-server host 202.103.128.100 auth-port 1645 key cisco //配置与 AAA 服务器通信的 key
```

（3）PPPoE 服务的配置。

```
ADSL_Server(config)#vpdn enable                          //开启 VPDN，声明路由器用 PPPoE 的 ADSL 封装方式
ADSL_Server(config)#vpdn-group ADSL                      //配置 VPDN-group，声明 ADSL 拨号和 PPPoE 封装
ADSL_Server(config-vpdn)#accept-dialin                   //接受拨入
ADSL_Server(config-vpdn-acc-in)#protocol pppoe           //拨入的协议为 PPPoE
ADSL_Server(config-vpdn-acc-in)#virtual-template 1       //与虚拟接口绑定
ADSL_Server(config)#interface Virtual-Template1          //配置虚拟接口
ADSL_Server(config-if)#ip unnumbered FastEthernet1/0     //使用无编号，调用 fa1/0 的 IP 作为自己的 IP
ADSL_Server(config-if)#ipeer default ip address pool ADSL_pool       //下发的 IP 从本地地址池查找
ADSL_Server(config-if)#ppp authentication chap           //使用 chap 认证
ADSL_Server(config)#ip local pool ADSL_pool 200.1.1.2 200.1.1.254 //本地地址池，给 PPPoE 客户端下发的地址池
```

（4）在接口上启用 PPPoE。

```
ADSL_Server(config)#interface FastEthernet1/0
ADSL_Server(config-if)#pppoe enable
```

（5）配置家庭用户无线路由器 PPPoE 连接。

使用 user 登录账号，SSID:设置访问标识; WPA2-persona::设置访问密码

（6）PPPoE 拨号接入配置。

打开 PC，选择 Desktop，单击最后一排的"PPPoE Dialoer"。

输入用户名 user 和密码 user。

单击"connect"。

只要出现"PPPoE Connected"字样，表示已经连接成功，单击"command prompt"进入 CMD 模式，查看获取 IP 的情况，用浏览器访问在 Internet 做好的 Web 服务器。

（二）点到点帧中继的网络类型的配置

1. 任务分析

（1）掌握在点到点帧中继网络中的配置方法。

（2）在点到点帧中继网络中配置 OSPF 路由协议。

2. 网络拓扑

网络拓扑如图 2-5-2 所示。

3. 实施设备

（1）PC 2 台。

（2）思科 2811 路由器 2 台。

（3）软件工具：Cisco Packet Tracer 5.3 虚拟软件、Windows XP 操作系统。

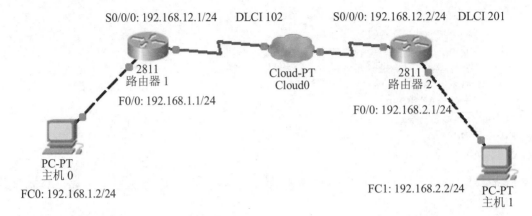

S0/0/0: 192.168.12.1/24   DLCI 102   S0/0/0: 192.168.12.2/24   DLCI 201

2811   Cloud-PT   2811
路由器 1   Cloud0   路由器 2

F0/0: 192.168.1.1/24

F0/0: 192.168.2.1/24

PC-PT
主机 0

FC0: 192.168.1.2/24

FC1: 192.168.2.2/24   PC-PT
主机 1

图 2-5-2　网络拓扑

4. 实施步骤

（1）配置帧中继。

1）把路由器 2811 的串口与云的串口相连，路由器的串口为 DTE。

2）根据路由器的相关配置，给 Cloud0 的 serial0 配置 DLCI 及 LMI 类型。

3）根据路由器的相关配置，配置 Cloud0 的 Frame Relay。

（2）基本配置。

```
R1(config)#interface fastethernet 0/0
R1(config-if)#ip add 192.168.1.1 255.255.255.0
R1(config-if)#no shutdown
R1(config)#interface serial 0/0/0
R1(config-if)#ip add 192.168.12.1 255.255.255.0
R1(config-if)#no shutdown
R2(config)#interface fastethernet 0/0
R2(config-if)#ip add 192.168.2.1 255.255.255.0
R2(config-if)#no shutdown
R2(config)#interface serial 0/0/0
R2(config-if)#ip add 192.168.12.2 255.255.255.0
R2(config-if)#no shutdown
```

（3）配置帧中继参数。

```
R1(config)#interface serial 0/0/0
R1(config-if)#encapsulation frame-relay              //封装帧中继
R1(config-if)#frame-relay lmi-type cisco             //定义帧中继本地接口管理类型
R1(config-if)#frame-relay interface-dlci 102         //设定帧中继 DLCI
R2(config)#interface serial 0/0/0
R2(config-if)#encapsulation frame-relay R2(config-if)#frame-relay lmi-type cisco R2(config-if)#frame-relay interface-dlci 201
```

（4）配置 OSPF 路由协议。

```
R1(config)#router ospf 1
R1(config-router)#network 192.168.12.0 0.0.0.255 area 0
R1(config-router)#network 192.168.1.0 0.0.0.255 area 0
R2(config)#router ospf 1
R2(config-router)#network 192.168.12.0 0.0.0.255 area 0
R2(config-router)#network 192.168.1.0 0.0.0.255 area 0
```

（5）在接口下声明网络类型。

```
R1(config)#interface serial 0/0/0
R1(config-if)#ip ospf network point-to-point  //在帧中继网络中配置 OSPF 协议，要在接口指明网络类型
R2(config)#interface serial 0/0/0
R2(config-if)#ip ospf network point-to-point
```

（6）验证测试。

1）show ip ospf neighbor。

2）show ip route。

3）Ping 两台 PC 是否能通信。

（三）点到点帧中继的网络类型的配置

1．任务分析

总公司与其分公司在帧中继网络上运行 OSPF 路由协议。

（1）掌握在点到点帧中继网络中的配置方法。

（2）在点到点帧中继网络中配置 OSPF 路由协议。

2．网络拓扑

网络拓扑如图 2-5-3 所示。

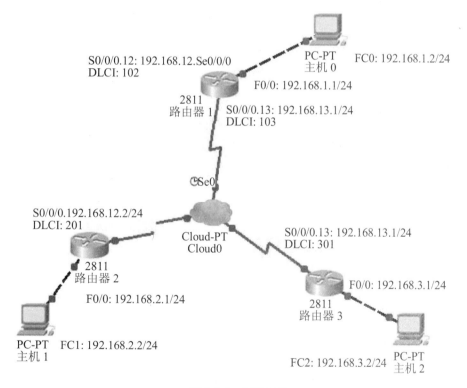

图 2-5-3 网络拓扑

3．实验设备

（1）PC 3 台。

（2）思科 2811 路由器 3 台。

（3）软件工具：Cisco Packet Tracer 5.3 虚拟软件、Windows XP 操作系统。

4. 实施步骤

（1）路由器接口基本配置。

```
R1(config)#interface fastethernet 0/0
R1(config-if)#ip add 192.168.1.1 255.255.255.0
R1(config-if)#no shutdown
R1(config)#interface serial 0/0/0
R1(config-if)#no shutdowR2(config)#interface fastethernet 0/0
R2(config-if)#ip add 192.168.2.1 255.255.255.0
R2(config-if)#no shutdown
R2(config)#interface serial 0/0/0
R2(config-if)#no shutdown
R3(config)#interface fastethernet 0/0
R3(config-if)#ip add 192.168.3.1 255.255.255.0
R3(config-if)#no shutdown
R3(config)#interface serial 0/0/0
R3(config-if)#no shutdown
```

（2）帧中继点到点子接口配置。

```
R1(config)#interface serial 0/0/0
R1(config-if)#encapsulation frame-relay
R1(config)#interface Serial0/0/0.12 point-to-point
R1(config-if)#ip address 192.168.12.1 255.255.255.0
R1(config-if)#frame-relay interface-dlci 102
R1(config)#interface Serial0/0/0.13 point-to-point
R1(config-if)#ip address 192.168.13.1 255.255.255.0
R1(config-if)#frame-relay interface-dlci 103
R2(config)#interface serial 0/0/0
R2(config-if)#encapsulation frame-relay
R2(config)#interface Serial0/0/0.12 point-to-point
R2(config-if)#ip address 192.168.12.2 255.255.255.0
R2(config-if)#frame-relay interface-dlci 201
R3(config)#interface serial 0/0/0
R3(config-if)#encapsulation frame-relay
R3(config)#interface Serial0/0/0.13 point-to-point
R3(config-if)#ip address 192.168.13.2 255.255.255.0
R3(config-if)#frame-relay interface-dlci 301
```

（3）配置 OSPF 路由协议。

```
R1(config)#router ospf 1
R1(config-router)#network 192.168.12.0 0.0.0.255 area 0
R1(config-router)#network 192.168.13.0 0.0.0.255 area 0
R1(config-router)#network 192.168.1.0 0.0.0.255 area 0
R2(config)#router ospf 1
R2(config-router)#network 192.168.12.0 0.0.0.255 area 0
R2(config-router)#network 192.168.2.0 0.0.0.255 area 0
R3(config)#router ospf 1
R3(config-router)#network 192.168.13.0 0.0.0.255 area 0
R3(config-router)#network 192.168.3.0 0.0.0.255 area 0
```

任务 3 | 虚拟广域网技术

一、任务背景描述

某公司员工出差到外地时，需要访问企业内网的服务器资源。如何让外地员工访问到内网资源呢？我们可以利用 VPN 的方案来解决：在内网中架设一台 VPN 服务器，外地员工在当地连上互联网后，通过互联网连接 VPN 服务器，通过 VPN 服务器进入企业内网。

本任务中，路由器 ISP 模拟 Internet，路由器 Remote 模拟出差员工所在的酒店，酒店通常采用 NAT 实现上网，路由器 Enterprice 和 Center 模拟企业内部网络；要求实现员工在外地酒店内能够和企业总部的内网通信，员工的笔记本电脑上需要安装 VPN 客户端软件。

二、相关知识

虚拟专用网络的功能是在公用网络上建立专用网络，进行加密通信，在企业网络中有广泛应用。VPN网关通过对数据包的加密和数据包目标地址的转换实现远程访问。VPN 有多种分类方式，主要是按协议进行分类。VPN 可通过服务器、硬件、软件等多种方式实现。

三、任务实施

（一）任务分析

为了保证数据安全，VPN 服务器和客户机之间的通信数据都进行了加密处理。有了数据加密，可以认为数据是在一条专用的数据链路上进行安全传输，如同专门架设了一个专用网络一样。实际上 VPN 使用的是互联网上的公用链路，因此 VPN 称为虚拟专用网络，其实质是利用加密技术在公网上封装出一个数据通信隧道。

有了 VPN 技术，用户无论是在外地出差还是在家中办公，只要能上互联网就能利用 VPN 访问内网资源。

（二）网络拓扑

网络拓扑如图 2-5-4 所示。

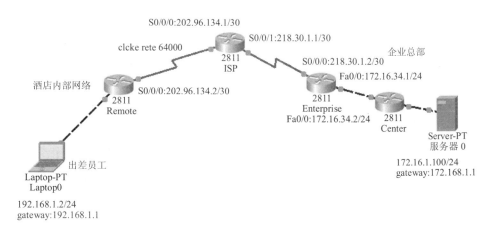

图 2-5-4 网络拓扑

（三）实施步骤

1. IP 地址及路由配置

在 4 台路由器上配置 IP 地址，测试各直接链路的连通性，并配置路由和 NAT。

```
Remote(config) #ip route 0.0.0.0 0.0.0.0 serial0/0/0
Enterprise(config) #ip route 0.0.0.0 0.0.0.0 serial0/0/0   //在企业总部内部配置 RIPv2 路由协议
Enterprise(config)#router rip
Enterprise(config-router)#version 2
Enterprise(config-router)#no auto-summary
Enterprise(config-router)#network 172.16.0.0
Enterprise(config-router)#redistribute   static   //把静态路由发布给路由器 Center，静态路由包含了默认路由以及 VPN
客户连通后自动产生的主机路由
Center(config)#router rip
Center(config-router)#version 2
Center(config-router)#no auto-summary
Center(config-router)#network 172.16.0.0       //酒店通常会使用 NAT 上网
Remote(config)#iinterface serial0/0/0
Remote(config-if)#ip nat outside
Remote(config)#iinterface fastethernet0/0
Remote(config-if)#ip nat inside
Remote(config)#access-list 1 permit 192.168.1.0 0.0.0.255
Remote(config#ip nat inside source list 1 serial0/0/0 overload   //在笔记本电脑上配置 IP 地址为 192.168.1.2/24，网关为
192.168.1.1，测试能够 ping 通模拟 VPN 网关的路由器 Enterprise（218.30.1.2）。
```

2. 在路由器 Enterprise 上配置 Easy VPN

（1）定义 isakmp（Internet 安全关联和密钥管理协议）。

```
Enterprise(config)#crypto isakmp policy 1    //定义 isakmp 策略
Enterprise(config-isakmp)#encrytions 3des   //配置 isakmp 采用什么加密算法，可以选择 DES、3DES 和 AES
Enterprise(config-isakmp)#hash md5         //配置 isakmp 采用什么 HASH 算法，可以选择 MD5 和 SHA
Enterprise(config-isakmp)#authentication pre-share   //配置 isakmp 采用什么身份认证算法，这里采用预共享密码进行认证
Enterprise(config-isakmp)#group 2                //配置 isakmp 采用什么密钥交换算法，可选择 1、2 和 5，2 表示使
用客户端软件进行登录
```

（2）设置推送到客户端的组策略。

```
Enterprise(config) #ip local pool REMOTE-POOL 172.16.100.1 172.16.100.254
//定义 IP 地址池，用于向 VPN 客户分配 IP 地址
```

（3）定义组策略。

```
Enterprise(config)#crypto isakmp client configuration group VPN-REMOTE-ACCESS
//创建一个组策略，组名为：VPN-REMOTE-ACCESS，要对该组的属性进行设置
nterprise(config-isakmp-group)#key 123           //设置组的密码
nterprise(config-isakmp-group)#pool REMOTE-POOL    //配置该组的用户将采用的 IP 地址池
```

（4）启用 AAA 功能及授权。

```
Enterprise(config)#aaa new-model    //启用 AAA 功能
Enterprise(config)#aaa authorization network VPN-REMOTE-ACCESS local  //定义在本地进行授权
```

（5）指定授权方式。

```
Enterprise(config)#crypto map CLIENTMAP isakmp authorization list
VPN-REMOTE-ACCESS       //指明 isakmp 的授权方式
Enterprise(config)#crypto map CLIENTMAP client configuration address respond  //配置当用户请求 IP 地址时就响应地址请求
```

（6）定义交换集（第 2 阶段 IPSEC）。

```
Enterprise(config)#crypto ipsec transform-set VPNTRANSFORM   esp-3des esp-md5-hmac      //定义一个交换机
```

（7）定义加密图。

Enterprise(config)#crypto dynamic-map DYNMAP 1 　　//创建一个动态加密图，加密图之所以是动态，是因为无法预知客户端的 IP 地址

Enterprise(config-crypto-map)#set transform-set VPNTRANSFORM 　　//指明加密图的交换机

Enterprise(config-crypto-map)#reverse-route //反向路由注入

Enterprise(config)#crypto map CLIENTMAP 1 ipsec-isakmp dynamic DYNMAP //把动态加密图应用到静态加密图，因为接口下只能应用静态加密图

（8）配置认证方式。

Enterprise(config)#aaa authentication login VPNUSERS local 　　//定义一个认证方式，用户名和密码在本地

Enterprise(config)#username vpnuser secret cisco 　　//定义一个用户名和密码

Enterprise(config)#crypto map CLIENTMAP client authentication list VPNUSERS //指明采用之前定义的认证方式对用户进行认证

（9）应用静态加密图。

Enterprise(config)#interface serial0/0/0

Enterprise(config-if)#crypto map CLIENTMAP 　　//在接口上应用静态加密图

思考与练习

某公司通过路由器实现 VoIP 连接。公司内部有 IP 电话、VoIP 终端、PC、手机和平板电脑等设备需要实现 VoIP 连接。网络拓扑如图 2-5-5 所示。

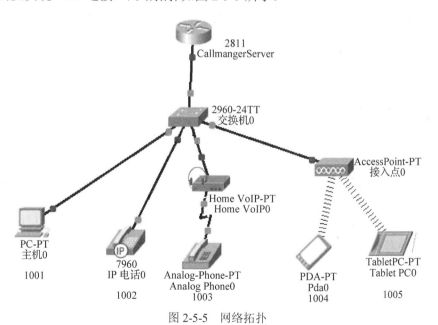

图 2-5-5　网络拓扑

参考操作步骤如下。

（1）基本路由器配置。

CallmangerSever(config)#interface FastEthernet0/0

CallmangerSever(config-if)#ip address 1.1.1.1 255.255.255.0

CallmangerSever(config)#ip dhcp pool voip

CallmangerSever(config-dhcp)#network 1.1.1.0 255.255.255.0

CallmangerSever(config-dhcp)#default-router 1.1.1.1

CallmangerSever(config-dhcp)#option 150 ip 1.1.1.1   //利用 DHCP 包中 150 选项将 IP 带给 DHCP 客户端

（2）语音配置。

CallmangerSever(config)#telephony-service   //开启电话服务

CallmangerServer(config-telephony)#max-ephones 36   //设置容许的最大电话数

CallmangerServer(config-telephony)# max-dn 36   //设置容许的最大目录号

CallmangerServer(config-telephony)#ip source-address 1.1.1.1 port 2000   //IP 电话注册到 Callmanger 上通信的 IP 和端口号

CallmangerSever(config)#ephone-dn 1   //设置逻辑电话目录号

CallmangerServer(config-ephone)#number 1001   //绑定电话号码

CallmangerSever(config)#ephone-dn 2

CallmangerServer(config-ephone)#number 1002

CallmangerSever(config)#ephone-dn 3

CallmangerServer(config-ephone)#number 1003

CallmangerSever(config)#ephone-dn 4

CallmangerServer(config-ephone)#number 1004

CallmangerSever(config)#ephone-dn 5

CallmangerServer(config-ephone)#number 1005

CallmangerSever(config)#ephone 1

CallmangerServer(config-ephone)#mac-address 0001.C7CB.C923

CallmangerServer(config-ephone)#type CIPC

CallmangerServer(config-ephone)#button 1:1

CallmangerSever(config)#ephone 2

CallmangerServer(config-ephone)#mac-address 0002.1744.CAC7

CallmangerServer(config-ephone)#type 7960

CallmangerServer(config-ephone)#button 1:2

CallmangerSever(config)#ephone 3

CallmangerServer(config-ephone)#mac-address 0090.2B90.A701

CallmangerServer(config-ephone)#ata

CallmangerServer(config-ephone)#button 1:3

CallmangerSever(config)#ephone 4

CallmangerServer(config-ephone)#mac-address 00D0.588D.C119

CallmangerServer(config-ephone)#type CIPC

CallmangerServer(config-ephone)#button 1:4

CallmangerSever(config)#ephone 5

CallmangerServer(config-ephone)#mac-address 0030.A3C0.9A11

CallmangerServer(config-ephone)#type CIPC

CallmangerServer(config-ephone)#button 1:5

（3）配置接入设备。将 PC、智能手机和平板电脑设置为自动获取 IP 地址，连接 iPhone 7960 型号电源，设置物理 iPhone 连接 modem，将其 Server ipaddree 设置为 1.1.1.1。

（4）测试语音连接。连接 PC、iPhone 7960 型号电源、手机和平板电脑，进行拨号测试，查看连接结果。

项目 6　构建 Internet 网络服务

学习目标

- 了解网络操作系统的定义、特点及常见的网络操作系统。
- 掌握 Windows Server 2012 R2 的安装方法。
- 了解 DHCP 服务的概念和工作原理，掌握 DHCP 服务器的安装和配置流程。
- 了解 DNS 服务的概念和工作原理，掌握 DNS 服务器的安装和配置流程。
- 了解 VPN 的基本概念和工作原理，掌握 VPN 服务器的安装和配置流程。

项目描述

本项目以 Windows Server 2012 R2 版本的产品为蓝本，介绍网络管理中常见的 DHCP、DNS 和 VPN 服务的安装和配置。

任务 1　安装 Windows Server 2012 R2 网络操作系统

一、任务背景描述

随着计算机网络技术的发展，越来越多的企业和组织机构都需要建立自己的服务器来运行网络应用。近几年，随着虚拟化、云计算和大数据技术的发展，微软公司 Server 系列的产品也在不断更新，增加了许多新的特性和安全管理工具。目前微软公司的 Server 系列主流产品为 Windows Server 2012 和 Windows Server 2016。

网络操作系统作为整个网络的管家，发挥着重要作用。许多公司和企事业单位都有升级系统的需求和计划。本项目以 Windows Server 2012 R2 版本的产品为例，掌握网络操作系统的安装流程及简单的配置。

二、相关知识

（一）网络操作系统

网络操作系统是网络的心脏和灵魂，是向网络计算机提供服务的特殊的操作系统。根据在网络中承担的角色，可以分为服务器（server）与客户端（client）。服务器的主要功能是管理网络上的各种资源和网络设备，避免网络出现瘫痪；客户端具有接收、应用服务器传递的数据的功能。网络操作系统通常具有复杂性、并行性、高效性和安全性等特点。

一般要求网络操作系统具有如下功能。

（1）支持多任务：要求操作系统在同一时间能够处理多个应用程序，每个应用程序在不同的内存空间运行。

（2）支持大内存：要求操作系统支持较大的物理内存，以便应用程序能够更好地运行。

（3）支持对称多处理：要求操作系统支持多个 CPU，减少事务处理时间，提高操作系统性能。

（4）支持网络负载平衡：要求操作系统能够与其他计算机构成一个虚拟系统，满足多用户访问时的需要。

（5）支持远程管理：要求操作系统能够支持用户通过 Internet 进行远程管理和维护，如 Windows Server 操作系统支持的远程终端服务，UNIX 及 Linux 等网络操作系统中的 SSH 远程管理服务等。

常见的网络操作系统有 Windows、UNIX、Linux 等。

（二）Windows Server 2012 R2 网络操作系统概述

Windows Server 2012 R2 是基于 Windows 8.1 以及 Windows RT 8.1 界面的新一代 Windows Server 操作系统，提供企业级数据中心和混合云解决方案，易于部署，具有成本效益，以应用程序为重点，以用户为中心。

在 Microsoft 云操作系统版图的中心地带，Windows Server 2012 R2 能够将全球规模云服务的 Microsoft 体验带入用户基础架构，在虚拟化、管理、存储、网络、虚拟桌面基础结构、访问和信息保护、Web 和应用程序平台等方面具备多种新功能和增强功能。

Windows Server 2012 R2 是微软的服务器系统，是 Windows Server 2012 的升级版本。微软于 2013 年 6 月 25 日正式发布 Windows Server 2012 R2 预览版，包括 Windows Server 2012 R2 Datacenter（数据中心版）预览版和 Windows Server 2012 R2 Essentials 预览版。Windows Server 2012 R2 正式版已于 2013 年 10 月 18 日发布。

Windows Server 2012 R2 功能涵盖服务器虚拟化、存储、软件定义网络、服务器管理和自动化、Web 和应用程序平台、访问和信息保护、虚拟桌面基础结构等。

三、任务实施

（一）任务分析

Windows Server 2012 R2 是微软公司新一代的网络操作系统，有多个版本，可以满足各种规模的企业对服务器的不同需求。本任务是在普通服务器中安装部署 Windows Server 2012 R2，并进行简单的配置。

本任务包括以下两步。

（1）创建虚拟机，并获取 Windows Server 2012 R2 安装资源（ISO）。

（2）安装 Windows Server 2012 R2。

Windows Server 2012 R2 服务器软件是适合 64 位系统使用的操作系统。表 2-6-1 是 Windows Server 2012 R2 主要版本的区别，表 2-6-2 列出了 Windows Server 2012 R2 Essentials 建议的最低硬件要求。

表 2-6-1　Windows Server 2012 R2 主要版本的区别

产品规格	基础版 Foundation	精华版 Essentials	标准版 Standard	数据中心版 Datacenter
散布方式	OEM	零售、大量授权、OEM		大量授权
授权模式	服务器		每对 CPU+CAL	

续表

产品规格	基础版 Foundation	精华版 Essentials	标准版 Standard	数据中心版 Datacenter
处理器芯片数的限制	1	2	64	64
内存限制	32GB	64GB	4TB	
用户数上限	15	25	不限	
文件服务限制	1 个独立的分布式文件系统根节点		不限	
网络策略与 访问服务限制	50 个 RRAS 连接， 10 个 IAS 连接	250 个 RRAS 连接，50 个 IAS 连接，2 个 IAS 服务器组	不限	
远程桌面 连接限制	20 个连接	250 个连接	不限	
虚拟化权限	不适用	一个虚拟机或一个物理服务 器，但不可以同时使用	2 个虚拟机	不限
DHCP 服务	是	是	是	是
DNS 服务	是	是	是	是
传真服务	是	是	是	是
UDDI 服务	是	是	是	是
打印与文档服务	是	是	是	是
IIS	是	是	是	是
WDS	是	是	是	是
WSUS	是	是	是	是
AD 轻量目录服务	是	是	是	是
AD 权利 管理服务	是	是	是	是
应用程序 服务器角色	是	是	是	是
服务器管理	是	是	是	是
PowerShell	是	是	是	是
AD 域服务	必须作为域或森林的根节点		是	是
AD 证书服务	只有证书授权		是	是
AD 联邦服务	是	否	是	是
内核模式	否		是	是
Hyper-V	否		是	是

表 2-6-2　Windows Server 2012 R2 的系统要求

组件	最低配置	建议配置*	最高配置
CPU 插座	1.4 GHz（64 位处理器）或更快（对于单核） 1.3 GHz（64 位处理器）或更快（对于多核）	3.1 GHz（64 位处理器）或更快（对于多核）	2 个插座
内存（RAM）	2 GB 4 GB（如果要将 Windows Server Essentials 部署为虚拟机）	16 GB	64 GB
硬盘和可用存储空间	160 GB 硬盘，其中系统分区为 60 GB		无限制

实际要求取决于系统配置以及安装的应用程序和功能。处理器性能不仅取决于处理器的时钟频率，而且取决于内核数以及处理器缓存大小。系统分区对存储空间只有大致的要求。如果正在通过网络进行安装，可能需要其他可用存储空间。

（二）实施设备

本任务可使用普通服务器或虚拟机进行实施演练，在实际中，可根据上述表格的要求进行部署，建议以不低于最低要求的配置部署。本任务以 VMware 创建的虚拟机为例，如图 2-6-1 所示。

图 2-6-1　Windows Server 2012 虚拟机配置

（三）实施步骤

本任务可以采用基于 VMware 或 VirtualBox 等软件创建的虚拟机实现安装。

具体实施步骤如下。

（1）从微软官方下载最新版本的安装光盘。

（2）将 Windows Server 2012 R2 的安装光盘放入光驱，打开虚拟机，选择从光驱启动，然后就可以看到 Windows Server 2012 R2 的启动界面，如图 2-6-2 和图 2-6-3 所示。

（3）单击"现在安装"按钮，进入安装程序，如图 2-6-4 所示。

（4）Windows Server 2012 R2 的评估版本提供了标准版和数据中心两个版本，每个版本可以根据用户的需求选择是否安装图形界面，若要使用图形界面对服务器进行管理，则需选择"带有 GUI 的服务器"。本次安装选择带有 GUI 的标准版进行安装，如图 2-6-5 所示。

图 2-6-2　光盘启动引导

图 2-6-3　选择要安装的语言、时间和货币格式、键盘和输入方法

图 2-6-4　启动安装

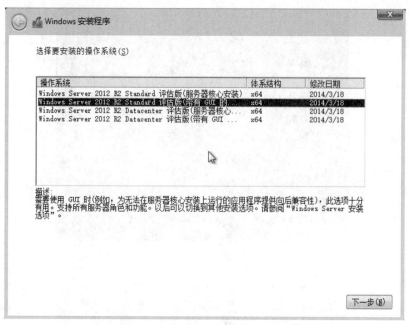

图 2-6-5　选择带有 GUI 的标准版

（5）同意许可条款，如图 2-6-6 所示。

图 2-6-6　接受许可协议

（6）根据用户的需要选择安装类型。如果系统中已经有旧版本的 Windows，可以进行相应的升级，本次安装使用全新安装模式，选择"自定义"方式进行安装，如图 2-6-7 所示。

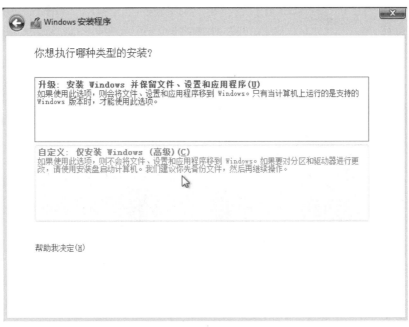

图 2-6-7　选择安装类型

（7）新建分区，根据微软官方指南，建议系统分区（C 盘）的容量大于 60GB，在本任务实施过程中，我们创建的系统分区设置为 100000MB，约为 97.3GB。创建系统分区时，安装程序会要求创建一个约为 350MB 的系统保留的小容量分区，如图 2-6-8 和图 2-6-9 所示。另外将剩余的空间作为另一个普通分区使用，约为 62.3GB，如图 2-6-10 和图 2-6-11 所示。

图 2-6-8　创建安装分区

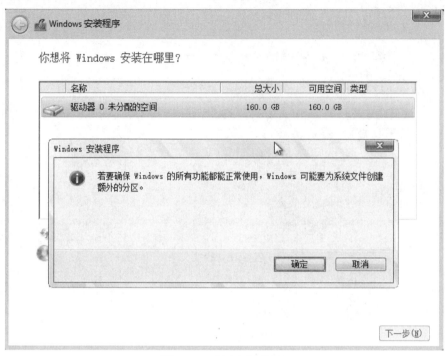

图 2-6-9　创建保留分区

图 2-6-10　创建另外一个普通分区

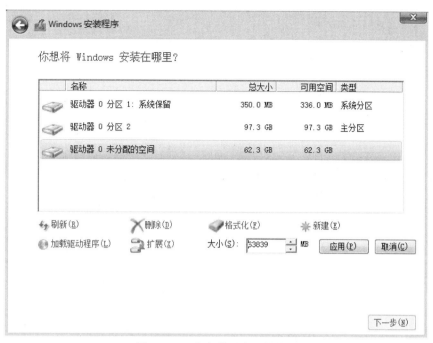

图 2-6-11 定义普通分区的大小

（8）分区创建完成后，选择"分区 2"作为安装的分区，单击"下一步"按钮，执行后续的安装步骤，如图 2-6-12 和图 2-6-13 所示。

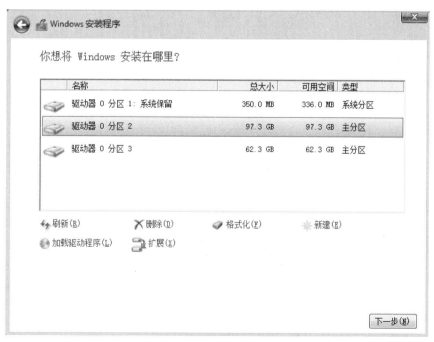

图 2-6-12 选择安装分区

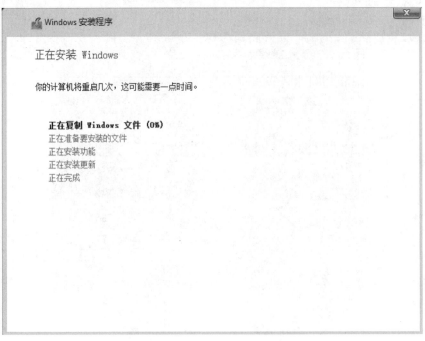

图 2-6-13　执行后续的安装步骤

（9）安装完成后，可以单击"立即重启"按钮，或等待 10 秒后自动重启，如图 2-6-14 所示。

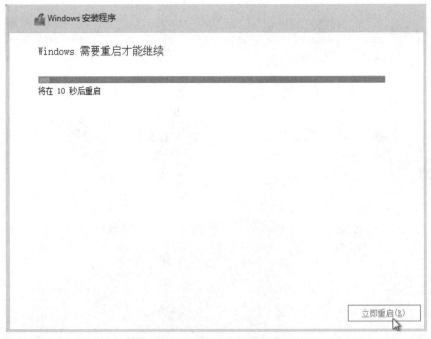

图 2-6-14　安装完成，重启计算机

（10）完成安装后，初次启动会进行相应的设备检测，完成检测后，系统将再次重启，如图 2-6-15 所示。

图 2-6-15　检测设备

（11）重启完成后，将进入管理员（Administrator）密码设置界面。在设置密码时，系统对密码的长度和复杂度有一定的要求。在实际的生成环境中设置密码，建议包含大小写字母、数字和特殊字符，以保障系统登录密码的安全，如图 2-6-16 所示。完成设置后即可登录系统。

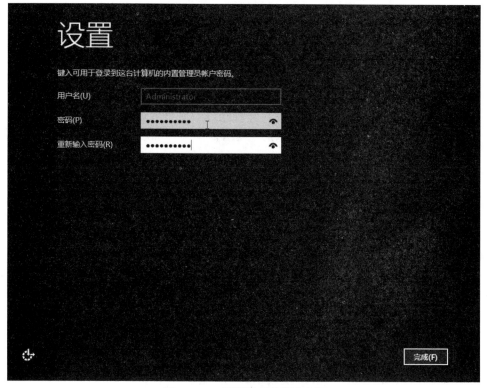

图 2-6-16　设置管理员登录密码

（12）Windows Server 2012 R2 登录界面。为避免非法程序监听键盘输入，需要按"Ctrl+Alt+Delete"组合键才能进行登录，如图 2-6-17 所示。在 VMware 中，可以通过相应菜单向虚拟机发送"Ctrl+Alt+Delete"组合键，如图 2-6-18 所示。输入相应的密码即可。

图 2-6-17　Windows Server 2012 R2 登录界面

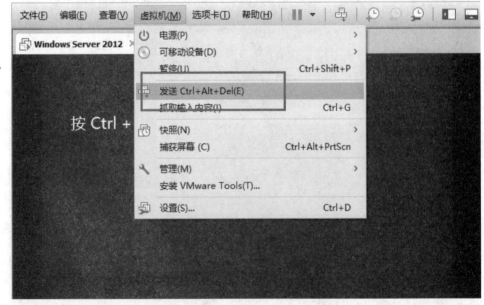

图 2-6-18　通过 VMware 软件发送"Ctrl+Alt+Delete"组合键

（13）输入密码，进行登录，如图 2-6-19 所示。

图 2-6-19 输入登录密码

（14）登录 Windows Server 2012 R2 后，系统默认启动"服务器管理器▶仪表板"工具，如图 2-6-20 所示。

图 2-6-20 "服务器管理器▶仪表板"工具

（15）启动服务器后，可以按"Windows"键打开"开始"菜单，如图 2-6-21 所示。

图 2-6-21　"开始"菜单

（16）Windows Server 2012 对"开始"菜单进行了改进，已经安装的应用可以通过"开始"菜单展示，如图 2-6-22 和图 2-6-23 所示。

图 2-6-22　部分应用程序

图 2-6-23　其他应用程序

任务 2　动态主机配置协议及其应用

在小型局域网络中，网络管理员通常采用手工分配 IP 地址的方法，让每个客户端记住所分配的 IP 地址、子网掩码、默认网关、DNS 地址等参数。在大、中型网络，特别是大型网络中，一般有超过 100 台客户机，手工分配 IP 地址就比较困难了。一些网络环境中经常会遇到这样的情形，用户不懂怎么去配置 IP 地址；IP 地址经常冲突；管理员单个配置 IP 地址会经常出错；笔记本电脑的客户，经常从一个子网移动到另一个子网，需要不断地手动更换 IP 地址；IP 地址资源不足，但实际在同一时间段内使用的用户小于 IP 地址的数量等。动态主机配置协议（Dynamic Host Configuration Protocol，DHCP）可以帮助用户解决这些难题。

一、任务背景描述

某高校已经组建了学校的校园网，随着笔记本电脑的普及，教师移动办公和学生移动上网学习的需求越来越多，但是每次移动到不同的网络中都需要重新配置 IP 地址、网关和 DNS 等信息。不仅用户觉得非常烦琐，而且由于 IP 地址经常冲突，网络管理员管理也很不方便。如果用户无论在网络中什么位置，都能自动获得 IP 地址等信息，就方便多了。因此，需要在网络中部署 DHCP 服务器，以解决上述问题。

二、相关知识

（一）DHCP 的基本概念与基本术语

1. DHCP 的基本概念

在采用 TCP/IP 协议的网络中，每台计算机都必须拥有唯一的 IP 地址。用户将计算机从一个子网移动到另一个子网时，必须重新设置该计算机的 IP 地址。如果用静态 IP 地址分配方法，将增加网络管理员的负担。DHCP 可以让用户将 DHCP 服务器 IP 地址数据库中的 IP 地址动态地分配给局域网中的客户机，从而减轻了网络管理员的负担。

利用 Windows Server 2012 R2 的 DHCP 服务来创建 DHCP 服务器，可以实现在网络上自动分配 IP 地址及相关环境，如图 2-6-24 所示。DHCP 采用客户/服务器模式。通过这种模式，DHCP 服务器集中维持网络上 IP 地址的管理。支持 DHCP 的客户端可以向 DHCP 服务器请求和租用 IP 地址，作为它们网络启动过程的一部分。

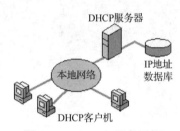

图 2-6-24　DHCP 服务网络

2. DHCP 的基本术语

（1）DHCP 服务器：集中管理 IP 地址和相关信息，并自动提供给客户端。允许在 DHCP 服务器上配置客户端网络设置，而不是在每台客户端计算机上配置。如果希望该计算机将 IP 地址分发给客户端，要将其配置为 DHCP 服务器。

（2）DHCP 客户端：TCP/IP 客户机上的软件组件，通常作为协议栈软件部分实现。该软件将地址请求、租用续借和其他 DHCP 消息传送给 DHCP 服务器，并获取 DHCP 服务器指派的 IP 地址、子网掩码、默认网关、DNS 服务器等参数。

（3）作用域：一个网络中所有可分配 IP 地址的连续范围，通常定义为接受 DHCP 服务的单个物理子网。还可提供服务器对 IP 地址及相关配置参数的分发和指派进行管理的主要方法。

（4）超级作用域：一组作用域的集合，可用于支持同一个物理子网的多个逻辑 IP 子网。超级作用域仅包含可同时激活的"成员作用域"或"子作用域"列表，不用于配置有关作用域使用的其他详细信息。

（5）排除范围：不用于分配的 IP 地址范围，保证这个序列中的 IP 地址不会被 DHCP 服务器分配给客户机。通常，该范围内的 IP 地址分配给网段内要求拥有静态 IP 地址的计算机，如 WWW 服务器、FTP 服务器、邮件服务器、打印服务器或其他有特殊要求的客户机等。

（6）地址池：定义 DHCP 作用域及排除范围后，剩余的地址在作用域内构成一个地址池，其中的地址可以动态分配给网络中的 DHCP 客户机。即 DHCP 客户机租到的 IP 地址均包含在地址池的 IP 地址范围内。

（7）租约：由 DHCP 服务器指定的一段时间，在这段时间范围内，客户端可以使用由 DHCP 服务器指派的 IP 地址。

（8）保留：可用"保留"创建 DHCP 服务器指派的永久地址租约。"保留"可确保子网上指定的硬件设备始终可使用相同的 IP 地址，实质是将 IP 地址与硬件的 MAC 地址绑定。

（9）选项类型：DHCP 服务器向客户端提供租约时，可指派的其他客户端配置参数。如默认网关（路由器）、WINS 服务器和 DNS 服务器的 IP 地址。这些默认选项类型均可为 DHCP 配置的所有作用域使用。

（二）DHCP 的工作过程

DHCP 工作时，客户机和服务器进行交互。当客户机（TCP/IP 属性设置为"自动获取 IP 地址和 DNS 服务器地址"）登录网络时，通过广播向服务器发出申请 IP 地址的请求；服务器分配一个 IP 地址以及其他 TCP/IP 的配置信息。整个过程可以分为以下几个步骤，如图 2-6-25 所示。

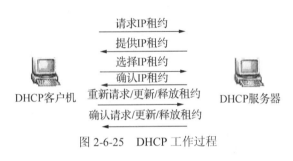

图 2-6-25　DHCP 工作过程

1. 请求 IP 租约

DHCP 客户机第一次登录网络时，向网络发出一个 DHCP discover 数据包。由于客户机还不知道自己属于哪一个网络，因而数据包的来源地址为 0.0.0.0，目的地址为 255.255.255.255，再附上 DHCP discover 信息，向整个网络广播。网络上每一台安装了 TCP/IP 协议的主机都会接收到这种广播信息，但只有授权的 DHCP 服务器才会做出响应，如图 2-6-26 所示。

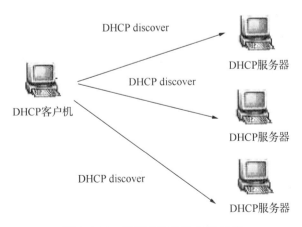

图 2-6-26　客户机发出请求 IP 租约

DHCP discover 的等待时间预设为 1 秒，即客户机将第 1 个 DHCP discover 数据包送出后，若 1 秒内没有得到回应，将进行第 2 次 DHCP discover 广播。在得不到回应的情况下，客户端一共发送 4 次 DHCP discover 广播。除第 1 次等待 1 秒之外,其余 3 次的等待时间分别是 9 秒、13 秒和 6 秒。如果都没有得到 DHCP 服务器的回应,客户端显示错误信息,宣告 DHCP discover 失败。然后,客户机的选择系统继续在 5 分钟后重复一次 DHCP discover 的要求。

2. 提供 IP 租约

当授权的 DHCP 服务器监听到客户端发出的 DHCP discover 广播后,在地址池还没有租出的地址范围内选择最前面的空闲 IP 地址,连同其他 TCP/IP 设定参数,回应给客户端一个 DHCP offer 数据包, 如图 2-6-27 所示。

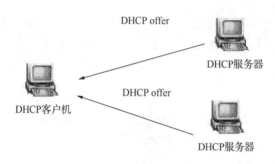

图 2-6-27 DHCP 服务器提供 IP 租约

由于客户机还没有 IP 地址,DHCP discover 数据包内带有其 MAC 地址信息,并且有一个 XID 编号辨别该数据包。DHCP 服务器回应的 DHCP offer 数据包根据这些资料传递给要求租约的客户。根据服务器端的设定,DHCP offer 数据包包含一个租约期限的信息。

3. 选择 IP 租约

由图 2-6-27 可知,对于 DHCP 客户机发出的 DHCP discover 数据包,网络上有多个 DHCP 服务器做出应答,客户机收到网络上多台 DHCP 服务器的回应后,只挑选其中一个 DHCP offer (通常是最先到达的那个)并向网络发送一个 DHCP request 广播数据包,告诉所有 DHCP 服务器,它将接受哪一台服务器提供的 IP 地址, 如图 2-6-28 所示。

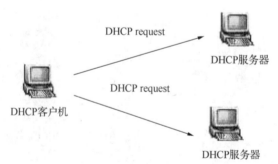

图 2-6-28 客户机选择 IP 租约

客户机以广播方式回答的目的是,通知所有的 DHCP 服务器,它将选择哪台 DHCP 服务器提供的 IP 地址。同时,客户机还向网络发送一个 ARP 数据包,查询网络上有没有其他机器使用该 IP 地址。如果发现该 IP 已经被占用,客户机送出一个 DHCP decline 数据包给 DHCP 服务器,拒绝接受其 DHCP offer,并重新发送 DHCP discover 信息。事实上,不是所有 DHCP 客户机都会无条件接受 DHCP 服务器的 offer,尤其当这些主机安装有其他 TCP/IP 相关客户软件时。客户机也可以用 DHCP request 向服务器提出 DHCP 选择，这些选择以不同的号码填写在 DHCP Option Field 里面。即 DHCP 服务器设定的所有参数，客户机不一定全都接受，客户机可以保留自己的一些 TCP/IP 设置。

4. 确认 IP 租约

DHCP 服务器收到 DHCP 客户机回答的 DHCP request 确认信息后，向 DHCP 客户机发送一个包含它所提供 IP 地址和其他设置的 DHCP ack 确认信息，如图 2-6-29 所示，告诉 DHCP 客户机可以使用它提供的 IP 地址和参数。然后，DHCP 客户机将其 TCP/IP 与网卡绑定。另外，除 DHCP 客户机选中的服务器外，其他 DHCP 服务器都将收回曾提供的 IP 地址。

图 2-6-29　DHCP 服务器确认 IP 租约

5. 重新登录，重新请求、更新、释放租约

DHCP 客户机只要有一次成功登录网络并获得一个 IP，以后每次重新登录网络时就不需要再发送 DHCP discover，而是直接发送包含前一次分配的 IP 地址的 DHCP request 请求信息。DHCP 服务器收到这个信息后，尝试让 DHCP 客户机继续使用原来的 IP 地址，并回答一个 DHCP ack 确认信息。如果该 IP 地址已无法再分配给原来的 DHCP 客户机使用（例如，该 IP 地址已分配给其他 DHCP 客户机使用），DHCP 服务器回答一个 DHCP nack 否认信息。原来的 DHCP 客户机收到该 DHCP nack 否认信息后，必须重新发送 DHCP discover 请求新的 IP 地址。

6. 更新租约

DHCP 客户机从 DHCP 服务器获取的 IP 地址有一定的使用期限，即租约，租约期满后，DHCP 服务器将收回该 IP 地址。如果 DHCP 客户机要继续使用这个 IP 地址，必须向 DHCP 服务器申请更新 IP 地址的租约。

DHCP 客户机使用的 IP 地址租约期限超过一半时，DHCP 客户机自动向 DHCP 服务器发送 DHCP request 信息，以更新其 IP 租约的信息。如果此时得不到 DHCP 服务器的 DHCP ack 确认信息，客户机还可以继续使用该 IP 地址；但在剩下的租约期限再过一半时（即整个租约期的 75%），若还得不到确认，客户机就不能使用这个 IP 地址了。

7. 释放 IP 地址租约

客户机可以主动释放自己的 IP 地址请求；可以不释放，也不续租，等待租约过期释放占用的 IP 地址资源。客户机可随时发出 DHCP release 命令释放 IP 地址的租用。

DHCP 依赖于广播信息，因此，客户机和服务器应该位于同一个网络内。若设置路由器为可以转发 BOOTP 广播包，则服务器和客户机可以位于两个不同的网络。但是，配置转发广播信息不是一个很好的解决办法，更好的办法是使用 DHCP 中转计算机。DHCP 中转计算机和 DHCP 客户机位于同一个网络，可以应答客户机的租用请求，但不维护 DHCP 数据和拥有 IP 地址资源，只是将请求转发给位于另一个网络的 DHCP 服务器，由 DHCP 服务器进行实际的 IP 地址分配和确认。

三、任务实施

（一）任务分析

DHCP 服务器配置任务分解见表 2-6-3。

表 2-6-3　DHCP 服务器配置任务分解

工作项目（需求）	工作任务
以高校内某栋办公楼为例，建立 DHCP 服务器，为办公楼内的 PC 等设备配置 IP 地址、网关和 DNS 等信息。完成 DHCP 服务器部署	① 安装 DHCP 服务
	② 新建作用域
	③ 配置 DHCP 选项
	④ DHCP 选项调整
	⑤ 新建保留地址

（二）网络拓扑

在配置 DHCP 服务器的过程中，为简化问题及减少设备的使用量，对网络拓扑结构进行进一步简化，如图 2-6-30 所示。

（三）实施设备

（1）安装了 Windows Server 2012 R2 操作系统的 DHCP 服务器主机 1 台。

（2）安装了 Windows 操作系统的客户机 1～2 台。

（3）DHCP 服务器主机与客户机连接成网络。

（4）网络拓扑如图 2-6-30 所示。

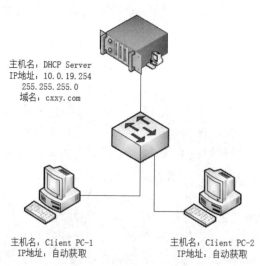

主机名：DHCP Server
IP地址：10.0.19.254
　　　　255.255.255.0
域名：cxxy.com

主机名：Client PC-1
IP地址：自动获取

主机名：Client PC-2
IP地址：自动获取

图 2-6-30　网络拓扑（DHCP）

（四）实施步骤

（1）以管理员的身份登录到 DHCP Server 服务器中，配置 DHCP 服务器，在"开始"菜单选择"管理工具→服务器管理器"，在服务器管理器的仪表板中选择第 2 项"添加角色和功能"，如图 2-6-31 所示。

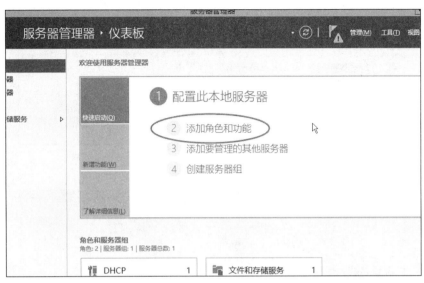

图 2-6-31　启动添加角色和功能

（2）启动向导后，在开始之前会提示一些注意事项，如"管理员账户使用的是强密码"等。单击"下一步"按钮，如图 2-6-32 所示，需要选择安装类型。本任务选择在本地服务器安装"基于角色或基于功能的安装"，如图 2-6-33 所示。在服务器选择中，选择默认的服务器即可，如图 2-6-34 所示。

图 2-6-32　启动安装向导及相关提示

（3）在"服务器角色"中，选择"DHCP 服务器"，提示"添加角色和功能向导"，单击"添加功能"按钮，进入下一步，根据实际需要添加其他功能，单击"下一步"按钮，安装 DHCP 服务器。在弹出的对话框中单击"添加功能"按钮，如图 2-6-35 所示。选择功能时，采用默认选项即可，如图 2-6-36 和图 2-6-37 所示。

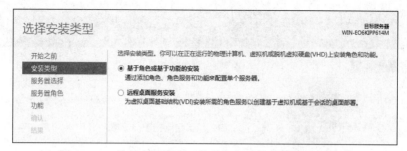

图 2-6-33　选择安装类型（基于角色或基于功能的安装）

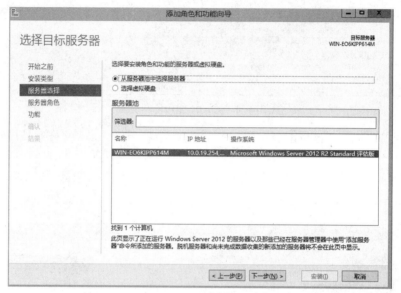

图 2-6-34　选择默认服务器

图 2-6-35　选择安装 DHCP 服务器

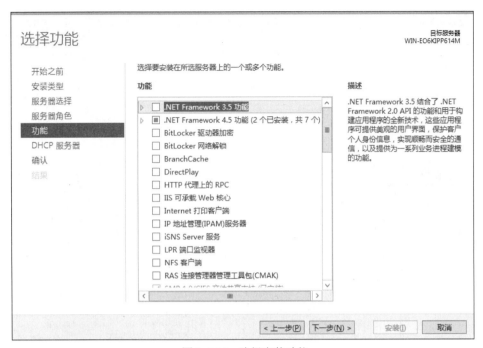

图 2-6-36　选择安装功能

图 2-6-37　安装注意事项提示

（4）安装过程较快，如图 2-6-38 所示。程序安装完成后，如图 2-6-39 所示。单击圈中的"完成 DHCP 配置"，可以立即进行 DHCP 的配置；或关闭当前窗口，在后续的过程中进行配置。

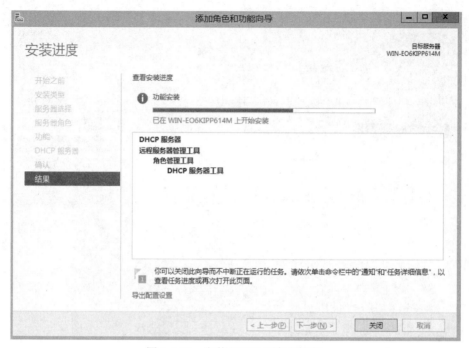

图 2-6-38　安装 DHCP 服务器进程

图 2-6-39　完成安装

（5）安装完成后，在仪表盘中可以找到 DHCP 服务器配置的菜单，单击后，可以发现在本地已经安装的 DHCP 服务器。选中本地已经安装的服务器，右击打开"DHCP 管理器"，可以进行 DHCP 服务器的配置，如图 2-6-40 所示。

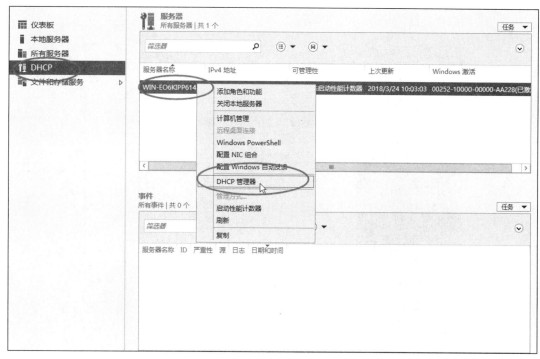

图 2-6-40　启动 DHCP 管理器

（6）启动"DHCP 管理器"后，即可进行 DHCP 服务器的配置，本任务以配置 IPv4 为例。右击"IPv4"，选择"新建作用域"命令，如图 2-6-41 所示，启动 DHCP 服务器的配置。

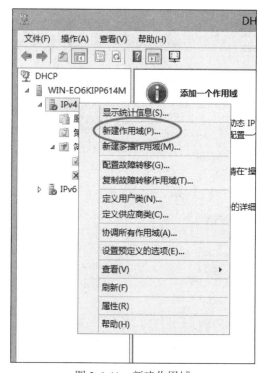

图 2-6-41　新建作用域

（7）启动新建作用域向导，如图 2-6-42 所示。

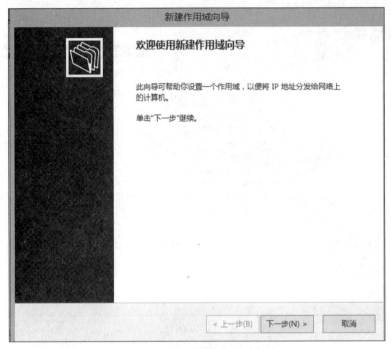

图 2-6-42　启动新建作用域向导

（8）定义新建作用域的名称及相关描述信息，可以根据实际情况填入，本任务以"cxxy.net"为名称，描述内容是"创新学院"，如图 2-6-43 所示。

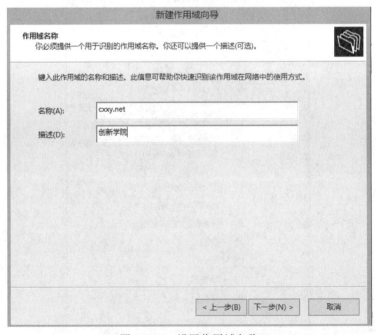

图 2-6-43　设置作用域名称

（9）设置 DHCP 服务器的 IP 地址范围和子网掩码信息，本任务以 10.0.19.0 为网络号进行设置，子网掩码长度为 24 位进行定义，如图 2-6-44 所示。

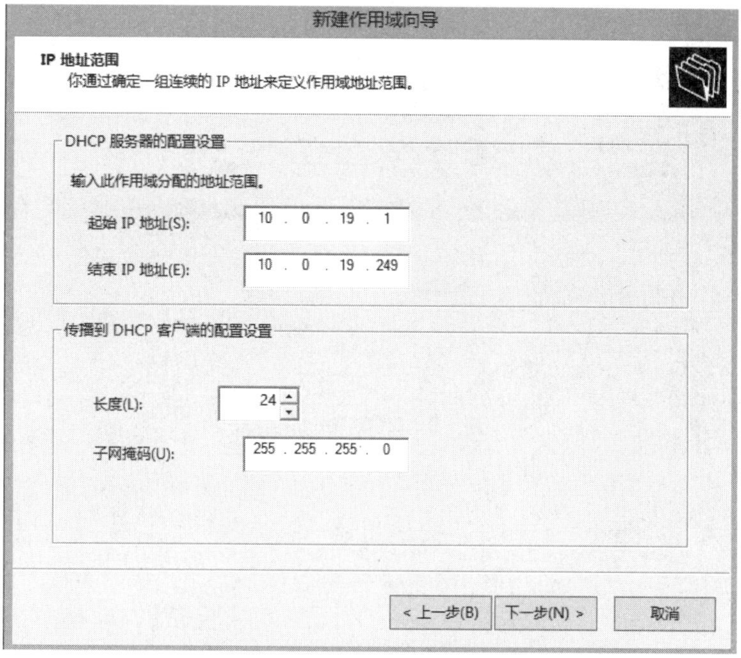

图 2-6-44　设置 IP 地址范围（地址池）

（10）设置 DHCP 服务器的 IP 地址分配排除范围和子网延时信息，分配排除范围可根据实际需要进行设定，如图 2-6-45 所示。

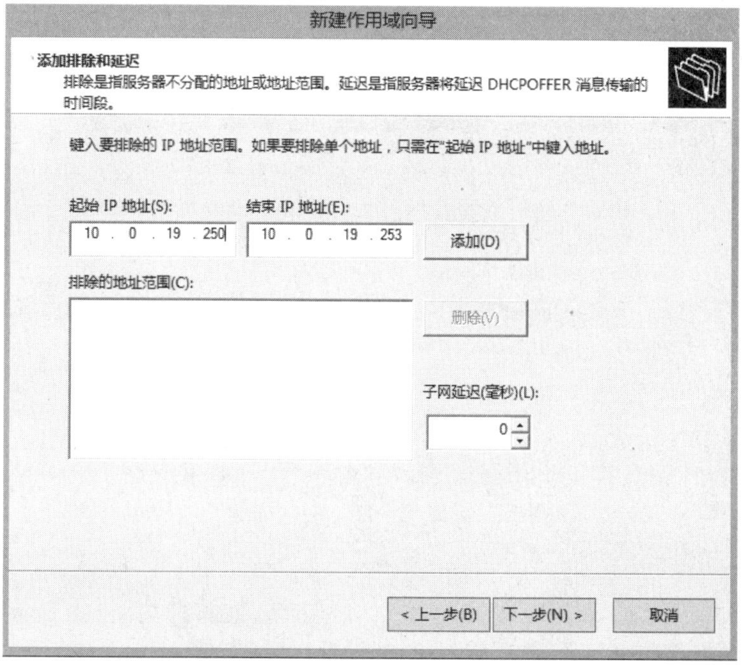

图 2-6-45　"添加排除和延迟"设置

（11）设置租用期限，可以根据实际需要进行设置，如果网络中的客户端数量较为稳定，可以设置较长时间的租约，如图 2-6-46 所示。

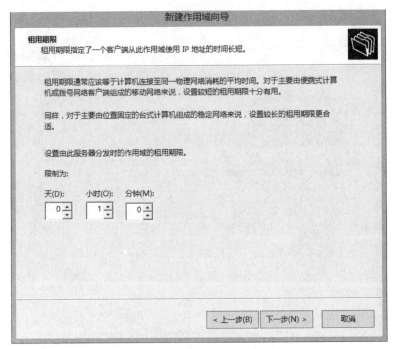

图 2-6-46　设置租用期限

（12）完成上述配置后，需要定义 DHCP 选项，如图 2-6-47 所示，启动配置 DHCP 选项。

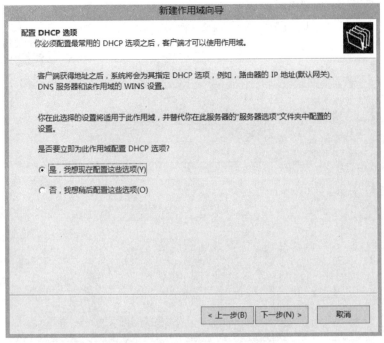

图 2-6-47　启动配置 DHCP 选项

（13）在 DHCP 客户端获取 IP 地址后，通常需要为其配备一个网关，以便于客户端连接网络。图 2-6-48 所示为为 DHCP 的客户端添加网关。

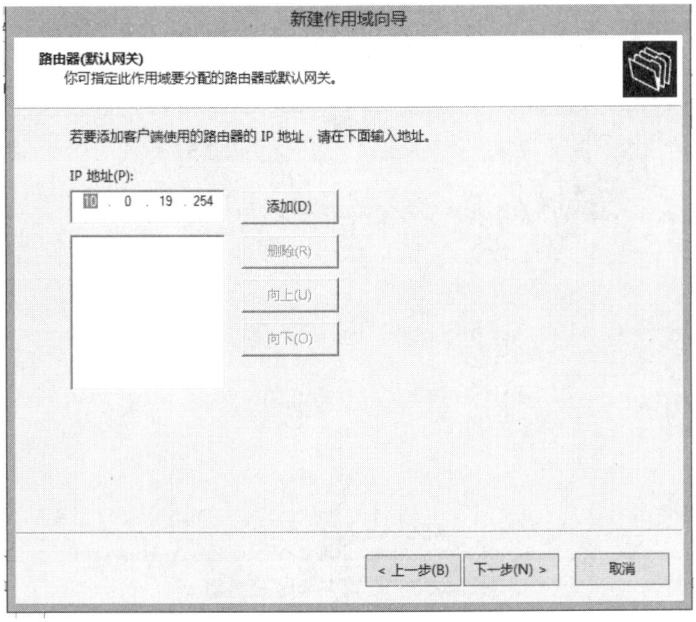

图 2-6-48　配置网关/路由器

（14）配置 DHCP 选项时，可以为客户端添加 DNS 信息和 WINS 信息。通常父域如果没有要求，可以忽略，为客户端设置 DNS 如图 2-6-49 所示。如果网络中不需要 WINS 服务器设置，可以忽略，如图 2-6-50 所示。

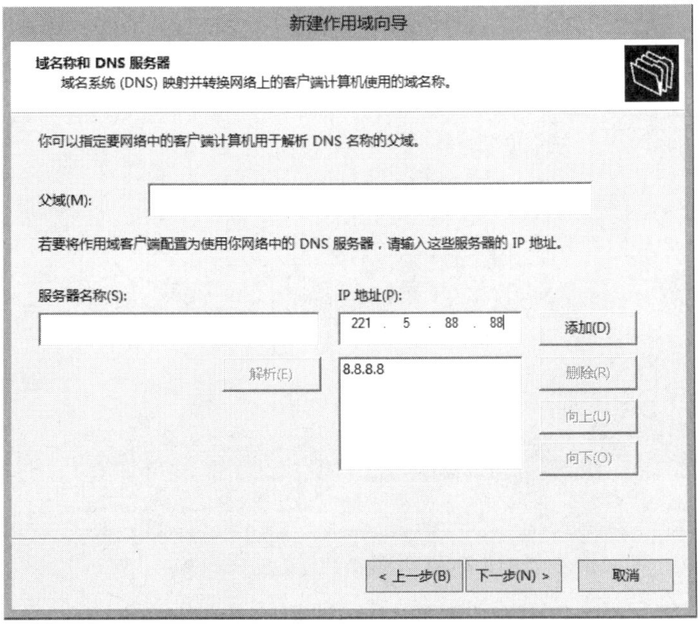

图 2-6-49　配置域名称和 DNS 服务器

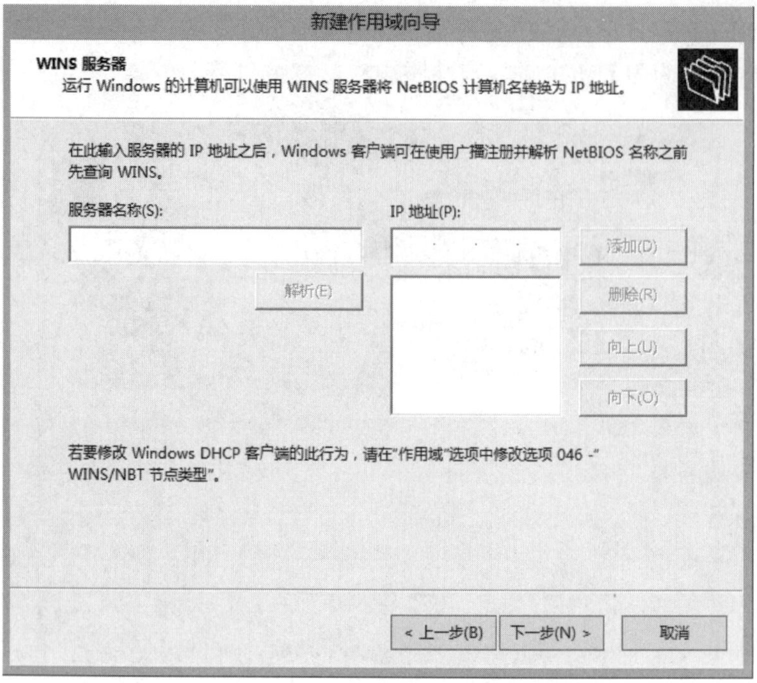

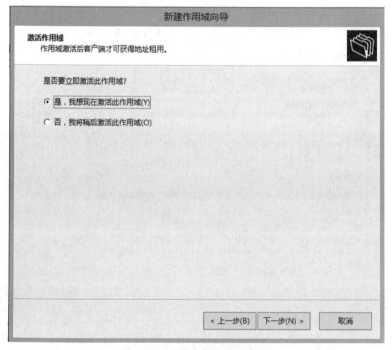

图 2-6-50　设置 WINS 服务器

（15）激活新建的作用域，如图 2-6-51 所示。

图 2-6-51　激活新建的作用域

（16）若前面的配置过程中有相关的参数需要调整，可以在新建的作用域中右击，选择
"属性"选项，再次对选项进行调整，如图 2-6-52 和图 2-6-53 所示。

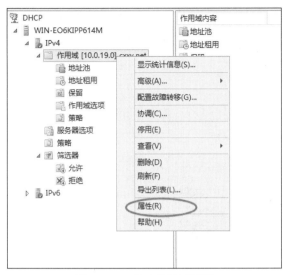

图 2-6-52　修改作用域属性

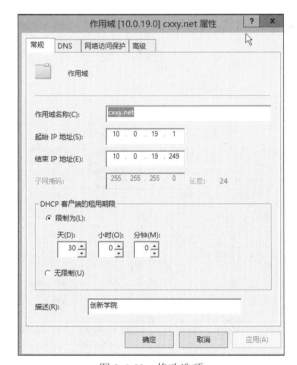

图 2-6-53　修改选项

（17）在新建的作用域中右击，选择"激活"或"停用"选项，对新建的作用域进行开启或关闭，如图 2-6-54 和图 2-6-55 所示。

（18）在实际的 DHCP 服务器的应用中，也可以为某个设备提供长期/永久租用的 IP 地址，通常需要绑定某个网卡设备的 MAC 地址进行设置。在 Windows Server 2012 中可通过"新建保留"实现。如图 2-6-56 所示，启用新建保留地址。如图 2-6-57 所示，填入相应的长期分配的 IP 信息和需要绑定的 MAC 地址。

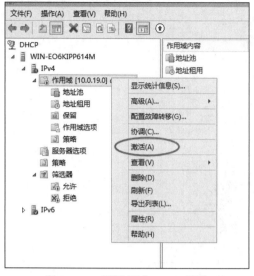

图 2-6-54 激活/开启 DHCP 服务

图 2-6-55 停用/关闭 DHCP 服务

图 2-6-56 新建保留地址

图 2-6-57 设置保留地址

（19）在测试机中启用 DHCP 自动获取 IP 地址，即可获得 DHCP 分配的 IP 地址，如图 2-6-58 所示。

图 2-6-58 获取 IP 地址信息

任务 3　构建 DNS 服务器

一、任务背景描述

某校园网内，内网 B/S、C/S 结构的应用系统较多，例如 OA 系统、成绩管理系统、中央认证服务（Central Authentication Service，CAS）、素质拓展学分管理系统、实习管理系统等。大量客户端均采用配置 IP 的方式访问上述应用服务器。一旦应用服务器的 IP 地址发生了调整，将直接会影响终端用户访问。同时，IP 地址的修改也会带来大量的客户端维护的工作量。

目前内网应用均是采用 IP 地址的方式对用户提供服务。由于内网应用的种类繁多以及 IP 地址不便于记忆的特点，会引起内网用户访问的体验较差等问题。此时，可以采用 DNS 域名解析加内网门户的解决方案来提升内网用户访问的体验，实现便捷服务。DNS 域名解析系统的使用推广，将大大降低应用维护带来的风险和工作量。

二、相关知识

（一）域名及域名系统

1. 域名

在 Internet 上是利用 IP 地址来识别一台主机的。但是一组 IP 数字不容易记忆（即使将 32 位的二进制数转换成 4 组的十进制也一样），也没有什么联想的意义。因此，可在 Internet 上的服务器取一个有意义又容易记忆的名字，这个名字称为域名（domain name）。

例如，在网络上使用百度网站搜索信息时，大多数用户都会在浏览器地址栏上输入 www.baidu.com，很少有人会记住百度网站服务器的 IP 地址。www.baidu.com 是百度网站便于记忆的域名，而 121.14.88.14 则是其 IP 地址。

为主机注册域名需要考虑以下 3 个因素。

（1）一个主机的域名在 Internet 上是唯一的、通用的，在 Internet 上通过主机的域名可以准确地登录主机。

（2）域名要便于配置、确认和回收管理。

（3）由于网络本身只能识别 IP 地址，域名能与主机的 IP 地址对应需要高效的映射。

域名（如 www.baidu.com）和 IP 地址（如 121.14.88.14）的映射关系早在 20 世纪 70 年代就由 Internet 网络信息中心（NIC）负责完成。NIC 记录了已注册的所有域名和 IP 地址的映射信息，并分发给 Internet 上所有最低级的域名服务器（domain name server），每台域名服务器均以 hosts.txt 文件存储其他各个域的域名服务器及其对应的 IP 地址，供主机之间通信时实现域名到 IP 地址的映射。hosts.txt 文件的更新由 NIC 负责。随着 Internet 规模的不断扩大，网络中的主机数量不断增加，由域名服务器记录所有域名地址信息的方法出现了许多问题，例如，各主机查询地址信息时占用信道和系统资源太多，查询效率低；集中式的统一维护管理异常困难等。可见，原有的做法已经不能适应网络发展的需求。于是人们通过研究，引入了当前应用的域名系统标准。

2. 域名系统

域名系统（Domain Name System，DNS）是一种分布式网络目录服务，主要用来把主机名转换为 IP 地址，并控制 Internet 上电子邮件的发送。大多数 Internet 服务器的工作依赖于 DNS，一旦 DNS 出错，就无法卜载 Web 站点并且中止电子邮件的发送。

DNS 采用层次结构的命名树作为主机的域名，允许用户使用友好的名字，而不是难以记忆的数字（IP 地址）来访问 Internet 上的主机；采用分布式数据库存储 DNS 域名到 IP 地址的映射。通过这个分布式数据库 DNS，可以根据一台主机的完整域名查找到对应的 IP 地址，也可由 IP 地址查找到对应的主机完整域名。DNS 使大部分的域名都可以在本地得到映射，仅有少量域名到 IP 地址的映射需要在 Internet 上进行。因此，DNS 地址映射效率极高。DNS 被设计成联机分布式数据库系统，即使某台主机出现故障，DNS 仍然能够正常运行。运行主机域名到 IP 地址映射的计算机称为域名服务器（domain name server）。

域名系统的设计目标如下。

（1）为访问网络资源的用户提供一致的名字空间，通过域名可以看出网络资源的类别。

（2）从数据库容量和更新频率方面考虑，要求实施分散的管理；通过 DNS 的分类，更好地使用本地缓存来提高地址解析效率。

（3）DNS 名字空间适用于不同协议和管理办法，不依赖于通信系统，人们只需考虑 DNS 即可，不用考虑系统所使用的硬件。

（4）具有各种主机的适用性，从个人计算机到大型主机都适用 DNS。

（二）域名结构

Internet 采用层次结构的命名树作为主机的域名。因此，Internet 上的任何主机都有一个唯一的层次结构的域名。一个完整的域名由"主机名"+"."+"域名"组成。以域名"www.gzhmt.edu.cn"为例，说明如下。

● www：这台 Web 服务器的主机名。

● gzhmt.edu.cn：这台 Web 服务器所在的域名，如图 2-6-59 所示。

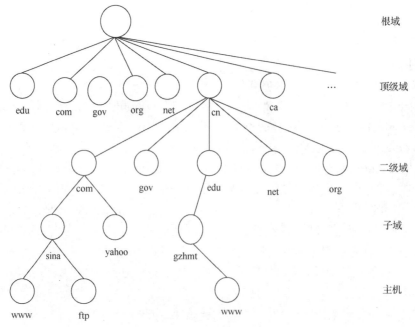

图 2-6-59　域名的层次结构

域名分为不同的级别，每一级的域名均由英文字母或数字组成，字符个数为 0～63 个，且不区分大小写，级别由上向下递增，最上面的域名是级别最高的顶级域名，次之为二级域名、三级域名、……、主机名。域名系统规定，一个完整的域名不能超过 255 个字符，但没有规定需要包含多少级域名、每一级域名表示什么意思。低一级的域名由高一级域名管理机构分配管理。只有顶级域名才由 Internet 的有关机构管理。表 2-6-4 给出了部分顶级域名及其代表的意义。

表 2-6-4　域名区域代码

顶级域名区域代码			
com	商业组织	edu	教育机构
gov	政府机构	mil	军事机构
net	网络服务机构	int	国际组织
org	非营利性机构		
国家/地区区域代码			
cn	中国	jp	日本
au	澳大利亚	ca	加拿大

国家/地区代码由两个字母组成，称为国家代码顶级域名（ccTLDs），.cn 是中国专用的顶级域名，其注册归中国互联网网络信息中心（CNNIC）管理，以.cn 结尾的二级域名简称为国内域名。注册国家/地区代码顶级域名下二级域名的规则和政策，与不同的国家/地区的政策有关。某些域名注册商除提供以.com、.net 和.org 结尾的域名注册服务外，还提供国家/地区代码顶级域名的注册。ICANN 没有特别授权注册商提供国家/地区代码顶级域名的注册服务。

ICANN 是一个非营利性的组织，1998 年后成为 Internet 的域名管理机构，其将顶级域名（Top Level Domain，TLD）分为三大类。

1. 通用顶级域名（General Top Level Domain，gTLD）

最早的 gTLD 只有 6 个，其中对所有用户开放的有：.com，适用于商业公司；.org，适用于非营利机构；.net，适用于大的网络中心。由于上述 3 个 gTLD 对所有用户开放，又称为全球域名，任何国家的用户都可申请注册其下面的二级域名。只向美国专门机构开放的 gTLD 有：.mil，适用于美国军事机构；.gov，适用于美国联邦政府；.edu，适用于美国大学或学院。

由于 Internet 的飞速发展，Internet 用户数量激增，通用顶级域名下可注册的二级域名越来越少。为缓解这种状况，进一步加强顶级域名管理，ICANN 在 2000 年年底增加了表 2-6-5 所列的通用顶级域名。

表 2-6-5　2000 年新增的 gTLD

顶级域名区域代码			
arts	艺术和文化单位	firm	商业公司、企业
info	信息服务	name	个人
rec	娱乐活动	store	网上商店
web	同 Web 有关的活动	pro	会计、律师、医师、个人
Aero	航空运输企业	biz	公司、企业
Coop	合作团体	Museum	博物馆

2. 国际顶级域名（International Top Level Domain，iTLD）

int：适用于国际化机构，即国际性组织可在 int 下注册其二级域名。

3. 国家代码顶级域名（Country Code Top Level Domain，ccTLD）

通常，在 ccTLD 下注册的二级域名全都由该国家自行确定。例如，我国将二级域名划分为类别域名和行政区域名两大类，见表 2-6-6。其中，在二级域名 edu 下申请注册三级域名由中国教育和计算机网络中心负责；除此之外，其他三级域名的注册均由 CNNIC 负责。

表 2-6-6　我国的二级域名

二级域名区域代码（类别域名 6 个）			
com	工、商、金融企业	edu	教育机构
gov	政府机构	ac	科研机构
net	网络服务机构	org	非营利性组织
二级域名区域代码（行政区域名 34 个）			
bj	北京市	he	河北省
gd	广东省	sh	上海市
tj	天津市	cq	重庆市

（三）域名服务器

1. 域名服务器概述

计算机在 Internet 上进行通信时，只能识别诸如 "211.66.64.88" 之类的 IP 地址，不能识别域名。在浏览器的地址栏中输入域名，可以看到访问的页面，原因是 "域名服务器" 自动把字符型的域名 "翻译" 成对应的 IP 地址，然后调出 IP 地址对应的网页。

域名服务器（Domain Name Server，DNS）负责把字符型的域名解析为主机的 IP 地址，当一台域名服务器不能完成某个域名的解析时，必须能够连接到其他域名服务器获取相关的信息。没有 DNS，人们将无法在 Internet 上使用域名。

域名服务器是整个域名系统的核心，在 Internet 上，域名服务器按照域名的层次来安排，每个域名服务器只管辖域名系统的一部分。域名服务器之所以能够对域名进行解析，实质是运行了域名解析程序，并且保存一张域名与对应 IP 地址的对照表，可以完成域名到 IP 地址的映射。

域名解析采用客户/服务器（C/S）模式，在域名服务器上运行的服务进程进行域名对 IP 地址的解析。域名服务器存储一个或多个管辖区中主机域名到 IP 地址映射的信息。通常在一个管辖区内设置多台域名服务器，以提高域名解析系统的可靠性，当其中某台域名服务器出现故障时，所有的域名请求能够转发给其他域名服务器；此外，可以将 DNS 查询信息平均地分担到多台域名服务器上，提高整个系统的域名解析能力和效率；可以根据需要将多台域名服务器放置到不同的地方，为用户提供地理位置就近的域名解析服务。

在一个管辖区内具有多台域名服务器时，可以将这些域名服务器配置成主域名服务器或辅域名服务器。主域名服务器直接从本地管辖区的数据文件（zonefile）中加载本管辖区的信息，管辖区数据文件中包含服务器所在管辖区内的主机域名和相应的 IP 地址；辅域名服务器启动时，与负责本区的主域名服务器联系，经过一个 "管辖区内传输" 的过程，复制主服务器的数据库。此后，将周期性地查询主域名服务器的数据是否被修改，以保持自己数据库中的数据是最新版本。

2．域名服务器类型

根据域名服务器配置的不同，以及域名服务器在域名解析过程中所起作用的不同，可以将域名服务器分为本地域名服务器、根域名服务器和授权域名服务器 3 种类型。

（1）本地域名服务器（local name server）。每一个 Internet 服务提供者（ISP）都可以拥有一个本地域名服务器，又称默认域名服务器。当一个主机发出 DNS 查询报文时，这个查询报文首先送往该主机的本地域名服务器。本地域名服务器离用户较近，一般不超过几个路由器的距离。当要查询的主机也属于同一个本地 ISP 时，本地域名服务器立即能将查询的主机名转换为对应的 IP 地址，不需要再去询问其他的域名服务器。

本地域名服务器（DNS）的配置步骤如下。

1）右击桌面的"网络"，在右侧单击"更改适配器设置"，打开"网络连接"窗口，如图 2-6-60 所示。

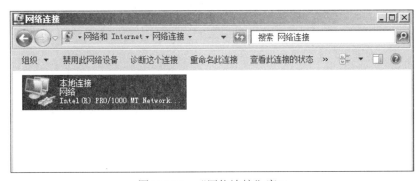

图 2-6-60　"网络连接"窗口

2）右击"本地连接"，弹出"本地连接 属性"对话框，如图 2-6-61 所示。勾选"Internet 协议版本 4（TCP/IPv4）"复选框，单击"确定"按钮。

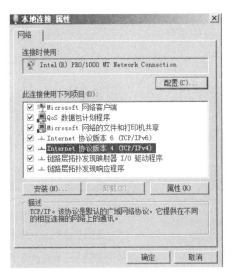

图 2-6-61　"本地连接 属性"对话框

3）在弹出的"Internet 协议版本 4（TCP/IPv4）属性"对话框中设置首选 DNS 服务器和备用 DNS 服务器的 IP 地址，如图 2-6-62 所示，设置的 DNS 服务器即为本地域名服务器。

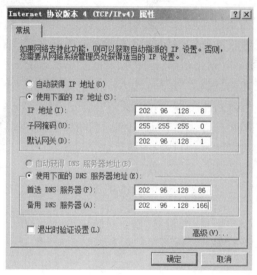

图 2-6-62　"Internet 协议版本 4（TCP/IPv4）属性"对话框

（2）根域名服务器（root name server）。目前，全球共有 13 台根域名服务器。这 13 台根域名服务器的名字分别为"A"至"M"。其中，10 台在美国，另外各有一台在英国、瑞典和日本，见表 2-6-7。

表 2-6-7　全球根域名服务器

名称	管理单位及设置地点	IP 地址
A	INTERNIC.NET（美国，弗吉尼亚州）	198.41.0.4
B	美国信息科学研究所（美国，加利福尼亚州）	128.9.0.107
C	PSINet 公司（美国，弗吉尼亚州）	192.33.4.12
D	马里兰大学（美国，马里兰州）	128.8.10.90
E	美国航空航天管理局（美国，加利福尼亚州）	192.203.230.10
F	因特网软件联盟（美国，加利福尼亚州）	192.5.5.241
G	美国国防部网络信息中心（美国，弗吉尼亚州）	192.112.36.4
H	美国陆军研究所（美国，马里兰州）	128.63.2.53
I	Autonomica 公司（瑞典，斯德哥尔摩）	192.36.148.17
J	VeriSign 公司（美国，弗吉尼亚州）	192.58.128.30
K	RIPE NCC（英国，伦敦）	193.0.14.129
L	IANA（美国，弗吉尼亚州）	198.32.64.12
M	WIDE Project（日本，东京）	202.12.27.33

在根域名服务器中，虽然没有每个域名的具体信息，但存储了管辖每个域（如 COM、NET、ORG 等）解析的域名服务器的地址信息。因此，当一个本地域名服务器不能立即解析某个主

机的 DNS 查询（没有保存被查询主机的信息）时，该本地域名服务器以 DNS 客户的身份向某个根域名服务器查询。若根域名服务器有被查询主机的信息，就发送 DNS 回答报文给本地域名服务器，本地域名服务器再回答发起查询的主机。当根域名服务器没有被查询主机的信息时，它一定知道某个保存有被查询主机名字映射的授权域名服务器的 IP 地址。根域名服务器不直接对顶级域下属的所有域名进行转换，但一定能够找到下面的所有二级域名的域名服务器。

（3）授权域名服务器（authoritative name srever）。Internet 允许各个单位根据具体情况将本单位的域名划分为若干个域名服务器管辖区（zone），一般就在各管辖区中设置相应的授权域名服务器。因此，授权域名服务器本身是一台主机的本地 ISP 的域名服务器，Internet 上的每一台主机都必须在授权域名服务器处注册登记。实际上，为更加可靠地工作，一台主机经常存在两个以上的授权域名服务器。许多域名服务器同时充当本地域名服务器和授权域名服务器。授权域名服务器的主要作用是将其管辖区域的主机名转换为对应的 IP 地址。

授权域名服务器接到用户的 DNS 查询报文时，首先核对该域名是否在管辖区域内，即检查是否被授权管理该域名。如果未被授权，则查看自己的高速缓存，检查该域名是否最近被转换过。域名服务器向用户报告缓存中有关域名与地址的绑定信息，并标志为非授权绑定，以及给出获得该绑定的服务器 S 的域名。本地域名服务器同时也将服务器 S 与 IP 地址的绑定告知用户。用户尽管能较快获得应答，但信息可能已过时。如果强调高效，用户可选择接受非授权的回答信息，并继续查询。如果强调准确性，用户可与授权域名服务器联系，并检查域名与地址间的绑定是否仍然有效。

图 2-6-63 所示的是域名服务器管辖区的划分举例。假设 abc 公司有下属部门 x 和 y，部门 x 下面又分为 3 个分部门 u、v 和 w，y 下面还有下属的部门 t。可见，管辖区是"域"的子集。

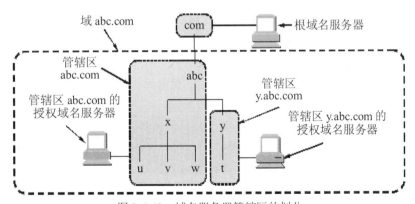

图 2-6-63　域名服务器管辖区的划分

（四）域名的解析过程

1. 域名解析流程

域名解析由用户通过浏览器发起：当用户在浏览器的地址栏输入某个网站的域名后，系统开始呼叫域名解析程序（Resolve）。解析程序是客户端负责 DNS 查询的 TCP/IP 软件，域名解析程序开始进入域名解析流程，如图 2-6-64 所示。

（1）用户提出域名解析请求，并将该请求发送给本地域名服务器。

（2）本地的域名服务器收到请求后，解析程序先查询本地缓存，如果有该记录项，本地域名服务器直接把查询的结果返回。

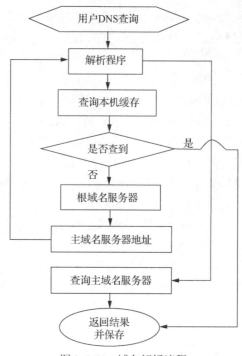

图 2-6-64　域名解析流程

（3）如果本地缓存中没有该记录，本地域名服务器直接把请求发给根域名服务器；根域名服务器向本地域名服务器返回一个查询域（根的子域，如 cn 等）的主域名服务器地址。

（4）本地服务器向上一步骤中返回的域名服务器发送请求，收到该请求的服务器查询其缓存，返回与该请求对应的记录或相关的下级域名服务器地址。本地域名服务器将返回的结果保存到缓存。

（5）重复第（4）步，直到找到正确的记录。

（6）本地域名服务器把返回结果保存到缓存，以备下一次使用，同时将结果返回客户机。

2. 域名解析原理

（1）正向解析和反向解析。域名解析分为地址的正向解析和反向解析两类。

● 正向解析：通常的域名解析指的是正向解析，是将主机名解析成 IP 地址的过程，如将 http://www.sina.com.cn/解析成 58.63.236.32。

● 反向解析：将 IP 地址解析成主机域名的过程，如将 58.63.236.32 解析成 http://www.sina.com.cn/。

反向解析是依据 DNS 客户端提供的 IP 地址查询对应的主机域名。由于 DNS 域名与 IP 地址之间无法建立直接对应关系，必须在域名服务器内创建一个反向解析区域，该区域名称最后部分为 in-addr.arpa。一旦创建的反向解析区域进入到 DNS 数据库中，即增加一个指针记录，将 IP 地址与相应的主机域名相关联。换句话说，当查询 IP 地址为 58.63.236.32 的主机域名时，解析程序将向 DNS 服务器查询 32.236.63.58.in-addr.arpa 的指针记录。如果该 IP 地址在本地域之外，DNS 服务器将从根开始，顺序解析域节点，直到找到 32.236.63.58.in-addr.arpa。

图 2-6-65 示意了反向解析的工作原理。DNS 客户端启动反向查询，询问 IP 地址为 58.63.236.32 的另一主机（www）的域名，查询步骤如下。

图 2-6-65　反向解析的工作原理

1）DNS 客户端向 DNS 服务器查询对应于 IP 地址为 58.63.236.32 的指针记录，即在反向搜索区域中搜索其相对应的完全限定域名：32.236.63.58.in-addr.arpa。

2）如果所在区域包含在 DNS 服务器中，则给出权威性的应答。否则，DNS 服务器将进行递归查询过程。

3）递归查询完成后，DNS 服务器向客户端返回查询结果，即返回名为"www"的主机的 DNS 域名：www.sina.com.cn。

（2）递归查询和迭代查询。在域名解析过程中，客户端和域名服务器或不同域名服务器之间的地址查询模式可分为递归查询和迭代查询两种。

1）递归查询。递归查询用于客户端向域名服务器提出的域名查询请求。客户端送出查询请求后，本地域名服务器必须告诉客户端域名映射的 IP 地址，或通知客户端找不到所需信息。如果 DNS 服务器内没有客户端需要的信息，本地域名服务器代替客户端向其他域名服务器查询。如果其他域名服务器也无法解析该项查询，则告知客户端找不到所需数据。在域名服务器递归查询期间，客户端完全处于等待状态。客户端只需接触一次 DNS 服务器系统，即可得到所需的 IP 地址，或获知所查询的域名没有有效的 IP 地址与其对应。

例如，客户机 A 现在要解析一个域名，发出一个信息告知它所在区域的主域名服务器 B，请求解析域名，若 DNS 服务器 B 自己解析不了，就去找 DNS 服务器 C；若服务器 C 也无法解析，再请求 DNS 服务器 D 解析，若服务器 D 正好是解析这个域名的 DNS 服务器，就把自己查询 DNS 数据库得到的与域名对应的 IP 地址告诉服务器 C，服务器 C 再通知服务器 B，最后由服务器 B 告诉 A。A 得到答案后，可以用该域名对应的 IP 地址进行访问。

2）迭代查询。迭代查询指在域名查询中，当客户端送出查询请求后，若该 DNS 服务器中不包含所需信息，将告诉客户端另外一台 DNS 服务器的 IP 地址，使客户端自动转向另外一台 DNS 服务器查询，依次类推，直到查到信息；否则，由最后一台 DNS 服务器通知客户端查询失败。

若一个网络中既有迭代查询也有递归查询，迭代查询的优先级高于递归查询，即域名解析通常先启用迭代查询，只有在迭代查询无效的情况下，才会使用递归查询。

3. 域名解析实例

图 2-6-66 所示为客户端访问新浪网主机（域名为 www.sina.com.cn）的域名解析过程。

（1）首先，域名解析程序在客户端查询本地主机的缓冲区，查看主机缓冲区是否保存该主机名（www.sina.com.cn）。如果找到则返回对应的 IP 地址；如果主机缓冲区中没有该域名与 IP 地址的映射关系，解析程序向本地域名服务器发出请求。

（2）本地域名服务器先检查域名 www.sina.com.cn 与 IP 地址的映射关系是否存储在数据库中。如果有，本地服务器将该映射关系传送给客户端，并告诉客户端这是一个"权威性"的应答；如果没有，本地服务器将查询其高速缓冲区，检查是否存储有该映射关系。如果在高速缓冲区中发现该映射关系，本地服务器给出应答，并通知客户端这是一个"非权威性"的应答。如果在本地服务器的高速缓冲区中也没有发现域名 www.sina.com.cn 与 IP 地址的映射关系，则需要其他域名服务器提供帮助。

（3）其他域名服务器接收到本地服务器的请求后，继续进行域名查询。如果找到域名 www.sina.com.cn 与 IP 地址的映射关系，将该映射关系送交提出查询请求的本地服务器。然后，本地服务器用从其他服务器得到的映射关系响应客户端。

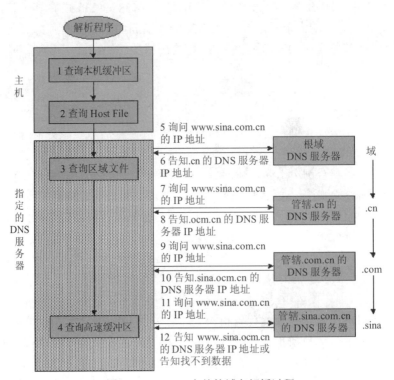

图 2-6-66　DNS 完整的域名解析过程

三、任务实施

根据对某院校内部网络的各项应用服务进行的分析，汇总内部网络中应用服务器的数量和功能，对内部服务器的域名进行规划。

（一）任务分析

工作任务分解见表 2-6-8。

表 2-6-8　工作任务分解

工作项目（需求）	工作任务
根据前面对内部网络 DNS 解析需求进行的分析，汇总需要解析的应用服务器的数量和功能，以 cxxy.net 为内部 DNS 的区域名称，需要对内部 DNS 服务进行解析。完成 DNS 服务器部署	① 安装 DNS 服务
	② 配置 DNS 服务，创建正向解析域
	③ 根据解析需求创建相应的 A 记录
	④ 测试

对内部 DNS 服务进行解析的要求见表 2-6-9。

表 2-6-9　某院校内部网络服务器

内部域名/主机名称	对应 IP 地址
mail.cxxy.net	10.0.1.201
db.cxxy.net	10.0.1.202
www.cxxy.net	10.0.1.203
cas.cxxy.net	10.0.1.204
jw.cxxy.net	10.0.1.205
xs.cxxy.net	10.0.1.206
sx.cxxy.net	10.0.1.207
dns.cxxy.net	10.0.1.254

（二）网络拓扑

网络拓扑如图 2-6-67 所示。

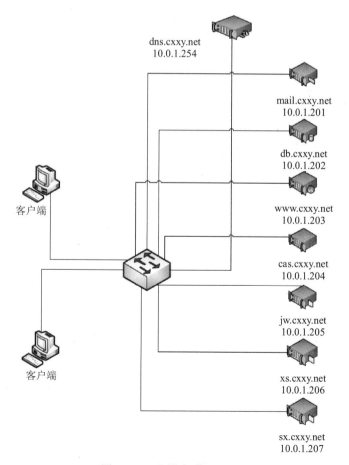

图 2-6-67　网络拓扑（DNS）

（三）实施设备

（1）安装了 Windows Server 2012 R2 操作系统的 DNS 服务器主机 1 台。

（2）安装了 Windows 操作系统的客户机 1～2 台。

（3）DNS 服务器主机与客户机连接成网络。

（4）网络拓扑如图 2-6-67 所示。

（四）实施步骤

1. 安装 DNS 服务器角色

（1）与安装 DHCP 服务器的步骤类似，在服务器管理器中添加新的功能，选择"DNS 服务器"，单击"添加功能"按钮，如图 2-6-68 所示。

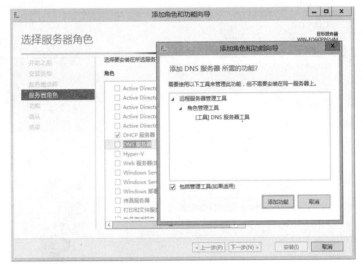

图 2-6-68　安装 DNS 服务

（2）单击"下一步"按钮，执行安装，安装完成后，如果提示需要重启，则重启计算机即可，如图 2-6-69 和图 2-6-70 所示。

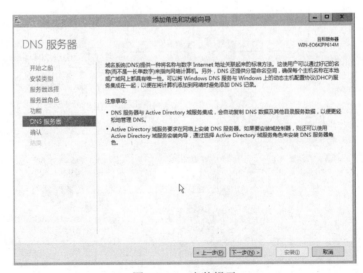

图 2-6-69　安装提示

图 2-6-70 完成 DNS 服务安装

2. 创建"正向解析区域"

在 DNS 服务器上创建 cx.com 的正向解析区域。

（1）在服务器管理器中，选中 DNS 菜单，选择本地服务器，右击，选择"DNS 管理器"命令，如图 2-6-71 所示。

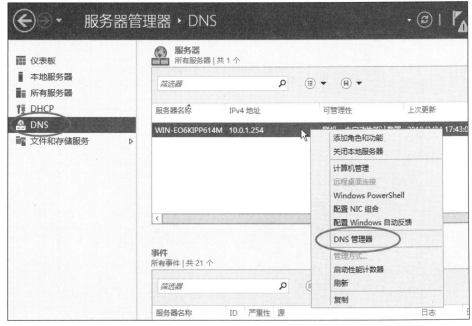

图 2-6-71 选择"DNS 管理器"命令

（2）在 DNS 管理器中选择本地服务器，右击，选择"配置 DNS 服务器"命令，如图 2-6-72
所示。

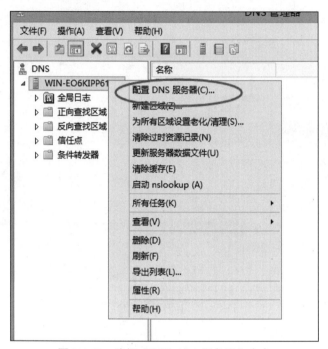

图 2-6-72　选择"配置 DNS 服务器"命令

（3）启动"DNS 服务器配置向导"，单击"下一步"按钮，如图 2-6-73 所示。

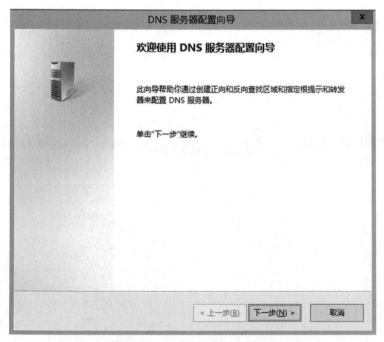

图 2-6-73　DNS 服务器配置向导

（4）选择"创建正向查找区域（适合小型网络使用）"单选按钮，单击"下一步"按钮，如图 2-6-74 所示。

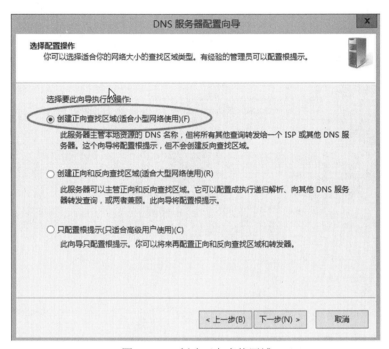

图 2-6-74　创建正向查找区域

（5）定义主服务器位置，本任务设置本地服务器为主服务器，单击"下一步"按钮，如图 2-6-75 所示。

图 2-6-75　定义主服务器位置

（6）根据前面的任务分析与需求设计，设置区域名称为"cxxy.net"，单击"下一步"按钮，如图 2-6-76 所示。

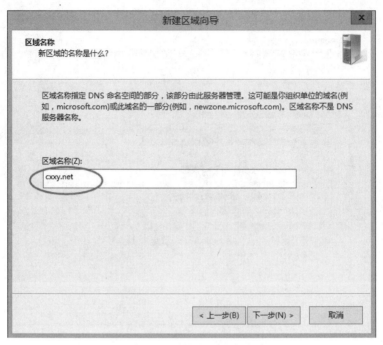

图 2-6-76　定义区域名称

（7）定义区域文件的名称，可以采用默认的名称"cxxy.net.dns"，单击"下一步"按钮，如图 2-6-77 所示。

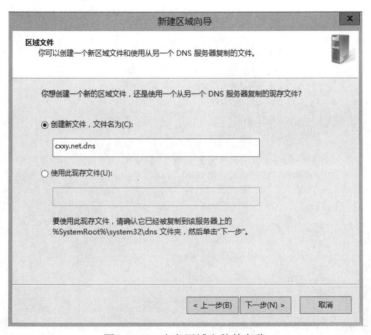

图 2-6-77　定义区域文件的名称

（8）设置动态更新选项，通常在非可信网络下，不建议设置动态更新，单击"下一步"按钮，如图 2-6-78 所示。

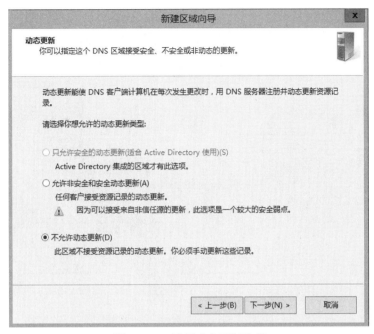

图 2-6-78　设置动态更新选项

（9）转发器是 DNS 服务器，用于将无法答复的 DNS 查询发送给设定的转发器，在本任务中属于内部网络使用的私有 DNS 服务器，可以不设置，如图 2-6-79 所示。单击"下一步"按钮后，DNS 管理器提示收集根提示，如图 2-6-80 所示。

图 2-6-79　设置转发器

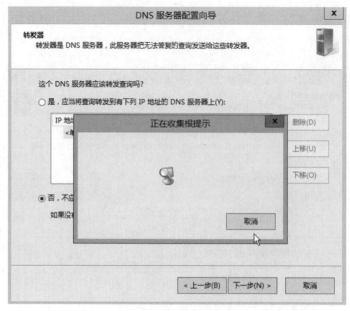

图 2-6-80　收集根提示

（10）单击"完成"按钮，完成 DNS 服务器配置向导，如图 2-6-81 所示。

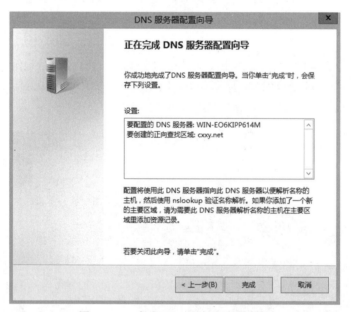

图 2-6-81　完成 DNS 服务器配置向导

（11）根据前面的任务设计，添加相应的主机记录（A 记录），用于解析主机名称到 IP 地址的记录信息。选中新建的 cxxy.net 区域，右击，选择"新建主机"命令，启动添加 A 记录信息，如图 2-6-82 所示。

（12）根据任务设计的内容，依次添加主机记录（A 记录），输入名称信息和 IP 地址信息，如图 2-6-83 所示。

（13）完成任务要求的主机记录添加后，界面如图 2-6-84 所示。

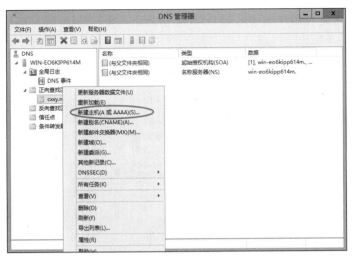

图 2-6-82　新建主机记录

图 2-6-83　添加主机记录信息

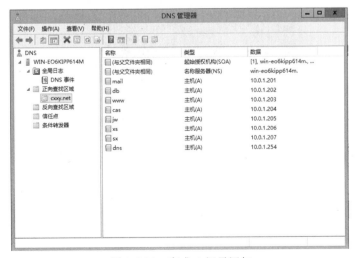

图 2-6-84　完成 A 记录添加

（14）完成上述配置后，选中本地 DNS 服务器，右击，启动 nslookup 工具来测试 DNS 配置情况，如图 2-6-85 所示。

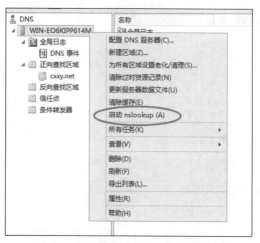

图 2-6-85　启动 nslookup 工具

（15）测试 DNS 配置情况，本次测试 mail.cxxy.net 和 cas.cxxy.net 两个主机，测试结果显示解析成功，如图 2-6-86 所示。

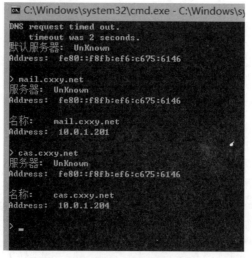

图 2-6-86　测试结果

任务 4　虚拟专用网 VPN 的使用

一、任务背景描述

随着互联网技术的不断发展，许多中小企业的规模逐渐扩大，在全国各地甚至全球都成立了分公司或办事处，与产业链上下游机构建立了紧密的合作关系。依托互联网，可以实现企业总部、分支机构、经销商、合作伙伴、客户和外地出差人员跨地域、跨时空地交流信息，促进资源共享和业务集成，增强协同效率和降低经营成本。

如何低成本、合理、合法、安全、易扩充地支持异地机构的办公网络互连，一直是中小企业最为关心的问题。大公司采用的是租赁电信运营商数据专线的方式，由于费用昂贵，不适应中小企业的实际情况和需求。同时，专线也仅仅解决了多个内部网对接的问题，网络互连与身份验证的安全隐患仍有待解决。随着网络与安全技术的不断升级换代，VPN 技术与产品已经趋于成熟，易为众多中小企业接受。

二、相关知识

（一）VPN 简介

虚拟专用网（Virtual Private Network，VPN）是指，在 Internet 中，建立一个虚拟的、专用的网络，是 Internet 和企业内部之间专用的通道，为企业提供一个安全、易用和简易的网络环境。当远程 VPN 客户端通过 Internet 连接到 VPN 服务器时，所传输的信息会被加密。它采用网络层的协议和建立在 PKI 上的认证加密技术，来保证所传输的数据的完整性和身份的不可否认性。由于租用专用的传输线路非常昂贵，所以现在非常多的企业都采用 VPN 技术实现数据的安全传输。

（二）VPN 的组成

VPN 由 VPN 服务器、VPN 客户端和隧道协议组成。在服务器操作系统中，Windows 和 Linux 等都内置了 VPN 功能，路由器、防火墙和网络管理系统等都内置了 VPN 系统，用于用户搭建 VPN 服务器，为用户节约额外的开销。

（1）VPN 服务器：用于接收并响应 VPN 用户端的连接请求，建立连接。

（2）VPN 客户端：发起连接的客户机。

（3）隧道协议。

1）点对点隧道协议（Point-Point Tunneling Protocol，PPTP）是点对点协议（PPP）的扩展，并协调使用 PPP 的身份验证、压缩和加密机制。PPTP 的 VPN 服务器支持内置于 Windows 2008 Server 系列中。PPTP 与 TCP/IP 一起安装，在"路由和远程访问服务器安装向导"中选择 PPTP 协议即可。

2）第二层隧道协议（Layer Two Tunneling Protocol，L2TP）是基于 RFC 隧道协议的。L2TP 同时具有身份验证、加密与数据压缩的功能。L2TP 的验证与加密方法采用的都是 IPSec。IPSec 即"Internet 协议安全性"，是一种开放标准的框架结构，通过使用加密的安全服务以确保在 Internet 协议（IP）网络上进行保密而安全的通信。Windows 系列实施 IPSec 基于"Internet 工程任务组（IETF）"，即 IPSec 工作组开发的标准。

（三）VPN 的类型和技术

1. 根据 VPN 的应用分类

1）Access VPN：通过 VPN 客户端，利用 Internet 远程拨号方式访问企业内部资源。这样的应用替代了传统的直接拨号方式接入到企业内部网络。

2）Intranet VPN：指一个企业内部如何安全连接两个相互信任的内部网络。一般用于企业总部与分支机构建立安全、可靠的连接，以保证 Internet 上传送的敏感数据安全。

3）Extranet VPN：Internet 的 VPN 支持访问用户以安全方式利用 Internet 网络远程访问企

业内部资源。Extranet VPN 是 Intranet VPN 的一个扩展，可使 Internet 连接两台分别属于两个不信任的内部网络的主机。

2. 常见 VPN 技术

（1）IPSec VPN：基于 IPSec 技术的虚拟局域网解决方案。IPSec 即 Internet 安全协议，IPSec VPN 指采用 IPSec 协议实现远程接入的一种 VPN 技术，IPSec 全称为 Internet Protocol Security，是 Internet Engineering Task Force（IETF）定义的安全标准框架，提供公用和专用网络的端对端加密和验证服务。

（2）SSL VPN：是远程用户访问敏感公司数据最简单、最安全的解决技术。与复杂的 IPSec VPN 相比，SSL 通过简单易用的方法实现信息远程连通。任何安装浏览器的机器都可以使用 SSL VPN，这是因为 SSL 内嵌在浏览器中，不需要像传统 IPSec VPN 一样必须为每一台客户机安装客户端软件。

（3）MPLS VPN：MPLS（Multi-Protocol Label Switch）是 Internet 核心多层交换计算的最新发展。MPLS 将转发部分的标记交换和控制部分的 IP 路由组合在一起，加快了转发速度。MPLS 可以运行在任何链接层技术之上，简化了向基于 SONET/WDM 和 IP/WDM 结构的下一代光 Internet 的转化。

3. VPN 服务器的工作过程

（1）客户端向 VPN 服务器连接的 Internet 接口发送建立连接请求。

（2）VPN 服务器收到客户端建立连接的请求后，对客户端的身份进行验证。

（3）如果客户端信息不正确，VPN 服务器拒绝连接请求。

（4）如果客户端信息验证通过，则建立与 VPN 的连接，并为客户端分配一个自定义的内部地址。

（5）客户端获取 VPN 服务器分配的 IP 地址。

三、任务实施

（一）任务分析

工作任务分解见表 2-6-10。

表 2-6-10　工作任务分解

工作项目（需求）	工作任务
为满足某院校教职员工校外接入 OA 等应用系统，及师生从校外使用图书馆资源等需求，在校内搭建 VPN 服务	① 安装 VPN 服务
	② 配置 VPN 服务
	③ 创建远程接入账户
	④ 测试

（二）网络拓扑

网络拓扑如图 2-6-87 所示。

（三）实验设备

（1）安装了 Windows Server 2012 R2 操作系统的 VPN 服务器主机 1 台。

（2）安装了 Windows 操作系统的客户机 1~2 台。

（3）DNS 服务器主机与客户机连接成网络。

（4）VPN 应用场景拓扑如图 2-6-87 所示。

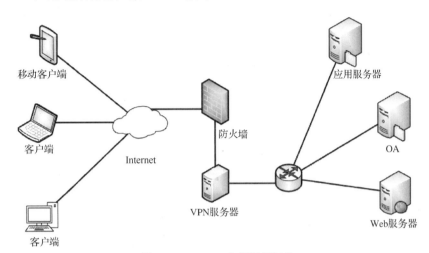

图 2-6-87　VPN 应用场景拓扑

（四）实施步骤

（1）与安装 DHCP 和 DNS 服务器的安装步骤类似，启动服务器管理器后，选择安装"远程访问"角色。进行安装时，系统提示安装相关的 IIS 等其他角色功能，具体如图 2-6-88 所示。

图 2-6-88　选择安装远程访问服务

（2）选择安装功能，默认即可，单击"下一步"按钮进入后续的安装，如图 2-6-89 所示。

（3）安装提示如图 2-6-90 所示。单击"下一步"按钮。

（4）添加"DirectAccess 和 VPN（RAS）"角色服务，系统 UI 提示安装 IIS 等其他功能，单击"添加功能"按钮，如图 2-6-91 所示。单击"下一步"按钮。

图 2-6-89　选择安装功能

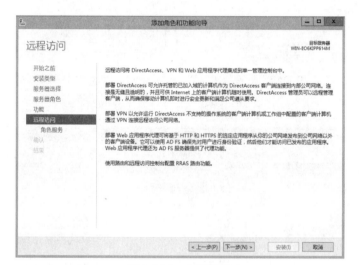

图 2-6-90　安装提示

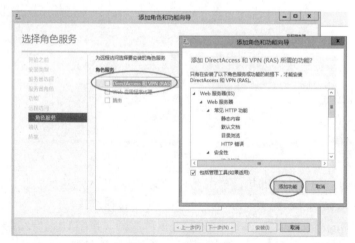

图 2-6-91　添加功能

（5）安装 Web 服务器角色（IIS）。选择 IIS 功能时，采用默认选项即可，如图 2-6-92 和图 2-6-93 所示。单击"安装"按钮，如图 2-6-94 所示。

图 2-6-92　安装 IIS

图 2-6-93　选择需安装的角色服务

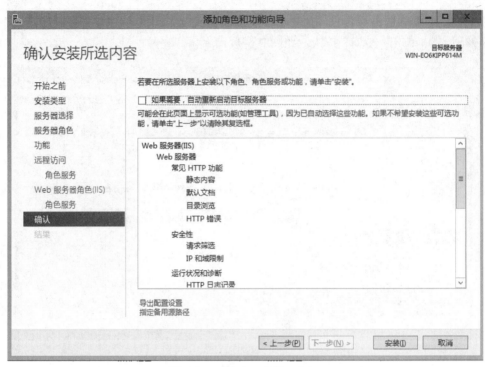

图 2-6-94　单击"安装"按钮

（6）安装进程启动后如图 2-6-95 所示，完成安装后如图 2-6-96 所示。

图 2-6-95　安装进程

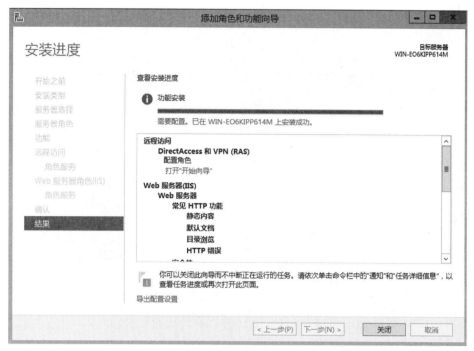

图 2-6-96 完成安装

（7）完成安装后，在服务器管理器中选中"远程访问"，可以查看已经在本地安装的 VPN 访问，如图 2-6-97 所示。选择本地服务器，右击，选择"远程访问管理"命令，如图 2-6-98 所示。

图 2-6-97 远程访问安装情况

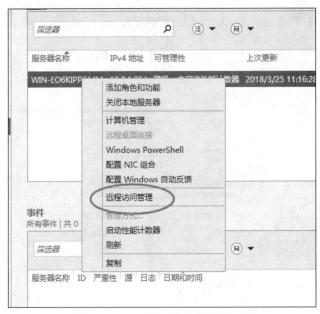

图 2-6-98　启动远程访问管理工具

（8）选择"运行开始向导"，进行 VPN 服务的配置，如图 2-6-99 所示。

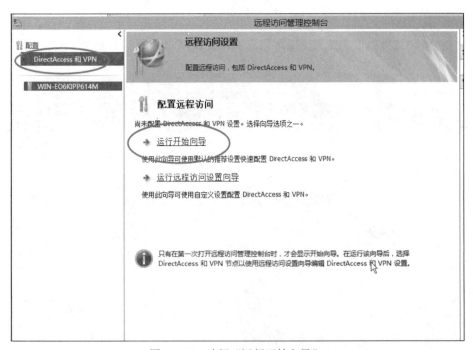

图 2-6-99　选择"运行开始向导"

（9）选择配置远程访问服务，本次实施操作中，选择"仅部署 VPN"，如图 2-6-100 所示。

（10）启动 VPN 配置后，选中本地服务器，右击，选择"配置并启用路由和远程访问"命令，如图 2-6-101 所示。

（11）启动安装向导，单击"下一步"按钮，如图 2-6-102 所示。

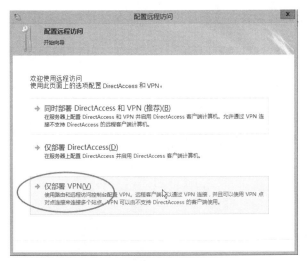

图 2-6-100 选择"仅部署 VPN"

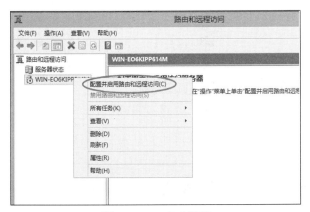

图 2-6-101 启动配置

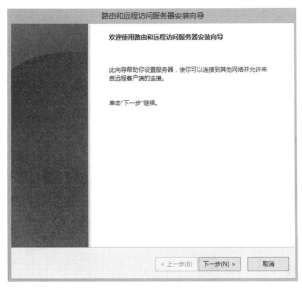

图 2-6-102 启动安装向导

（12）启动配置，选择"自定义配置"，单击"下一步"按钮，如图 2-6-103 所示。

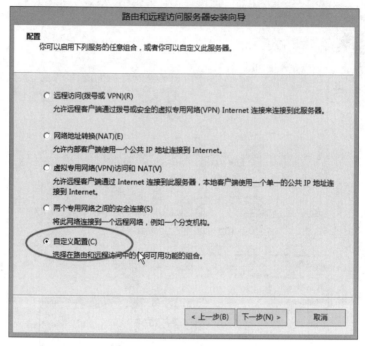

图 2-6-103　选择自定义配置

（13）选择在 VPN 服务中需要启用的服务，本次实施选择启用所有的服务，然后单击"下一步"按钮，如图 2-6-104 所示。

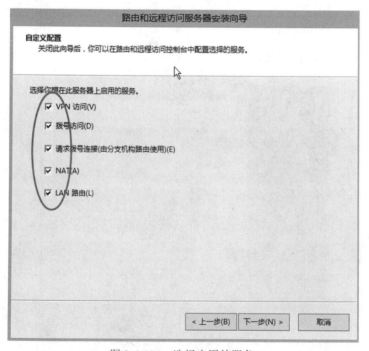

图 2-6-104　选择启用的服务

（14）完成服务的启用前，启动相关服务，如图 2-6-105 所示。

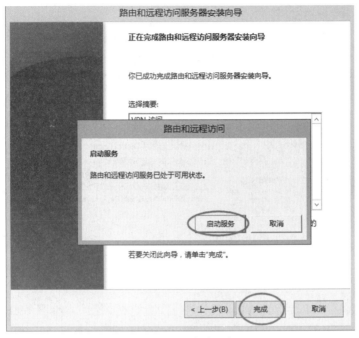

图 2-6-105　启动服务

（15）启动远程访问管理的相关服务，如图 2-6-106 所示。启动完成后，可在路由和远程访问管理器中查看相应的服务，如图 2-6-107 所示。

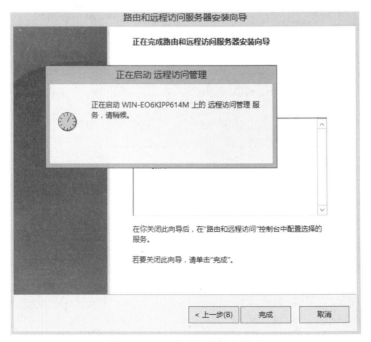

图 2-6-106　启动远程访问管理

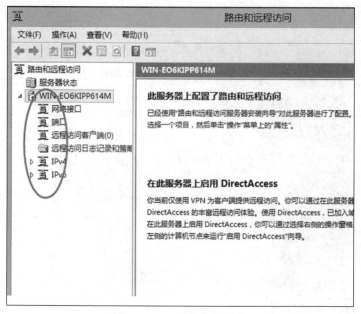

图 2-6-107　服务启用情况

（16）完成服务的启用后，对 VPN 服务进行配置定义。选中本地服务器，右击，选择"属性"命令进行定义，如图 2-6-108 所示。

图 2-6-108　启动 VPN 服务属性配置

（17）设计任务时，考虑到当前校园网络的使用情况，对进行 VPN 接入的服务进行静态 IP 地址分配，以便于管理，如图 2-6-109 所示。

（18）进行静态 IPv4 设置时，可以适当放宽范围，如图 2-6-110 所示。单击"确定"按钮，完成定义后如图 2-6-111 所示。

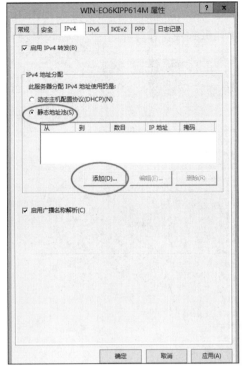

图 2-6-109　定义 IPv4 静态地址

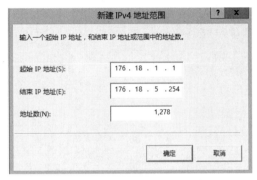

图 2-6-110　定义 IPv4 地址范围

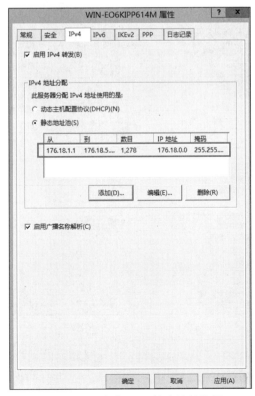

图 2-6-111　定义 IPv4 静态地址结果

（19）完成上述配置后，需要在 VPN 服务器中增加相应的测试用户，用于远程接入测试，在服务器管理器中选择"工具"，打开菜单，选择"计算机管理"命令，如图 2-6-112 所示。

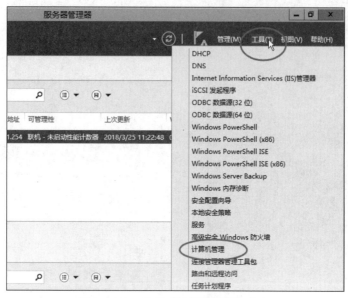

图 2-6-112　选择"计算机管理"命令

（20）在计算机管理工具中，打开"本地用户和组"，选择"用户"，然后在右边空白处右击，选择"新用户"命令，实现新用户的添加，如图 2-6-113 所示。

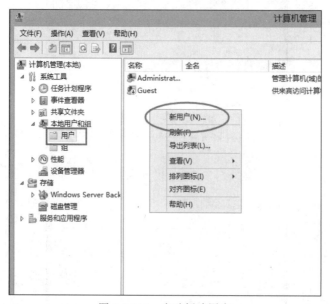

图 2-6-113　启动新建用户

（21）设置新建用户的相关信息，本次设置中定义新增的用户名称为"vpn-test"，并设置相应的密码，在 Windows Server 2012 R2 中，对新增用户的密码有强度要求，因此在设置时需要注意密码的长度和复杂度，完成信息添加后单击"创建"按钮即可，如图 2-6-114 所示。

图 2-6-114　新建用户

（22）接下来需要对新建的用户进行调整，以便于 VPN 远程接入。选择新建的"vpn-test"用户，右击，选择"属性"命令，如图 2-6-115 所示。

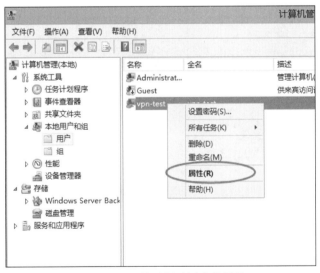

图 2-6-115　修改新建用户的属性

（23）调整"vpn-test"用户的接入设置，修改其网络访问权限为"允许接入"，同时，可以为其设置某个静态 IP 地址，如图 2-6-116 所示。

（24）在客户端 PC 中，启动新建网络连接，选择"连接到工作区"，如图 2-6-117 所示。单击"下一步"按钮，设置连接方式为"使用我的 Internet 连接（VPN）"，如图 2-6-118 所示。然后选择"我将稍后设置 Internet 连接"，如图 2-6-119 所示。

（25）定义接入地址，并设置目标名称，然后单击"创建"按钮，如图 2-6-120 所示。

图 2-6-116　设置接入配置

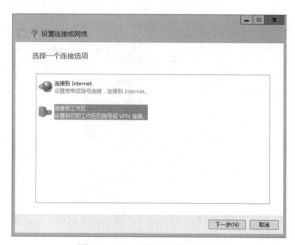

图 2-6-117　设置连接和网络

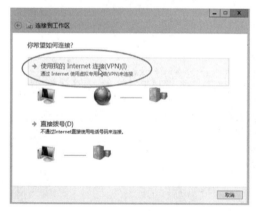

图 2-6-118　设置 VPN 接入方式

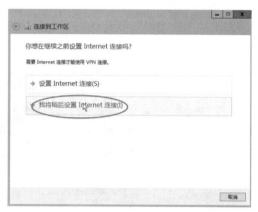

图 2-6-119　选择"我将稍后设置 Internet 连接"

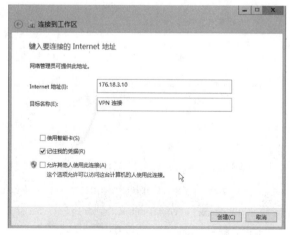

图 2-6-120　设置 Internet 地址和目标名称

（26）在测试 PC 中，启动"VPN 连接"，如图 2-6-121 所示。

（27）输入测试连接的账号和密码，如图 2-6-122 所示。

图 2-6-121 在客户端启动"VPN 连接"

图 2-6-122 输入用户名称和密码

（28）启动 VPN 连接，如图 2-6-123 所示。

图 2-6-123 启动 VPN 连接

（29）接入成功后，在测试的客户端中输入 ipconfig/all 命令，可以看到 VPN 接入的结果，如图 2-6-124 所示。

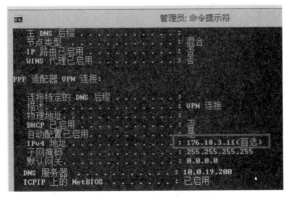

图 2-6-124 VPN 接入测试结果

四、拓展知识

1. 中文域名概述

中文域名是含有中文的新一代域名，与英文域名一样，是互联网上的门牌号码。中文域名在技术上符合 2003 年 3 月 IETF 发布的多语种域名国际标准（RFC 3454、RFC 3490、RFC 3491、RFC 3492）。中文域名属于互联网上的基础服务，注册后可以对外提供 WWW、EMAIL、FTP 等应用服务。

经信息产业部批准，我国域名注册管理机构中国互联网络信息中心（CNNIC）于 2000 年推出了中文域名系统。2003 年 5 月，CNNIC 根据国际标准，正式推出符合国际标准的中文域名系统，并在网站上发布，供广大用户免费下载使用。

中文域名和 CN 域名属于域名体系，中文域名是符合国际标准的一种域名体系，使用上和英文域名近似。作为域名的一种，可以通过 DNS 解析，支持虚拟主机、电子邮件等服务。

通用网址是一种新兴的网络名称访问技术，通过建立通用网址与网站地址 URL 的对应关系，可以实现浏览器的快捷访问，是基于 DNS 的一种访问技术。总之，中文域名的应用和推广进一步推动了中国互联网的发展。

2. 中文域名结构

中文域名分为两种类型：由 CNNIC 推出的国内中文域名和 ICANN（Internet Corporation for Assigned Names and Numbers）及 NSI（Network Solutions）管理的国际中文域名。

原则上，中文域名系统遵照国际惯例，采用树状分级结构，系统的根不被命名，其下一级称为"中文顶级域"（CTLD）。顶级域一般由"地理域"组成，二级域为"类别 / 行业 / 市地域"，三级域为"名称/字号"。

格式为：地理域.类别/行业/市地域.名称/字号

国标最主要的特征是中文域名的结构符合中文语序，例如，广东创新科技职业学院的中文域名是：广东.教育.广东创新科技职业学院，其中，广东创新科技职业学院域下的子域名由其自行定义，例如，广东.教育.广东创新科技职业学院.信息工程学院。

3. 中文域名命名规则

根据信息产业部《关于中国互联网络域名体系的公告》，中文域名的命名规则分为以下 4 种类型：中文.cn、中文.中国、中文.公司和中文.网络。

在注册中文域名时的要求为：每一个中文域名必须至少含有一个中文文字。可以选择中文、字母（A～Z 或 a～z，不区分大小写）、数字（0～9）或符号（-）命名中文域名，最多不超过 20 个字符。目前有".CN"".中国"".公司"".网络" 4 种类型的中文域名可供注册，例如：中国互联网络信息中心.CN、中国互联网络信息中心.中国、中国互联网络信息中心.公司、中国互联网络信息中心.网络。

NSI 中文域名的命名方式为：中文名称.Com、中文名称.Net、中文名称.Org。

4. 中文域名使用

使用中文域名时，只需在 IE 浏览器地址栏中直接输入类似"http://中文名称.公司"或"http://中文名称.com"的中文域名，例如"http://中山大学.cn"，即可访问相应网站。如果用户觉得输入 http 的引导符比较麻烦，且不愿意切换输入法，希望用"。"来代替"."，只要到中国互联网络信息中心网站安装中文域名的软件即可实现。例如，输入"中山大学。cn"（中文域名中的"."可用"。"代替）也能访问中山大学的网站。

 思考与练习

一、填空题

1. 在域名解析过程中，客户端和域名服务器或不同域名服务器之间的地址查询模式可分为_____和_____两种。

2. 在 TCP/IP 互连网络中，电子邮件客户端程序向邮件服务器发送邮件使用_____协议，电子邮件客户端程序查看邮件服务器中自己的邮箱使用_____或_____协议，邮件服务器之间相互传递邮件使用_____协议。

3. URL 一般由 3 部分组成，它们是_____、_____和_____。

4. 在 Internet 中 URL 的中文名称是_____。

二、操作题

1. 一个具有 200 台主机的局域网，已经申请并获得一个可以在 Internet 上使用的 C 类网络地址，其 ID 号为"200.200.200"；同时申请到的域名后缀为"gzhz.edu.cn"。其中，DNS 服务器使用的 IP 地址为：200.200.200.200。计划用这个 IP 地址建立 3 个虚拟主机，即 WWW、FTP 和 mail。试配置 DNS 服务器和客户机，并使用命令和浏览器两种方法测试服务器和客户机的配置是否成功。

2. 一台主机可以拥有多个 IP 地址，一个 IP 地址又可以与多个域名相对应。在 IIS 6.0 中建立的 Web 站点可以和这些 IP（或域名）绑定，以便用户在 URL 中指定不同的 IP（或域名）访问不同的 Web 站点。例如，Web 站点 A 与 192.168.1.1（或 wwwA.gzhz.edu.cn）绑定，Web 站点 B 与 192.168.1.2（或 wwwB.gzhz.edu.cn）绑定。这样，用户通过 http://192.168.1.1/（或 http://wwwA.gzhz.edu.cn/）可以访问 Web 站点 A，通过 http://192.168.1.2/（或 http://wwwB.gzhz.edu.cn/）可以访问 Web 站点 B。试将主机配置成多 IP 或多域名的主机，在 IIS 6.0 中建立两个新的 Web 站点，对这两个新站点进行配置，看看能否通过指定不同的 IP（或不同的域名）访问不同的站点。